电力电子技术

主　编　姚绪梁
副主编　张敬南　卢　芳　巩　冰

 哈尔滨工程大学出版社

内 容 简 介

本书主要阐述电力电子技术的基本原理。全书共9章,可分为3个单元:概述和器件单元,包括第1章和第2章,主要阐述电力电子技术的发展历史和现状,各种电力电子器件的工作原理、基本特性和主要参数,器件的驱动、保护及串并联等;电力电子变流电路单元,包括第3章至第6章,分别阐述各种变流电路拓扑结构、工作原理、典型计算及仿真研究,这些电路包括整流电路、直流 – 直流变换电路、逆变电路和交流 – 交流变换电路;电力电子电路控制新技术及应用单元,包括第7章至第9章,其中第7章重点阐述 PWM 技术的工作原理及其在电力电子电路中的应用,第8章阐述3类软开关电路的工作原理,第9章阐述电力电子技术的应用,重点介绍了电力电子技术在船舶电力推进中的应用。

本书可作为电气工程及其自动化专业、自动化专业及其他相关专业本科生教材,也可作为从事本专业工作的工程技术人员的参考书。

图书在版编目(CIP)数据

电力电子技术/姚绪梁主编. —哈尔滨:哈尔滨
工程大学出版社,2017.6(2024.7 重印)
　ISBN 978 – 7 – 5661 – 1212 – 5

　Ⅰ.①电…　Ⅱ.①姚…　Ⅲ.①电力电子技术 – 高等学
校 – 教材　Ⅳ.①TM1

　中国版本图书馆 CIP 数据核字(2016)第 024203 号

选题策划　丁　伟
责任编辑　丁　伟
封面设计　博鑫设计

出版发行　哈尔滨工程大学出版社
社　　址　哈尔滨市南岗区南通大街 145 号
邮政编码　150001
发行电话　0451 – 82519328
传　　真　0451 – 82519699
经　　销　新华书店
印　　刷　哈尔滨午阳印刷有限公司
开　　本　787 mm×1 092 mm　1/16
印　　张　18
字　　数　466 千字
版　　次　2017 年 6 月第 1 版
印　　次　2024 年 7 月第 4 次印刷
定　　价　39. 80 元
http://www.hrbeupress.com
E-mail:heupress@ hrbeu. edu. cn

前　　言

随着功率半导体技术、控制技术、各种电气装置及材料技术的进步,电力电子技术获得了快速发展,并在各个领域获得广泛的应用。50 多年来,电力电子技术作为不同电能形式之间的桥梁,与微电子技术、自动控制技术等相辅相成,成为电气工程领域最为活跃的分支。特别是随着煤炭、石油和天然气等化石能源的日益枯竭,太阳能、风能、潮流能等清洁能源的使用得到迅速发展。而获取的不稳定性是清洁能源的主要缺点之一,其更需要依靠电力电子变换装置进行变压、变频等电力变换,达到可使用的状态。因此,社会对具有电气工程技术的科研技术人才的需求不断增加,作为电气工程领域的专业基础课,渴望学习电力电子技术课程的学生和技术人员的数量越来越多。

本书的编写吸收了编者多年的科研积累,在强调内容体系的全面性和合理性的同时,着重强调了电力电子电路的工作过程和基本分析方法。本书紧跟电力电子技术的发展,适当增加了电力电子技术领域的最新成果,以保持本书内容的新颖性和先进性。

本书共分 9 章:第 1 章介绍了电力电子技术的概念、电力电子技术的发展史及电力电子技术的应用;第 2 章讲述了电力电子器件及其驱动和保护电路,包括电力二极管、半控型晶闸管和全控型器件;第 3 章至第 6 章以电力电子电路为内容,分别介绍了整流电路、直流 - 直流变换电路、逆变电路和交流 - 交流变换电路这四种基本变换电路;第 7 章介绍了 PWM 控制技术,包含 PWM 控制的基本原理、PWM 逆变电路及其控制方法、PWM 跟踪控制技术、PWM 整流电路及其控制方法等部分;第 8 章专门讨论了谐振软开关技术,以适应变换电路高频化的发展趋势;第 9 章介绍了电力电子技术的应用实例,其内容典型综合了各类电路的具体应用。

姚绪梁教授为本书主编,编写了第 1,2,4,8 章内容;张敬南副教授编写了第 6,7,9 章内容;卢芳讲师编写了除 3.6 节全控整流电路的有源逆变工作状态部分外的第 3 章内容;巩冰讲师编写了第 5 章和 3.6 节内容。

研究生王秋瑶、蔡晶、王选卓、江晓明等同学参与了第 1,2,4,8 章的文字录入、绘制插图等工作,在此一并表示感谢!

本书是面向电气工程及其自动化专业的本科教材,同时也可作为自动化专业学生的参考书。

由于时间限制和编者学识的局限,书中难免有错误和遗漏之处,敬请读者在使用过程中提出宝贵意见。

编　者

2016 年 12 月

目　　录

第1章　绪　论

什么是电力电子技术？其与模拟电子技术和数字电子技术有什么关系？其发展过程如何？我国电力电子技术发展得如何？船舶上应用的电力电子技术有哪些？对于刚刚开始学习电力电子技术的同学或对电力电子技术并不了解的人来说会有上述问题，甚至更多。本书在绪论中将针对上述问题进行一一解答，使读者对电力电子技术有一个较为全面的了解。

本章共分5部分：电力电子技术概念，介绍了目前国内外对电力电子技术的定义，并给出作者认为较为合适的概念；电力电子技术的发展史，介绍了电力电子技术的起源及发展过程；电力电子技术的应用，介绍了目前电力电子技术的应用领域；电力电子技术未来的发展前景，介绍了电力电子技术今后的发展方向；说明，介绍了电力电子技术课程的前序和后续课程。

1.1　电力电子技术概念

电力电子技术（Power Electronics）出现于 20 世纪 60 年代，又名电力电子学、功率电子学。1974 年，美国学者 W. Newell 提出：电力电子学是由电子学（器件、电路）、电力学（静止变换器、旋转电机）、控制理论（连续、离散）三个学科交叉形成的，如图 1 - 1 所示。现已与模拟电子学、数字电子学并列成为三大电子学。

目前国际上出现了电力电子技术的新定义，如图 1 - 2 所示。新的定义几乎覆盖了所有电工及电气学科，体现了电力电子技术是一门多学科相互渗透的综合性技术学科。两种定义的差别反映了电力电子技术的迅速发展以及应用领域的不断扩大，预示着广阔的发展前景和未来。

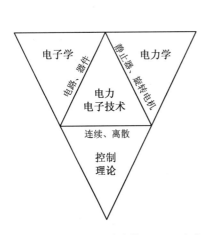

图 1 - 1　电力电子技术的 Newell 定义

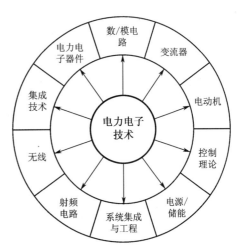

图 1 - 2　电力电子技术新定义

　　国际电气与电子工程师协会(IEEE)对电力电子技术的定义为:"有效地使用电力半导体器件,应用电路和设计理论以及分析开发工具,实现对电能的高效能变换和控制的一门技术,它包括电压、电流和频率、波形等方面的变换。"

　　具体地说,电力电子技术就是使用电力电子器件对电能进行变换和控制的技术,包括电能变换、电力电子器件、电力电子主电路、驱动与保护电路、电力电子的特殊应用等。

　　电子技术包括信息电子技术和电力电子技术两大分支。信息电子技术包含模拟电子技术和数字电子技术。目前所用的电力电子器件一般采用半导体制成,故称为电力半导体器件。在电力电子技术中应用的电路叫作电力电子电路;在信息电子技术中应用的电路叫作信息电子电路。二者都是对控制对象进行传输和控制。电力电子技术所变换的"电力"的功率可以大到数百兆瓦,甚至更大;也可以小至数瓦,甚至是毫瓦级,所以不能单靠变换的功率的大小来区分电力电子技术和信息电子技术。信息电子技术主要用于信息处理,而电力电子技术主要用于电力变换,这是二者本质上的不同;另外,由于信息电子技术传输的对象主要是信息,其对信息电子电路的损耗要求并不严格,如信息电子技术中三极管的放大区的功耗远远大于截止区和饱和区的功耗,所以其电路的功耗一般较大;而电力电子技术中传输的对象是电能,其对电力电子电路的电能损耗方面要求严格,电力半导体器件一般应用在饱和区和截止区,所以电力电子电路的电能损耗较小,这也是区别二者的另一因素。

　　通常所用的电力有交流和直流两种。从公用电网上直接得到的电力是交流的,从蓄电池和干电池中得到的电力是直流的。从这些电源得到的电力往往不能直接满足要求,需要进行电力变换。如表1-1所示,电力变换通常可分为四大类,即交流变直流(简称 AC - DC)、直流变交流(简称 DC - AC)、直流变直流(简称 DC - DC)和交流变交流(简称 AC - AC)。如图1-3所示,交流变直流称为整流,直流变交流称为逆变,直流变直流称为直流斩波,交流变交流称为交流调压变频,当然还包括相数(单相、三相或更多相)之间的变换。进行上述电力变换的技术也称为变流技术。在某些变流装置中,可能同时包含两种以上的变换过程。

表1-1　电力变换的种类

输入	输出	
	直流(DC)	交流(AC)
交流(AC)	整流	交流调压、变频、变相
直流(DC)	直流斩波	逆变

1.1.1　AC - DC 变换

　　把交流电能变换成直流电能的变换称为 AC - DC 变换,即整流,如可控整流。典型的 AC - DC 变换是利用晶闸管和相控技术依靠电源电压的正负交变进行换流的。目前工业中应用的大多数变流装置都属于这类整流装置。其特点是控制简单,运行可靠,适宜大功率应用。

1.1.2 DC – AC 变换

把直流电能变换成频率固定或可调的交流电能的变换称为逆变。按电源性质可分为电压型和电流型两种；按控制方式可分为六拍（六阶梯）方波逆变器、PWM 逆变器和谐振直流开关（软开关）逆变器；按换流性质可分为依靠电源换流的有源逆变和全控型器件构成的无源逆变。逆变装置主要用于机车牵引、电动车辆、交流电机调速、不间断电源和感应加热等。

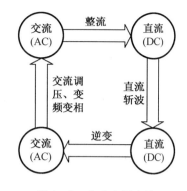

图 1 – 3　电力电子变流
技术分类图

1.1.3 DC – DC 变换

把幅值固定或变化的直流电变换成可调或恒定的直流电称为 DC – DC 变换。按输出电压与输入电压的相对关系可分为降压式、升压式和升降压式。DC – DC 变换器被广泛地应用于计算机电源、各类仪器仪表、直流电机调速和金属焊接等。谐振型 DC – DC 变换器可减小变换器体积、质量，并提高可靠性。这种变换器有效地解决了开关损耗和电磁干扰问题，是 DC – DC 变换的主要发展方向。

1.1.4 AC – AC 变换

把电压幅值、频率固定或变化的交流电变换成电压幅值、频率可调或固定的交流电，还包括变换前后相数的变化，即为 AC – AC 变换，通常有交 – 交变频器和交流调压器。

变流技术是一种电力变换的技术，相对于电力电子器件制造技术而言，是一种电力电子器件的应用技术，它的理论基础是电路理论。变流技术主要包括：由电力电子器件构成各种电力变换的主电路、对主电路进行控制的技术，以及用这些技术构成电力电子装置和电力电子系统的技术。通常所说的"变流"就是指上述 4 种变换方式。例如，我们常见的充电器就使用了交流电变直流电的变流技术。

目前，电力电子技术方面包含"电力电子学"和"电力电子技术"两大类，那么"电力电子学"和"电力电子技术"的区别有哪些呢？电力电子学这一名词是 20 世纪 60 年代出现的。"电力电子学"和"电力电子技术"是分别从学术和工程技术两个不同的角度来称呼的，其实际内容并没有很大区别。

1.2　电力电子技术的发展史

电力电子技术的发展与电力电子器件的发展密不可分，电力电子技术的发展依赖电力电子器件的发展，正如晶闸管的出现产生了电力电子技术，随着电力电子器件由半控型器件发展到全控型器件，电力电子技术也有了巨大进步，所以大部分关于电力电子技术的书中介绍电力电子技术的发展都是围绕着电力电子器件的发展展开的。下面首先介绍电力电子器件的发展史。

大多数电力电子技术书籍中均以 1957 年第一支晶闸管的出现作为电力电子技术诞生的标志。在晶闸管出现以前，用于电力变换的装置是什么样的呢？最早的电力变换是通过电动机 – 发电机组进行转换的，即变流机组，也被称为旋转变流机组。静止变流器的称谓从水银整流器开始并沿用至今,我们现在使用的变流器以前被称为静止变流器,是与旋转变流机组的称谓相对应的。

1904 年第一支电子管出现,它能在真空中对电子流进行控制,打开了电子技术用于电力领域的大门。20 世纪 30 年代出现了水银整流器(Mercury Rectifier),其结构是一个密封的铁罐,底部盛着水银,就是阴极,顶部引出阳极,在阳极和阴极之间(接近水银)引出栅极,也叫引弧极,阳极和栅极都经玻璃绝缘子引出。它的工作情况和晶闸管非常相似,是在阳极加有正电压时,由栅极触发,触发后,栅极至阴极形成一小电弧,小电弧在阴极面形成弧斑,弧斑具有极强的发射电子的能力,促使阳极至阴极导通,电流过零时熄灭。其缺点是栅极触发功率较大,有上百瓦,电压也要 200~300 V,水银整流器的阳极和阴极间有数十伏的电弧压降,其必须工作在较高的电压下才能获得较高的运行效率,所以采用水银整流器的整流装置规定取 825 V 直流工作电压,这使它的应用灵活性受到限制。20 世纪 50 年代水银整流器达到鼎盛时期,其应用遍及电解冶炼和电化学工业、电力机车牵引、城市无轨电车的整流站等领域。

1947 年,美国著名的贝尔实验室发明了晶体管,引发了电子技术的一场革命。20 世纪 50 年代初期,硅二极管获得了应用。硅二极管是最早用于电力领域的半导体器件。

1956 年美国贝尔公司发明了 PNPN 可触发晶体管,1957 年通用电器(GE)进行了商业化开发,并命名为晶体闸流管,简称为晶闸管(Thyristor)或可控硅(简称 SCR)。晶闸管出现后,其优越的电气性能和控制性能,使其很快就取代了旋转变流机组和水银整流器,并且其应用范围迅速扩大。

晶闸管通过门极的控制能够使其导通而不能使其关断,故称其为半控型器件。对晶闸管电路的控制方式主要是相位控制方式,简称相控方式。晶闸管的关断通常依靠电网电压或关断电路等外部条件来实现,同时晶闸管的开关频率较低(早期晶闸管的开关频率大约在 1 kHz 以内),这就使得晶闸管的应用受到了很大的限制。

20 世纪 70 年代后期,以门极可关断晶闸管(简称 GTO)、电力晶体管(简称 GTR)和电力场效应晶体管(简称电力 MOSFET)为代表的全控型器件迅速发展。全控型器件是通过对门极(也称基极或栅极)的控制既可使其开通又可使其关断的器件。全控型器件的开关频率普遍高于晶闸管,可用于开关频率较高的电路。这期间脉冲宽度调制(简称 PWM)技术得到了迅速发展。PWM 技术在电力电子变流技术中占有十分重要的地位,它在直流斩波、整流、交流 – 交流控制特别是逆变等电力电子电路中均有应用。它使电力电子变流电路中的动、静态输出特性大为改善,对电力电子技术的发展产生了深远的影响。

在 20 世纪 80 年代后期,出现了结合 MOSFET 和 GTR 的复合型器件,即绝缘栅双极型晶体管(简称 IGBT)。它把 MOSFET 的驱动功率小、开关速度快的优点和 GTR 的通态压降小、载流能力大、可承受电压高的优点集于一身,性能十分优越,使之成为现代电力电子技术的主导器件。与 IGBT 相对应,MOS 控制晶闸管(简称 MCT)和集成门极换流晶闸管(简称 IGCT)复合了 MOSFET 和 GTO,它们综合了这两种器件的优点,但由于其受到生产工艺高及生产厂家数量过少等限制,一直没有被普遍应用。目前随着 IGBT 生产工艺的进步,在中小功率的市场中 IGBT 已占据主导地位,并有往中大功率的市场拓展的趋势。

为了使电力电子装置结构紧凑、体积减小,常常把若干个电力电子器件及必要的辅助元件做成模块的形式,这给应用带来了很大的方便。后来又把驱动、控制、保护电路和电力电子器件集成在一起,构成电力电子集成电路(简称 PIC)、智能功率模块(简称 IPM),目前电力电子集成电路的功率都还较小,电压也较低,它面临着电压隔离(主电路为高压,而控制电路为低压)、热隔离(主电路发热严重)、电磁干扰(开关器件通断高压大电流,它和控制电路处于同一芯片)等几大难题,但这代表了电力电子技术发展的一个重要方向。目前世界上许多大公司已开发出 IPM 智能化功率模块,除了集成功率器件和驱动电路以外,还集成了过压、过流和过热等故障检测电路,并可将监测信号传送至模块外,通过对该信号的检测和处理以保证 IPM 自身不受损害。

现在电力电子器件的研究和开发已进入大功率化、高频化、标准模块化、集成化和智能化时代。由于加工工艺的不断进步,各类电力电子器件的容量日益增大。电力电子器件的高频化是今后电力电子技术创新的主导方向,而硬件结构的标准模块化是器件发展的必然趋势。目前先进的模块,已经包括开关元件和与其反向并联的续流二极管,以及驱动保护电路等多个单元,都已标准化生产出系列产品,并且可以在一致性与可靠性上达到极高的水平。

近年来,宽禁带材料的电力电子器件得到了很大发展,将成为未来电力电子器件的主力。理论和多年的研发实践都已证明,碳化硅、氮化镓和金刚石等宽禁带半导体比硅更适合用来制造电力电子器件。随着材料与器件工艺以及封装技术的逐渐完善,这些器件表现出比一般电力电子器件好得多的高阻断电压、低通态电阻和低开关损耗以及耐高温抗辐射等特点,目前碳化硅电力二极管已获得很好的应用。使用宽禁带器件的装置因为散热条件的简化和无源元件的缩小而具有更大的功率密度。

1960 年我国研究成功硅整流管,1962 年我国研究成功晶闸管,20 世纪 70 年代出现电力晶体管、电力场效应管。虽然我国电力电子器件的研究开发已有 50 多年的历史,但是由于受到国内半导体材料、器件设计、生产制造工艺水平等因素的制约,我国研发电力电子器件与国外相比仍有很大差距,具体表现在器件的种类、器件的容量以及器件的可靠性等方面。我国在 IGBT,IGCT,IPM 等全控型器件设计生产方面起步很晚,2010 年以后陆续才有国营和民营企业涉足 IGBT 的设计生产领域,2012 年 7 月份我国已经开始了 8 in(1 in = 2.54 cm)IGBT 芯片生产线的建设,6 500 V/600 A,3 300 V/1 200 A,1 700 V/1 200 A IGBT 模块已经通过技术鉴定。可以预见,经过我国科技工作者的不懈努力,我们一定能放心地使用我国自行设计、研发、生产的 IGBT 等全控型器件。

我们也应该清醒地认识到我国开发研制电力电子器件的综合技术能力与国外发达国家相比,仍有较大的差距,要发展和创新我国电力电子技术,并形成产业化规模,就必须走产、学、研创新之路,即牢牢坚持和掌握产、学、研相结合的方法,走共同发展之路。从跟踪国外先进技术,逐步走上自主创新;从交叉学科的相互渗透中创新,从器件开发选择及电路结构变换上创新,这对电力技术创新是尤其实用的;也要从器件制造工艺技术引导创新,从新材料科学的应用上创新,以此推动电力电子器件制造工艺的技术创新,提高器件的可靠性,由此形成基础积累型的创新之路;并要把技术创新与产品应用及市场推广有机结合,加快科技创新自我强化的循环,促进和带动技术创新,以使我国电力电子技术及器件制造工艺水平得以长足地发展,并形成一个全新的产业,转化为巨大的生产力,推动我国工业领域由粗放型经营走向集约型经营,促进国民经济高速、高效、可持续发展。

1.3　电力电子技术的应用

电力电子技术的特点之一是开关控制,通态压降很小,本身的损耗很低。近年来单片机、ARM、DSP、FPGA等控制芯片的运算速度和运算精度的不断提高,为电力电子设备采用现代智能控制算法提供了基础,PWM技术、软开关技术的引入在降低电力电子设备自身损耗的同时提高了电力电子设备的输出效率,具有明显的节能效果。在能源紧张的今天,节能将是长期受关注的话题。

近年来,电力电子技术得到了迅猛发展,经过变流技术处理的电能在整个国民经济的耗电量中所占比重越来越大,已成为其他工业技术发展的重要基础。它不仅用于一般工业,也广泛用于交通运输、电力系统、通信系统、计算机系统、新能源系统等,在照明、空调等家用电器及其他领域中也有着广泛的应用。下面举例概括说明。

1.3.1　传统电力电子技术的应用

1. 在工业和民用电源系统中的应用

工业中大量应用各种交、直流电动机,其供电的可控整流电源或直流斩波电源都是电力电子装置,其精确调速用的驱动器也是采用电力电子技术。各种轧钢机、数控机床的伺服电动机,以及矿山牵引等场合都广泛采用电力电子交流调速技术。一些对调速性能要求不高的大型鼓风机等设备近年来也采用了变频技术,以达到节能的目的。还有些并不特别要求调速的电动机,为了避免启动时的电流冲击而采用了软启动装置,这种软启动装置也是电力电子装置。

耗电最多的是电解铝和烧碱工业,电化学工业大量使用直流电源,电解铝、电解食盐水等都需要大容量整流电源,电镀装置也需要整流电源。

电力电子技术还大量用于冶金工业中的高频或中频感应加热电源、淬火电源及直流电弧炉电源等场合。

2. 电力电子技术在电力系统中的应用

在长距离、大容量输电方面直流输电有很大的优势,其送电端的整流阀和受电端的逆变阀一般采用晶闸管变流装置,而轻型直流输电则主要采用全控型的IGBT器件。

无功补偿和谐波抑制(VAR)对电力系统具有重要的意义。晶闸管控制电抗器(TCR)、晶闸管投切电容器(TSC)都是重要的无功补偿装置。近年来出现的静止无功发生器(SVG)、有源电力滤波器(APF)等新型电力电子装置具有较好的无功功率和谐波补偿的性能。在配电网系统中,电力电子装置还可用于防止电网瞬时停电、瞬时电压跌落、闪变等故障,以进行电能质量控制,改善供电质量。

3. 交通运输

电气化铁道中广泛采用电力电子技术。电气机车中的直流机车采用整流装置,交流机车采用变频装置。直流斩波器也广泛用于铁道车辆。在磁悬浮列车中,电力电子技术更是一项关键技术。除牵引电机传动外,车辆中的各种辅助电源也都离不开电力电子技术。

电动汽车或混合动力汽车中的电机靠电力电子装置进行电力变换和驱动控制,其蓄电池的充电也离不开电力电子装置。一辆高级汽车中需要许多控制电机,它们也要靠变频器和斩波器驱动并控制。

飞机、船舶需要很多不同型号的电源,因此航空和航海都离不开电力电子技术。

4.电子装置用电源

由于高频开关电源体积小、质量轻、效率高,现在已逐步取代了传统的线性稳压电源。各种电子装置一般都需要不同电压等级的直流电源供电。现在一般均采用全控型器件的高频开关电源。大型计算机所需的工作电源、微型计算机内部的电源现在大都采用高频开关电源。

5.家用电器

电力电子照明电源体积小、发光效率高、可节省大量能源,通常被称为"节能灯",正逐步取代传统的白炽灯和日光灯。

变频空调是家用电器中应用电力电子技术的典型例子之一。电视机、音响设备、家用计算机等电子设备的电源部分也都需要电力电子技术。此外,有些洗衣机、电冰箱、微波炉等电器也应用了电力电子技术。

1.3.2　现代电力电子技术的应用领域

1.计算机高效率绿色电源

随着计算机技术的发展,产生了绿色电脑和绿色电源的概念。绿色电脑泛指对环境无害的个人电脑和相关产品,绿色电源是指与绿色电脑相关的高效省电电源。根据美国环境保护署 1992 年 6 月 17 日"能源之星"计划规定,桌上型个人电脑或相关的外围设备,在睡眠状态下的耗电量小于 30 W,才符合绿色电脑的要求,就目前效率为 75% 的 200 W 开关电源而言,电源自身的功耗就将近 50 W,因此提高电源效率是降低电源自身功耗的根本途径。

2.通信用高频开关电源

通信业的迅速发展极大地推动了通信电源的发展。高频小型化的开关电源已成为现代通信供电系统的主流。在通信领域中,通常将整流器称为一次电源,而将直流 - 直流(DC - DC)变换器称为二次电源。一次电源的作用是将单相或三相交流电源变换成标称值为 48 V 的直流电源。目前在程控交换机用的一次电源中,传统的相控式稳压电源已被高频开关电源取代。高频开关电源通过 MOSFET 或 IGBT 的高频工作,开关频率一般控制在 100 kHz 左右甚至更高,实现高效率和小型化。近几年,开关整流器的功率容量不断扩大,单机容量已从 48 V/12.5 A,48 V/20 A 扩大到 48 V/200 A,48 V/400 A。

3.直流 - 直流(DC - DC)变换器

DC - DC 变换技术被广泛应用于无轨电车、地铁列车、电动车的无级变速和控制,同时使上述控制获得加速平稳、快速响应的性能,并同时收到节约电能的效果。用直流斩波器代替变阻器可节约电能 20% ~ 30%。直流斩波器不仅能起调压的作用(开关电源),同时还能有效地抑制电网侧谐波电流噪声。

通信电源的二次电源 DC - DC 变换器已商品化,模块采用高频 PWM 技术,开关频率在 500 kHz 左右,功率密度为 5 ~ 20 W/in^{3}①。随着大规模集成电路的发展,要求电源模块实现小型化,就要不断提高开关频率和采用新的电路拓扑结构。目前已有一些公司研制生产了采用零电流开关和零电压开关技术的二次电源模块,功率密度有较大幅度的提高。

---

① 1 in = 2.54 cm

4. 不间断电源(UPS)

UPS 是计算机、通信系统以及要求提供不能中断供电场合所必需的一种高可靠、高性能的电源。交流市电输入经整流器变成直流,一部分能量给蓄电池组充电,另一部分能量经逆变器变成交流,经转换开关送到负载。为了在逆变器故障时仍能向负载提供能量,另一路备用电源通过电源转换开关来实现。

现代 UPS 普遍采用了脉宽调制技术和功率 MOSFET,IGBT 等现代电力电子器件,电源的噪声得以降低,效率和可靠性得以提高。微处理器软硬件技术的引入,可以实现对 UPS 的智能化管理,进行远程维护和远程诊断。

目前在线式 UPS 的最大容量已达到 600 kVA 以上。超小型 UPS 发展也很迅速,已经有 0.5 kVA,1 kVA,2 kVA,3 kVA 等多种规格的产品。

5. 变频器电源

变频器电源主要用于交流电机的变频调速,其在电气传动系统中占据的地位日趋重要,已获得巨大的节能效果。变频器电源主电路均采用交流 - 直流 - 交流方案。工频电源通过整流器变成固定的直流电压,然后由大功率晶体管或 IGBT 组成的 PWM 高频变换器将直流电压逆变成电压、频率可变的交流输出,电源输出波形近似于正弦波,用于驱动交流异步电动机实现无级调速。

6. 高频逆变式整流焊机电源

高频逆变式整流焊机电源是一种高效的新型焊机电源,代表了当今焊机电源的发展方向。由于 IGBT 大容量模块的商用化,这种电源有着更广阔的应用前景。

逆变焊机电源大都采用交流 - 直流 - 交流 - 直流(AC - DC - AC - DC)变换的方法。50 Hz 交流电经全桥整流变成直流,IGBT 组成的 PWM 高频变换部分将直流电逆变成 20 kHz 的高频矩形波,经高频变压器耦合,整流滤波后成为稳定的直流,供电弧使用。

由于焊机电源的工作条件恶劣,频繁地处于短路、燃弧、开路交替变化之中,因此高频逆变式整流焊机电源的工作可靠性问题成为最关键的问题,也是用户最关心的问题。采用微处理器作为 PWM 的相关控制器,通过对多参数、多信息的采集与分析,达到预知系统各种工作状态的目的,进而提前对系统做出调整和处理,提高了目前大功率 IGBT 逆变电源的可靠性。国外逆变焊机已可做到额定焊接电流 300 A,负载持续率 60%,全载电压 60 ~ 75 V,电流调节范围 5 ~ 300 A,质量 29 kg。

7. 大功率开关型高压直流电源

大功率开关型高压直流电源广泛应用于静电除尘、水质改良、医用 X 光机和 CT 机等大型设备。电压高达 50 ~ 159 kV,电流达到 0.5 A 以上,功率可达 100 kW。

自从 20 世纪 70 年代开始,日本的一些公司开始采用逆变技术,将市电整流后逆变为 3 kHz 左右的中频,然后升压。进入 20 世纪 80 年代,高频开关电源技术迅速发展。德国西门子公司采用功率晶体管做主开关元件,将电源的开关频率提高到 20 kHz 以上,并将干式变压器技术成功地应用于高频高压电源,取消了高压变压器油箱,使变压器系统的体积进一步减小。

国内对静电除尘高压直流电源进行了研制,市电经整流变为直流,采用全桥零电流开关串联谐振逆变电路将直流电压逆变为高频电压,然后由高频变压器升压,最后整流为直流高压。在电阻负载条件下,输出直流电压达到 55 kV,电流达到 15 mA,工作频率为 25.6 kHz。

8.电力有源滤波器

传统的交流 – 直流(AC – DC)变换器在投运时,将向电网注入大量的谐波电流,引起谐波损耗和干扰,同时还出现装置网侧功率因数恶化的现象,即所谓"电力公害",例如,不可控整流加电容滤波时,网侧三次谐波含量可达 70% ~ 80% ,网侧功率因数仅有 0.5 ~ 0.6。

电力有源滤波器是一种能够动态抑制谐波的新型电力电子装置,能克服传统 *LC* 滤波器的不足,是一种很有发展前景的谐波抑制手段。

9.电力电子技术在船舶上的应用

当今,随着综合电力系统、全电力舰船等概念的日趋热化,电力电子技术将在未来的船舶电力系统中发挥重大的作用。例如功率变换器在舰船电力系统中的典型应用有舰载直升机舰面供电电源、船用 UPS、电机驱动变频器等。而电力推进技术在包括军用船舶在内的多种船舶中得到了广泛的应用,如客船,石油和天然气的开采与勘探所用的钻井装置,采油船和油船,海洋工程支援船和海上施工船,破冰船和冰区航行船,科学考察船,液化天然气船及大型水面作战舰艇等。常规潜艇已经实现了以直流为主的全电力推进,目前的主要任务是开发高功率体积比的新型交流推进电机,以实现交流电力推进。其发展方向是带变频模块、集成化的多相永磁同步电机。

目前世界上有三种主流电力推进系统,分别是轴系推进系统、全方位推进系统和吊舱式推进系统。特别是吊舱式推进系统除了具有噪声低和振动小的特点外,还能够大大提高舰船的机动性,显著降低船舶燃料费用,并能够将船舶的推进效率提高近 10% ,因此目前绝大部分新造的豪华游船都采用吊舱式电力推进系统。应用电力推进技术的推进电机控制器均采用电力电子技术。

1.4 电力电子技术的未来发展前景

当前,电力电子技术的发展已经进入到各个领域,它在人们的生活中扮演着重要的角色,有着良好的发展前景,这主要体现在以下几个方面:

(1)材料进一步更新。随着社会经济的发展,人们生活水平越来越高,对于新材料的需求也会越来越高。同样,电力电子技术也会进一步加快研究步伐,进一步提高器件的开关频率,减小器件体积,改进系统性能;同时,成本将会大幅度下降,使越来越多的领域受益。

(2)改进器件和装置封装形式。在未来的发展中,电力电子技术将会对电力电子器件和装置形式不断进行改进,实现系统集成,减小各项生产成本,同时通过新技术的运用使其获得更高的集成化和可靠性。

(3)使用无需吸收电路,并且关断延时小的集成门极换流晶闸管。可以有更多的器件来选择应用,特别是在一些大功率应用场合的器件选择时,选择的范围将会越来越广,给人们的社会生活带来方便。

(4)发展新型的全半导体变流系统。随着社会经济的迅速发展,在选择上越来越倾向于体积小、应用广的电子器件,因此电力电子技术的发展将会在体积小、质量轻、损耗小的全半导体变流系统上深入研究,满足日益增长的需要。

(5)发明新型家用电器产品。随着低碳经济的提倡,人们在生活中越来越追求低碳的概念,低碳对于人们的生活有着非常重要的意义。现阶段,各种低碳产品已经逐步进入人们的视线和生活之中,新型汽车、新型电动车等低碳产品供不应求,因此电子器件的发展趋势将会进一步向家用电器延伸。

1.5　说　　明

　　电力电子技术课程的前修课程主要有电路基础、模拟电子技术、数字电子技术。本课程为学习自动控制系统、电力传动控制基础、电力电子装置及控制、开关电源技术、柔性输电系统等课程奠定了基础。

第 2 章　电力电子器件

第 1 章中介绍了电力电子技术的发展依赖电力电子器件的发展,电力电子器件是电力电子电路的基础,要想学好电力电子技术,必须先掌握电力电子器件的特性和正确的使用方法。本章主要介绍电力电子器件中的不可控器件、半控型器件、全控型器件的概念、工作原理、基本特性、主要参数以及选择和使用中应该注意的问题,各种电力电子器件的驱动、保护电路以及串并联中应该注意的问题。

2.1　电力电子器件概述

在电力设备或电力系统中,直接承担电能变换或控制任务的电路称为主电路。电力电子器件指主电路中直接控制电能通断的电子器件,能承受较高的工作电压和较大的电流,主要工作在开关状态,因此电力电子器件也称为"电力开关"。电力电子器件工作在开关状态时有较低的通态损耗,因此可以提高功率变换电路的效率。目前电力电子器件种类繁多,分类形式大致有以下四种。

2.1.1　按照控制程度分类

1. 不可控器件

不需要控制信号来控制其通断的电力电子器件,称为不可控器件。由于不需要驱动电路,这类器件只有两个端子,其代表为电力二极管。其基本特性与普通二极管相似,器件的导通和关断完全由加在器件两端的电压极性决定。

2. 半控型器件

能在控制端施加控制信号控制其导通而不能控制其关断的电力电子器件,称为半控型器件。由于有控制端,这类器件一般有三个端子,其代表为晶闸管(Thyristor)及其大部分派生产品,器件的关断需要依靠电网电压或关断电路来完成。

3. 全控型器件

能在控制端施加控制信号控制其通断的电力电子器件,称为全控型器件,又称为自关断器件。由于有控制端,这类器件一般也有三个端子,其代表为可关断晶闸管(GTO)、电力晶体管(GTR)、绝缘栅双极晶体管(IGBT)、电力场效应晶体管(电力 MOSFET)。

2.1.2　按照控制信号的性质分类

1. 电流驱动型

通过从器件的控制端注入或者抽出电流来实现其导通或者关断的电力电子器件,称为电流驱动型电力电子器件或者电流控制型电力电子器件,其代表为晶闸管、GTO、GTR 等器件。

2. 电压驱动型

通过在器件的控制端施加一定的电压信号就可实现其导通或者关断的电力电子器件,

称为电压驱动型电力电子器件，或者电压控制型电力电子器件，其代表为 IGBT、电力 MOSFET 等器件。由于电压驱动型器件实际上是通过加在控制端上的电压在器件的两个主电路端子之间产生可控的电场来改变流过器件的电流大小和通断状态，所以电压驱动型器件又称为场控器件。

2.1.3　按照控制信号的波形分类

1. 脉冲触发型

通过在控制端施加一个电压或电流的脉冲信号来实现器件的导通或者关断的控制，即器件一旦导通或者关断，就不再需要控制信号了，这类电力电子器件称为脉冲触发型电力电子器件，其代表为晶闸管、GTO 等器件。

2. 电平控制型

通过持续在控制端施加一定大小的电压信号来使器件达到导通或者关断状态，即在器件导通或关断整个过程中控制端均需要施加控制信号，其代表为 IGBT、电力 MOSFET 等。

2.1.4　按照电子和空穴两种载流子参与导电的情况分类

1. 单极型器件

由一种载流子参与导电的器件称为单极型器件，其代表为电力 MOSFET 等。

2. 双极型器件

由电子和空穴两种载流子参与导电的器件称为双极型器件，其代表为 GTR 等。

3. 复合型器件

由单极型器件和双极型器件合成的器件称为复合型器件，也称混合型器件，其代表为 IGBT 等。

2.2　电力二极管

电力二极管(Power Diode)常作为整流器件，属于不可控器件。它不能用控制信号控制其导通和关断，只能由加在电力二极管两端的电压极性控制其通断。电力二极管自20世纪50年代初期就获得应用，当时也被称为半导体整流器，直到现在电力二极管仍然大量应用于电气设备中。电力二极管还有许多派生器件，如快恢复二极管和肖特基二极管等。

2.2.1　PN 结与电力二极管的工作原理

电力二极管(Power Diode)的基本结构和工作原理与信息电子电路中的二极管一样以半导体 PN 结为基础，由一个面积较大的 PN 结和两端引线以及封装组成，如图 2－1 所示。从外形上看，主要有螺栓形、平板形和模块形三种封装，现在多以电力二极管模块封装形式出现。

首先回顾一下 PN 结的相关概念和二极管的基本工作原理。如图 2－2 所示，N 型半导体和 P 型半导体结合后构成 PN 结。N 区和 P 区交界处电子和空穴的浓度差别，形成各区的多数载流子(简称多子)向另一区的扩散运动，到对方区内成为少数载流子(简称少子)，在界面两侧分别留下了带正、负电荷但不能任意移动的杂质离子。这些不能移动的正、负电荷称为空间电荷。空间电荷建立的电场称为内电场或自建场，其方向是阻止扩散运动

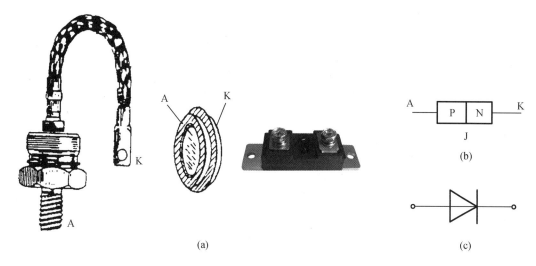

图 2 - 1　电力二极管的外形、结构和电气图形符号

(a)外形；(b)结构；(c)电气图形符号

的；另一方面又吸引对方区内的少子(对本区而言则为多子)向本区运动，即漂移运动。扩散运动和漂移运动既相互联系，又相互制约，最终达到动态平衡，正、负空间电荷量达到稳定值，形成了一个稳定的由空间电荷构成的范围，称为空间电荷区，按所强调的角度不同也称为耗尽层、阻挡层或势垒区。

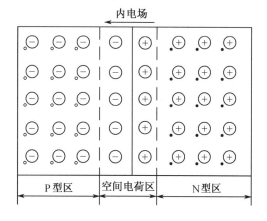

图 2 - 2　PN 结的形成

1. PN 结的正向导通状态

当 PN 结外加正向电压，即外加电压的正端接 P 区、负端接 N 区时，外加电场与 PN 结自建电场方向相反，使得多子的扩散运动大于少子的漂移运动，形成扩散电流，在内部造成空间电荷区变窄，而在外电路上则形成自 P 区流入而从 N 区流出的电流，称为正向电流 I_F。当外加电压升高时，自建电场将进一步被削弱，扩散电流进一步增加。这就是 PN 结的正向导通状态。

2. PN 结的反向截止状态

当 PN 结外加反向电压时，外加电场与 PN 结自建电场方向相同，使得少子的漂移运动大于多子的扩散运动,形成漂移电流,在内部造成空间电荷区变宽,而在外电路上则形成自 N 区流入而从 P 区流出的电流,称为反向电流 I_R。但是少子的浓度很小,在温度一定时漂移电流的数值趋于稳定,称为反向饱和电流 I_S。反向饱和电流非常小,一般仅为微安数量级,因此反向偏置的 PN 结表现为高阻态,流过电流很小,称为反向截止状态。

PN 结外加正向电压导通、外加反向电压截止的特性称为 PN 结的单向导电性,单向导电性为二极管的主要特征。

电力二极管在承受高电压、大电流方面要远远优于普通二极管,因此两者在半导体物理结构和工作原理上有很大区别。下面就此问题进行介绍。

首先,电力二极管大都是垂直导电结构,其内部结构示意图如图 2-3 所示,即电流在硅片内流动的总体方向是与硅片表面垂直的。而信息电子电路中的二极管一般是横向导电结构,即电流在硅片内流动的总体方向是与硅片表面平行的。与平行导电结构相比,垂直导电结构使得硅片中通过电流的有效面积增大,可以显著提高二极管的通流能力。

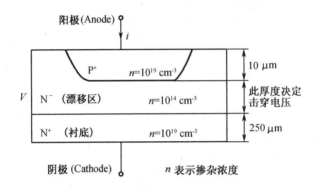

图 2-3 电力二极管内部结构断面示意图

其次,电力二极管在 P 区和 N 区之间多了一层低掺杂 N 区(在半导体物理中用 N^- 表示),也称为漂移区。低掺杂 N 区由于掺杂浓度低而接近于无掺杂的纯半导体材料(即本征半导体),因此电力二极管的结构也被称为 P-i-N 结构。由于掺杂浓度低,低掺杂 N 区就可以承受很高的电压而不致被击穿,因此低掺杂 N 区越厚,电力二极管能够承受的反向电压就越高。

同时,低掺杂 N 区由于掺杂浓度低而具有的高电阻率将引起电力二极管正向导通时的导通损耗增加。电力二极管具有的电导调制效应可有效解决上述问题。当 PN 结上流过的正向电流较小时,二极管的电阻主要是作为基片的低掺杂 N 区的欧姆电阻,其阻值较高且为常量,因而管压降随正向电流的上升而增加;当 PN 结上流过的正向电流较大时,由 P 区注入并积累在低掺杂 N 区少子空穴浓度将很大,为了维持半导体的电中性条件,其多子浓度也相应大幅度增加,使得其电阻率明显下降,也就是电导率大大增加,换句话说,少子大量注入的结果相当于增加了低掺杂 N 区的掺杂浓度,这就是电导调制效应。电导调制效应使电力二极管在正向电流较大时压降仍然很低,维持在 1 V 左右,电力二极管表现为低阻态。

PN 结具有一定的反向耐压能力,但当施加的反向电压过大时,反向电流将会急剧增大,破坏 PN 结反向偏置为截止的工作状态,这就叫作 PN 结的反向击穿。反向击穿按照机理不同有雪崩击穿和齐纳击穿两种形式。反向击穿发生时,只要外电路中采取了措施,将反向电流限制在一定范围内,当反向电压降低后 PN 结仍可以恢复到原来的状态。但如果未限制反向电流,使得反向电流和反向电压的乘积超过了 PN 结允许的耗散功率,PN 结就会因热量散发不出去而导致 PN 结温度上升,直至过热而烧毁,这就是热击穿。

3. PN 结的电容效应

PN 结的电荷量随外加电压而变化,呈现电容效应,称为结电容 C_J,又称为微分电容。结电容按其产生机制和作用的差别分为势垒电容 C_B 和扩散电容 C_D。

势垒电容只在外加电压变化时才起作用,外加电压频率越高,势垒电容作用越明显。

扩散电容仅在正向偏置时起作用。在正向偏置时,当正向电压较低时,以势垒电容为主;当正向电压较高时,扩散电容为结电容主要成分。

结电容影响 PN 结的工作频率,特别是在高速开关的状态下,可能使其单向导电性变差,甚至不能工作,使用时应加以注意。

2.2.2　电力二极管的基本特性

1. 静态特性

电力二极管的静态特性主要指其伏安特性,如图 2-4 所示。当电力二极管承受的正向电压达到门槛电压 U_{TO} 时,正向电流开始明显增加,处于稳定导通状态。与正向电流 I_F 对应的电力二极管两端的电压 U_F 即为其正向电压降。当电力二极管承受反向电压时,只有少子引起的反向漏电流,反向漏电流数值微小且恒定。

2. 动态特性

因电力二极管自身结电容的存在,电力二极管在零偏置(外加电压为零)、正向偏置和反向偏

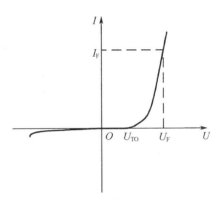

图 2-4　电力二极管的伏安特性

置三种状态之间的转换必然有一个过渡过程。此过程中,PN 结的一些区域需要一定时间来调整其带电状态,因而其电压 - 电流特性不能用前面的伏安特性来描述,而是随时间变化的,这就是电力二极管的动态特性,并且往往专指反映通态和断态之间转换过程的开关特性。

图 2-5(a)给出了电力二极管由正向偏置转换为反向偏置时其动态过程的波形。当处于正向导通状态的电力二极管的外加电压突然从正向变为反向时,该电力二极管并不能立即关断,而是在关断之前有较大的反向电流出现,并伴随有明显的反向电压过冲,须经过短暂的时间才能重新获得反向阻断能力,进入截止状态,这就是关断过程。

设 t_F 时刻外加电压突然由正向电压变为反向电压 U_R,正向电流在此反向电压作用下开始下降,下降速率由反向电压大小和电路中的电感决定,而管压降由于电导调制效应基本变化不大,直至正向电流降为零的 t_0 时刻。此时电力二极管由于在 PN 结两侧(特别是多掺杂 N 区)储存有大量少子的缘故而并没有恢复反向阻断能力,这些少子在外加反向电压的作用下被抽取出电力二极管,形成较大的反向电流。当空间电荷区附近的存储少子即将被抽尽时,管压降变为负极性,于是开始抽取离空间电荷区较远的浓度较低的少子,因而在管压降极性改变后不久的 t_1 时刻,反向电流达到最大值 I_{RP},之后开始下降,空间电荷区开始迅速展宽,电力二极管开始重新恢复对反向的阻断能力。在 t_1 时刻以后,由于反向电流迅速下降,在外电路电感的作用下会在电力二极管两端产生比外加反向电压大得多的反向电压过

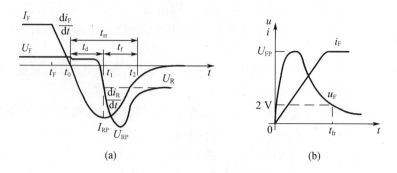

图2-5　电力二极管的动态过程波形图

(a)正向偏置转换为反向偏置;(b)零偏置转换为正向偏置

冲 U_{RP}。在电流变化率接近于零的 t_2 时刻(有时标准定为电流降至 25% I_{RP} 的时刻),电力二极管两端承受的反向电压才降至外加电压 U_R,此刻电力二极管完全恢复对反向电压的阻断能力。t_d 为延迟时间,可表示为 $t_d = t_1 - t_0$;t_f 为电流下降时间,可表示为 $t_f = t_2 - t_1$;t_{rr} 为反向恢复时间,可表示为 $t_{rr} = t_d + t_f$。下降时间与延迟时间的比值 t_f/t_d,称为反向恢复系数,用 S_r 表示,它用来衡量反向恢复特性的硬度。S_r 越大则反向恢复特性越软,实际上就是反向电流下降时间相对较长,因而在同样的外电路条件下造成的反向电压过冲 U_{RP} 较小。

开通过程:图2-5(b)给出了电力二极管由零偏置转换为正向偏置时其动态过程的波形。可以看出,在这一动态过程中,电力二极管的正向压降先出现一个过冲 U_{FP},经过一段时间才趋于接近某个稳态压降的值。这一动态过程时间被称为正向恢复时间 t_{fr}。出现电压过冲的原因如下:

(1)电导调制效应起作用需一定的时间来储存大量少子,在达到稳态导通前,管压降较大。

(2)正向电流的上升会因器件自身的电感而产生较大压降。电流上升率越大,U_{FP} 越高。

当电力二极管由反向偏置转换为正向偏置时,除上述时间外,势垒电容电荷的调整也需要更多时间来完成。

2.2.3　电力二极管的主要参数

1. 正向平均电流 $I_{F(AV)}$

正向平均电流指电力二极管长期运行时,在指定的管壳温度(简称壳温,用 T_C 表示)和散热条件下,其允许流过的最大工频正弦半波电流的平均值。二极管只能通过单方向的直流电流,直流电一般以平均值表示,电力二极管又经常使用在整流电路中,故在测试中以二极管通过工频交流(50 Hz)正弦半波电流的平均值来衡量二极管的通流能力。在此电流下,因管子正向压降引起的损耗造成的结温升高不会超过所允许的最高工作结温。这也是标称其额定电流的参数。可以看出,正向平均电流是按照"电流的发热效应在允许的范围内"这个原则来定义的,因此在使用时应按工作中实际波形的电流与电力二极管所允许的最大正弦半波电流在流过电力二极管时所造成的发热效应相等,即两个波形电流的有效值相等的原则来选取电力二极管的电流定额,并应留有一定的裕量。如果某电力二极管的正向平均电流为 $I_{F(AV)}$,即它允许流过的最大工频正弦半波电流的平均值为 $I_{F(AV)}$,由于正弦半波波形的平均值与有效值的比为 1:1.57，则该电力二极管允许流过的最大电流有效值为 $1.57I_{F(AV)}$。反之，如果已知某电力二极管在电路中需要流过某种波形电流的有效值为 I_D，则至少应该选取正向平均电流为 $I_D/1.57$ 的电力二极管，当然还要考虑一定的裕量。不过，应该注意的是，当用在频率较高的场合时，电力二极管的发热原因除了正向电流造成的通态损耗外，其开关损耗也往往不能忽略；当采用反向漏电流较大的电力二极管时，其断态损耗造成的发热效应也不小。在选择电力二极管正向电流定额时，这些都应该加以考虑。

2. 正向压降 U_F

正向压降指电力二极管在指定温度下，流过某一指定的稳态正向电流时对应的正向压降，有时参数表中也给出在指定温度下流过某一瞬态正向大电流时器件的最大瞬时正向压降。

3. 反向重复峰值电压 U_{RRM}

反向重复峰值电压指可以反复施加在器件两端，器件不会因反向击穿而损坏的最高电压。二极管在正向电压时是导通的，因此以反向电压来衡量二极管承受最高电压的能力。通常是其雪崩击穿电压的 2/3。使用时，往往按照电路中电力二极管可能承受的反向最高峰值电压的两倍来选定此项参数。

4. 最高工作结温 T_{JM}

结温是指管芯 PN 结的平均温度，用 T_J 表示。PN 结的温度影响着半导体载流子的运动和稳定性。结温过高时，二极管的伏安特性迅速变坏。最高工作结温是指在 PN 结不致损坏的前提下所能承受的最高平均温度，T_{JM} 通常在 125～175 ℃范围之内。结温与管壳的温度、器件的功耗、器件散热条件（散热器设计）和环境温度等因素有关。

5. 反向恢复时间 t_{rr}

关断过程中，从正向电流降到零开始到反向电流下降到接近于 0 时的时间间隔称为反向恢复时间 t_{rr}，即 $t_{rr} = t_d + t_f$。

6. 浪涌电流 I_{FSM}

浪涌电流指电力二极管所能承受最大的一个或连续几个工频周期的过电流。

2.2.4　电力二极管的主要类型

电力二极管按照正向压降、反向耐压和反向漏电流等性能，特别是反向恢复特性的不同，分为以下三类：

1. 普通二极管

普通二极管又称整流二极管，多用于开关频率不高（1 kHz 以下）的整流电路中。其反向恢复时间较长，一般为 25 μs 至几百微秒，这在开关频率不高时并不重要，其额定电流和额定电压可以达到很高的值，分别可达数千安和数千伏以上。

2. 快恢复二极管

恢复过程很短，特别是反向恢复过程很短（5 μs 以下）的二极管，简称快速二极管。采用外延型 P-i-N 结构的快恢复外延二极管，其反向恢复时间更短（可低于 50 ns），正向压降也很低（0.9 V 左右），但其反向耐压多在 400 V 以下。快恢复二极管从性能上可分为快速恢复和超快速恢复两个等级。快速恢复二极管反向恢复时间为数百纳秒或更长，超快速恢复二极管则在 100 ns 以下，甚至达到 20～30 ns。

3. 肖特基二极管

以金属和半导体接触形成的势垒为基础的二极管称为肖特基势垒二极管,简称为肖特基二极管。肖特基二极管的优点在于:反向恢复时间很短(10～40 ns),正向恢复过程中也不会有明显的电压过冲;在反向耐压较低的情况下其正向压降也很小,明显低于快恢复二极管;其开关损耗和正向导通损耗都比快速二极管还要小,效率高。肖特基二极管的缺点在于:其正向压降随其反向耐压的提高而上升很快,因此多用于 200 V 以下的低压场合;反向漏电流较大且对温度敏感,因此反向稳态损耗不能忽略,而且必须更严格地限制其工作温度。

2.3 晶 闸 管

晶闸管(Thyristor)是晶体闸流管的简称,又称为可控硅整流器(Silicon Controlled Rectifier,SCR)。1956 年美国贝尔实验室发明了晶闸管;1957 年美国通用电气公司开发出第一只晶闸管产品;1958 年商业化,开辟了电力电子技术迅速发展和广泛应用的崭新时代,其标志就是以晶闸管为代表的电力半导体器件的广泛应用,有人称之为继晶体管发明之后的又一次电子技术革命。20 世纪 80 年代以来,晶闸管开始被性能更好的全控型器件取代,但是由于其所能承受的电压和电流容量最高,工作可靠,因此在大容量的场合仍具有重要地位。

图 2-6 所示为晶闸管的外形、结构和电气图形符号。从外形上看有螺栓形、平板形和模块形三种封装结构,且均引出阳极 A、阴极 K 和门极(控制端)G 三个连接端。前两种外形的晶闸管现在已基本不使用了,大多数应用场合使用模块形晶闸管。

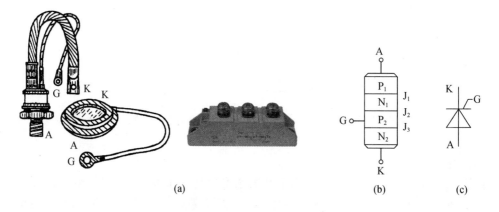

(a)   (b)   (c)

图 2-6 晶闸管的外形、结构和电气图形符号

(a)外形;(b)结构;(c)电气图形符号

2.3.1 晶闸管的结构与工作原理

如图 2-6(b)所示,晶闸管内部是 PNPN 四层半导体结构,分别命名为 P_1,N_1,P_2,N_2 四个区。P_1 区引出阳极 A,N_2 区引出阴极 K,P_2 区引出门极 G。四个区形成 J_1,J_2,J_3 三个 PN 结。如果正向电压加到晶闸管上(电源正极接晶闸管阳极,负极接晶闸管阴极),则 J_2 处于反向偏置状态,器件 A,K 两端之间处于阻断状态,只能流过很小的漏电流;如果反向电压加到晶闸管上(电源正极接晶闸管阴极,负极接晶闸管阳极),则 J_1 和 J_3 反偏,晶闸管也处于阻断状态,仅有极小的反向漏电流通过。

晶闸管导通的工作原理可以用双晶体模型来解释,如图 2-7 所示。如在晶闸管上取一倾斜的截面,则其可以看作由 $P_1N_1P_2$ 和 $N_1P_2N_2$ 构成的两个晶体管 V_1,V_2 组合而成。如果外电路向门极注入电流 I_G,也就是注入驱动电流,则 I_G 流入晶体管 V_2 的基极,即产生集电极电流 I_{c2},I_{c2} 构成晶体管 V_1 的基极电流,放大成集电极电流 I_{c1},I_{c1} 进一步增大 V_2 的基极电流,如此形成强烈的正反馈,最后 V_1 和 V_2 进入完全饱和状态,即晶闸管导通。此时如果撤掉外电路注入门极的电流 I_G,由正反馈形成的 I_{c1} 流入到门极 G 的电流 I_G 足以维持晶闸管的饱和导通状态。而若要使晶闸管关断,必须设法使流过晶闸管的电流降低到接近于零的某一数值以下,晶闸管才能关断,可采用去掉阳极所加的正向电压,或者给阳极施加反压,或者减小负载等方法。因此,对晶闸管的驱动过程称为触发,产生注入门极的触发电流 I_G 的电路称为门极触发电路。这种只能控制开通,不能控制关断的器件称为半控型器件,晶闸管就是半控型器件。

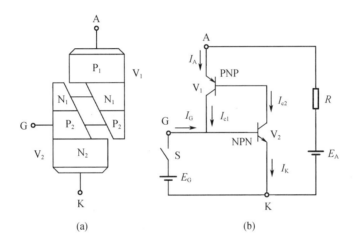

图 2-7　晶闸管的双晶体管模型及其工作原理图

(a)双晶体管模型;(b)等效电路图

按照如图 2-7(b)所示的晶闸管工作原理,可以列出如下方程:

$$I_{c1} = \alpha_1 I_A + I_{CBO1} \tag{2-1}$$

$$I_{c2} = \alpha_2 I_K + I_{CBO2} \tag{2-2}$$

$$I_K = I_A + I_G \tag{2-3}$$

$$I_A = I_{c1} + I_{c2} \tag{2-4}$$

式中　α_1,α_2——晶体管 V_1 和 V_2 的共基极电流增益;

I_{CBO1},I_{CBO2}——V_1 和 V_2 的共基极漏电流。

由式(2-1)至式(2-4)可得

$$I_A = \frac{\alpha_2 I_G + I_{CBO1} + I_{CBO2}}{1 - (\alpha_1 + \alpha_2)} \tag{2-5}$$

晶体管的特性是:在低发射极电流下 α 是很小的,而当发射极电流建立起来之后,α 迅速增大,因此在晶体管阻断状态下,$I_G = 0$,$\alpha_1 + \alpha_2$ 很小。由上式可以看出,此时流过晶闸管的漏电流只是稍大于两个晶体管漏电流之和。如果注入触发电流使各个晶体管的发射极电流增大以致 $\alpha_1 + \alpha_2$ 趋近于 1 的话,流过晶闸管的电流 I_A(阳极电流)将趋近于无穷大,实现器件饱和导通。I_A 实际大小由外电路负载大小决定。

晶闸管在以下几种情况下也可以被触发导通:

(1)阳极电压升高至相当高的数值造成雪崩效应;

(2)阳极电压上升率 du/dt 过高;

(3)结温较高;

(4)光直接照射硅片,即光触发。

光触发除可以保证控制电路与主电路之间的良好绝缘而应用于高压电力设备中之外,其他都因不易控制而难以应用于实践。门极触发(包括光触发)是最精确、迅速而且可靠的控制手段。光控晶闸管(Light Triggered Thyristor,LTT)将在晶闸管的派生器件中介绍。

2.3.2　晶闸管的基本特性

1. 静态特性

晶闸管正常工作时的特性如下:

(1)承受反向电压时,不论门极是否有触发电流,晶闸管都不会导通;

(2)承受正向电压时,仅在门极有触发电流的情况下,晶闸管才能导通;

(3)晶闸管一旦导通,门极就失去控制作用,不论门极触发电流是否还存在,晶闸管都保持导通;

(4)若要使晶闸管关断,只能利用外加电压或外电路的作用使晶闸管的电流降到接近于零的某一数值以下。

以上特点反映了晶闸管的伏安特性。晶闸管的伏安特性是指晶闸管阳极电流和阳极电压之间的关系曲线,如图 2 – 8 所示。其中,位于第Ⅰ象限的是正向特性,第Ⅲ象限的是反向特性。

$I_G = 0$ 时,如果在器件两端施加正向电压,则晶闸管为正向阻断状态,只有很小的正向漏电流流过。如果正向电压超过临界极限即正向转折电压 U_{bo} 时,则漏电流急剧增大,器件迅速开通。随着门极电流幅值的增大,正向转折电压降低。这种开通叫作硬开通,由于硬开通不稳定且易造成器件损坏,所以一般不允许硬开通。导通后晶闸管本身的压降很小,即使通过较大的阳极电流,其管压降在 1 V 左右。导通期间,如果门极电流为零,并且阳极电流降至接近于零的某一数值 I_H 以下,则晶闸管又回到正向阻断状态。I_H 称为维持电流。

当在晶闸管上施加反向电压时,晶闸管处于反向阻断状态,只有极小的反向漏电流通过。当反向电压超过一定限度,到反向击穿电压后,外电路如不采取措施,则反向漏电流急剧增大,导致晶闸管发热损坏。

晶闸管的门极触发电流是从门极流入晶闸管,从阴极流出的。阴极是晶闸管主电路与控制电路的公共端。门极触发电流也往往是通过触发电路在门极和阴极之间施加触发电压而产生的。从晶闸管的结构可以看出,门极和阴极之间是 PN 结 J_3,其伏安特性称为门极伏安特性。

2. 动态特性

晶闸管的动态特性主要是指晶闸管的开通与关断过程。图 2 – 9 所示为晶闸管开通和关断过程的波形。

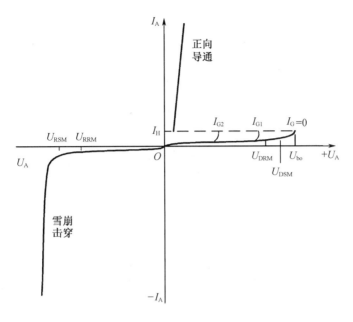

图 2 – 8　晶闸管伏安特性（$I_{G2} > I_{G1} > I_G$）

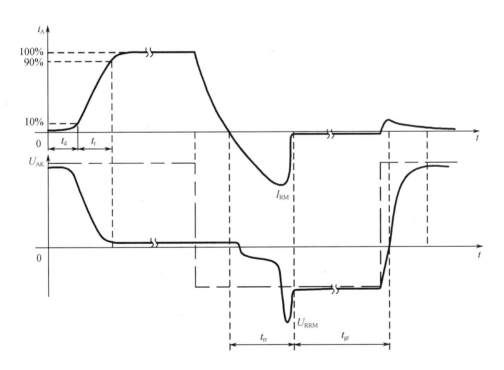

图 2 – 9　晶闸管的开通和关断过程波形图

（1）开通过程

使门极在坐标原点时刻开始受到理想阶跃电流触发时，由于晶闸管内部的正反馈过程需要时间，再加上外电路电感的限制，晶闸管受到触发后，其阳极电流的增长不可能是瞬间的。从门极电流阶跃时刻开始，到阳极电流上升到稳态值的10%，这段时间 t_d 称为延迟时间，与此同时晶闸管的正向压降也在减小。阳极电流从10%上升到稳态值的90%所需要的时间 t_r 称为上升时间，开通时间 t_{gt} 定义为两者之和，即

$$t_{gt} = t_d + t_r \qquad (2-6)$$

普通晶闸管延迟时间为 $0.5 \sim 1.5~\mu s$，上升时间为 $0.5 \sim 3~\mu s$。其延迟时间随门极电流的增大而减小。上升时间除反映晶闸管本身特性外，还受到外电路电感的严重影响。延迟时间和上升时间还与阳极电压的大小有关。提高阳极电压可以增大晶闸管双晶体管模型中晶体管 V_2 的电流增益 α_2，从而使正反馈过程加速，延迟时间和上升时间都可以显著缩短。

（2）关断过程

由于外电路电感的存在，原处于导通状态的晶闸管当外加电压突然由正向变为反向时，其阳极电流在衰减时必然也是有过渡过程的。阳极电流将逐步衰减到零，然后同电力二极管的关断动态过程类似，在反方向会流过反向恢复电流，经过最大值 I_{RM} 后，再反方向衰减。同样，在恢复电流快速衰减时，此时 di/dt 很大，与外电路电感相作用，会在晶闸管两端引起反向尖峰电压 U_{RRM}。最终反向恢复电流衰减至接近于零，晶闸管恢复其对反向电压的阻断能力。从正向电流降为零到反向恢复电流衰减至接近于零的时间 t_{rr} 称为晶闸管的反向阻断恢复时间。反向恢复后，由于载流子复合过程比较慢，此时晶闸管并没有恢复正向阻断能力，晶闸管还需要一段时间才能恢复其对正向电压的阻断能力，这段时间 t_{gr} 称为正向阻断恢复时间。在正向阻断恢复时间内，如果重新对晶闸管施加正向电压，晶闸管会重新正向导通，所以实际应用中，应对晶闸管施加足够长时间的反向电压，使晶闸管充分恢复其对正向电压的阻断能力，电路才能可靠工作。晶闸管的电路换向关断时间 t_q 包括反向阻断恢复时间 t_{rr} 与正向阻断恢复时间 t_{gr}，即

$$t_q = t_{rr} + t_{gr} \qquad (2-7)$$

注意：

①普通晶闸管的关断时间为几百微秒；

②在正向阻断恢复时间内如果重新对晶闸管施加正向电压，晶闸管会重新正向导通；

③实际应用中，应对晶闸管施加足够长时间的反向电压，使晶闸管充分恢复其对正向电压的阻断能力，电路才能可靠工作。

2.3.3 晶闸管的主要参数

1. 电压定额

（1）断态重复峰值电压 U_{DRM}

断态重复峰值电压指在门极断路而结温为额定值时，允许重复加在器件上的正向峰值电压（图2-8）。国际规定重复频率为50 Hz，每次持续时间不超过10 ms。规定断态重复峰值电压 U_{DRM} 为断态不重复峰值电压（即断态最大瞬时电压）U_{DSM} 的90%。断态不重复峰值电压应低于正向转折电压 U_{bo}，所留裕量大小由生产厂家自行规定。

（2）反向重复峰值电压 U_{RRM}

反向重复峰值电压指在门极断路而结温为额定值时，允许重复加在器件上的反向峰值

电压(图 2 - 8)。规定反向重复峰值电压 U_{RRM} 为反向不重复峰值电压(即反向最大瞬态电压)U_{RSM} 的 90%。反向不重复峰值电压应低于反向击穿电压,所留裕量大小由生产厂家自行规定。

(3)额定电压

通常取晶闸管的 U_{DRM} 和 U_{RRM} 中较小的标值作为该器件的额定电压。选用时,额定电压要留有一定裕量,一般取额定电压为正常工作时晶闸管所承受峰值电压的 2 ~ 3 倍。

2. 电流定额

(1)通态平均电流 $I_{T(AV)}$(额定电流)

在环境温度为 40 ℃和规定的散热冷却条件下,晶闸管在电阻性负载的单相、工频正弦半波导电、结温稳定在额定值 125 ℃时,所对应的通态平均电流值定义为晶闸管额定电流 $I_{T(AV)}$。晶闸管的额定电流也是基于功耗发热而导致结温不超过允许值而限定的。如果正弦电流的峰值为 I_m,则正弦半波电流的平均值为

$$I_{AV} = \frac{1}{2\pi}\int_0^\pi I_m \sin(\omega t)\,\mathrm{d}(\omega t) = \frac{I_m}{\pi} \qquad (2-8)$$

已知正弦半波的有效值为

$$I = \sqrt{\frac{1}{2\pi}\int_0^\pi (I_m \sin(\omega t))^2\,\mathrm{d}(\omega t)} = \frac{I_m}{2} \qquad (2-9)$$

由式(2 - 8)和式(2 - 9)得到有效值为

$$I = \frac{\pi}{2}I_{AV} = 1.57 I_{AV} = 1.57 I_{T(AV)} \qquad (2-10)$$

即产品手册中的额定电流为 $I_{AV} = I_{T(AV)} = 100$ A 的晶闸管可以通过任意波形、有效值为 157 A 的电流,其发热温度正好是允许值。在实际应用中,由于电路波形可能既有直流(直流电流平均值与有效值相等)又有半波正弦,因此应按照实际电流波形计算其有效值,再将此有效值除以 1.57 作为选择晶闸管额定电流的依据。当然,由于晶闸管等电力电子半导体开关器件热容量很小,实际电路中的过电流又不可避免,故在设计中通常留有 1.5 ~ 2 倍的电流安全裕量。

例如,需要某晶闸管实际承担的某波形电流有效值为 400 A,则可选取额定电流(通态平均电流)为 400 A/1.57 = 255 A 的晶闸管(根据正弦半波波形平均值与有效值之比为 1:1.57),再考虑裕量,比如将计算结果放大到 2 倍左右,则可选取额定电流为 500 A 的晶闸管。

(2)维持电流 I_H

维持电流是使晶闸管维持导通所必需的最小电流,一般为几十到几百毫安。它与结温有关,结温越高,则 I_H 越小。

(3)擎住电流 I_L

擎住电流是晶闸管刚从断态转入通态并移除触发信号后,能维持导通所需的最小电流。对同一晶闸管来说,通常 I_L 为 I_H 的 2 ~ 4 倍。

(4)浪涌电流 I_{TSM}

浪涌电流是指由于电路异常情况引起并使结温超过额定结温的不重复性最大正向过载电流,即晶闸管在规定的极短时间内所允许通过的冲击性电流值。浪涌电流有上下两个级,这个参数可作为设计保护电路的依据。

3. 动态参数

晶闸管除开通时间 t_{gt} 和关断时间 t_q 外，还有以下两个参数：

（1）断态电压临界上升率 du/dt

指在额定结温和门极开路的情况下，不导致晶闸管从断态到通态转换的外加电压最大上升率。如果在阻断的晶闸管两端施加的电压具有正向的上升率时，则在阻断状态下相当于一个电容的 J_2 结会有充电电流流过，被称为位移电流。此电流流经 J_3 结时，起到类似门极触发电流的作用。如果电压上升率过大，使充电电流足够大，就会使晶闸管误导通。使用中实际电压上升率必须低于此临界值。

（2）通态电流临界上升率 di/dt

指在规定条件下，晶闸管能承受而无有害影响的最大通态电流上升率。如果电流上升太快，则晶闸管刚开通，便会有很大的电流集中在门极附近的小区域内，从而造成局部过热而使晶闸管损坏。

2.4　其他类型晶闸管

2.4.1　快速晶闸管

它包括所有专为快速应用而设计的晶闸管，有常规的快速晶闸管和工作在更高频率的高频晶闸管，可分别应用于 400 Hz 和 10 kHz 以上的斩波或逆变电路中。由于对普通晶闸管的管芯结构和制造工艺进行了改进，快速晶闸管的开关时间以及 du/dt 和 di/dt 耐量都有明显改善。从关断时间来看，普通晶闸管关断时间一般为数百微秒，快速晶闸管为数十微秒，高频晶闸管则为 10 μs 左右。与普通晶闸管相比，高频晶闸管的不足在于其电压和电流定额都不高，由于工作频率较高，选择通态平均电流时不能忽略其开关损耗的发热效应。

2.4.2　双向晶闸管

双向晶闸管可认为是一对反并联连接的普通晶闸管的集成，其电气图形符号和伏安特性如图 2 - 10 所示。它有两个主电极 T_1 和 T_2，一个门极 G。门极使器件在主电路的正反两方向均可触发导通，所以双向晶闸管在第 I 和第 III 象限有对称的伏安特性。双向晶闸管控

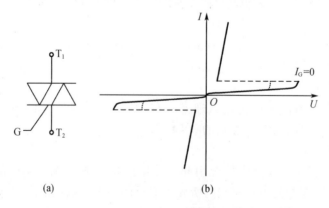

图 2 - 10　双向晶闸管的电气图形符号和伏安特性

(a)电气图形符号；(b)伏安特性

制电路简单,在交流调压电路、固态继电器(Solid State Relay,SSR)和交流电机调速等领域应用较多。

由于双向晶闸管通常用在交流电路中,因此不用平均值而用有效值来表示其额定电流值。

2.4.3　逆导晶闸管

逆导晶闸管是一个反向导通的晶闸管,是将晶闸管反并联一个二极管制作在同一管芯上的功率集成器件,这种器件不具有承受反向电压的能力,一旦承受反向电压即开通。其电气图形符号和伏安特性如图2-11所示。与普通晶闸管相比,逆导晶闸管具有正向压降小、关断时间短、高温特性好、额定结温高、减小了接线电感等优点,可用于不需要阻断反向电压的电路中。逆导晶闸管的额定电流有两个:一个是晶闸管电流;一个是反并联二极管的电流。

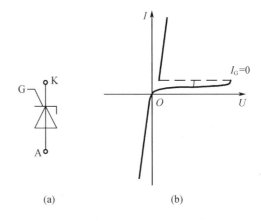

图 2-11　逆导晶闸管的电气图形符号和伏安特性
(a)电气图形符号;(b)伏安特性

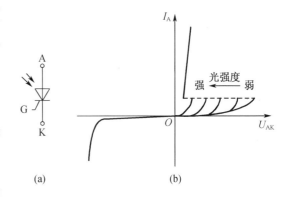

图 2-12　光控晶闸管的电气图形符号和伏安特性
(a)电气图形符号;(b)伏安特性

2.4.4　光控晶闸管

光控晶闸管又称光触发晶闸管,是利用一定波长的光照信号触发导通晶闸管,其电气图形符号和伏安特性如图2-12所示。小功率光控晶闸管只有阳极和阴极两个端子,大功率光控晶闸管则还带有光缆,光缆上装有作为触发光源的发光二极管或半导体激光器。由于采用光触发保证了主电路与控制电路之间的绝缘,且可避免电磁干扰的影响,因此目前在高压大功率的场合,如高压直流输电装置中占据重要的地位。

2.5　全控型电力电子器件

全控型电力电子器件的典型代表为门极可关断晶闸管(Gate - Turn - Off Thyristor,GTO)、电力晶体管(Giant Transistor,GTR)、电力场效应晶体管(Power MOSFET)和绝缘栅双极晶体管(Insulated - gate Bipolar Transistor,IGBT 或 IGT)。

2.5.1　门极可关断晶闸管

门极可关断晶闸管是一种具有自关断能力的晶闸管,在晶闸管问世后不久出现,是晶闸管的一种派生器件。处于断态时,如果有阳极正向电压,其门极加上正向触发脉冲电流后,GTO 可由断态转入通态,已处于通态时,门极加上足够大的反向脉冲电流,GTO 由通态转入断态,因而属于"全控型电力电子器件"或"自关断电力电子器件"。由于不需要用外部电路强迫阳极电流为零使之关断,仅由门极加脉冲电流去关断它,这就简化了电力变换主电路,提高了工作的可靠性。GTO 的许多性能虽然与 MOSFET,IGBT 相比要差,但其电压、电流容量较大,与普通晶闸管接近,因而在兆瓦级以上的大功率场合仍有较多应用。

1. GTO 的结构

GTO 与普通晶闸管一样,是 PNPN 四层半导体结构,外部引出阳极、阴极和门极,但和普通晶闸管的不同点在于它是一种多元的功率集成器件。内部包含数十个甚至数百个共阳极的小 GTO 单元,这些 GTO 单元的阴极和门极在器件内部并联在一起。这种特殊结构是为了便于实现门极控制关断而设计的。图 2 - 13(a)和(b)分别给出了典型的 GTO 各单元阴极、门极间隔排列的图形及其并联单元结构的断面示意图;图 2 - 13(c)是 GTO 的电气图形符号。

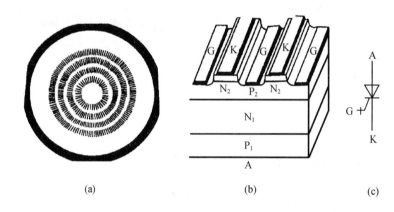

图 2 - 13 GTO 的内部结构和电气图形符号

(a)各单元的阴极、门极间隔排列的图形;(b)并联单元结构断面示意图;(c)电气图形符号

2. GTO 的工作原理

与晶闸管一样,GTO 的工作原理可以用图 2 - 7 所示的双晶体管模型来分析。由 $P_1N_1P_2$ 和 $N_1P_2N_2$ 构成的两个晶体管 V_1,V_2 分别具有共基极电流增益 α_1 和 α_2。由晶闸管的分析可以看出,$\alpha_1 + \alpha_2 = 1$ 是器件临界导通的条件。当 $\alpha_1 + \alpha_2 > 1$ 时,两个等效晶体管饱和而使器件导通;当 $\alpha_1 + \alpha_2 < 1$ 时,不能维持饱和导通而关断。

GTO 能够通过门极关断的原因如下:

(1)设计 GTO 时,使 α_2 较大,可使晶体管 V_2 控制灵敏,易于 GTO 关断。

(2)导通时 $\alpha_1 + \alpha_2$ 更接近 1(GTO 的 $\alpha_1 + \alpha_2 \approx 1.05$,普通晶闸管的 $\alpha_1 + \alpha_2 \geqslant 1.15$),导通时饱和不深,接近临界饱和,有利门极控制关断,但导通时管压降增大。

(3)多元集成结构使 GTO 单元阴极面积很小,门、阴极间距大为缩短,使得 P_2 基区横向电阻很小,能从门极抽出较大电流,所以 GTO 的导通过程与晶闸管一样,只是导通时饱和程度较浅。而关断过程给门极加负脉冲,即从门极抽出电流,则晶体管 V_2 的基极电流 I_{b2} 减小,使 I_K 和 I_{c2} 减小,I_{c2} 的减小又使 I_A 和 I_{c1} 减小,又进一步减小 V_2 的基极电流 I_{b2},形成了正反馈,如此循环往复。当 I_A 和 I_K 的减小使 $\alpha_1 + \alpha_2 < 1$ 时,器件退出饱和而关断。

GTO 的多元集成结构除了对关断有利外,还使 GTO 比普通晶闸管开通过程更快,承受

$\mathrm{d}i/\mathrm{d}t$ 能力更强。

3. GTO 的动态特性

图 2 - 14 给出了 GTO 开通和关断过程中门极电流 i_G 和阳极电流 i_A 的波形。与晶闸管类似，开通过程需经过延迟时间 t_d 和上升时间 t_r。关断过程与晶闸管有所不同，首先要经历抽取饱和导通时储存的大量载流子的时间——储存时间 t_s，从而使等效晶体管退出饱和状态；然后则是等效晶体管从饱和区退至放大区，阳极电流逐渐减小的时间——下降时间 t_f；最后还有残存载流子复合所需的时间——尾部时间 t_t。

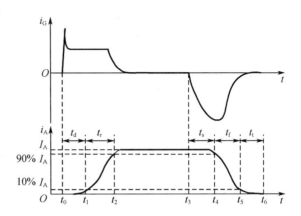

图 2 - 14　GTO 的开通和关断过程电流波形图

通常下降时间 t_f 比存储时间 t_s 小得多，而 t_t 比 t_s 要长。门极负脉冲电流幅值越大，前沿越陡，抽走储存载流子的速度越快，t_s 越短。门极负脉冲的后沿缓慢衰减，在 t_t 阶段仍保持适当负电压，则可缩短尾部时间。

4. GTO 的主要参数

GTO 的许多参数和晶闸管相应的参数意义相同，以下只介绍意义不同的参数。

（1）最大可关断阳极电流 I_{ATO}（GTO 额定电流）

在规定条件下，由门极控制可关断的阳极电流最大值。这也是用来标称 GTO 额定电流的参数。该电流与门极可关断电路、主回路及缓冲电路等条件有关。

（2）电流关断增益 β_{off}

最大可关断阳极电流与门极负脉冲电流最大值 I_{GM} 之比称为电流关断增益，即

$$\beta_{off} = \frac{I_{ATO}}{I_{GM}} \tag{2-11}$$

β_{off} 一般很小，只有 5 左右，这是 GTO 的一个主要缺点。例如，流经 GTO 的阳极电流为 1 000 A 时，关断时门极负脉冲电流峰值大约要 200 A，这是一个相当大的数值。

（3）开通时间 t_{on}

开通时间是指延迟时间与上升时间之和。GTO 的延迟时间一般为 1 ~ 2 μs，上升时间则随通态阳极电流值的增大而增大。

（4）关断时间 t_{off}

关断时间一般指储存时间和下降时间之和，不包括尾部时间。GTO 的储存时间随阳极电流的增大而增大，下降时间一般小于 2 μs。

另外需要指出的是，不少 GTO 都制造成逆导型，类似于逆导晶闸管。当需承受反压时，应和电力二极管串联使用。

2.5.2　电力晶体管

电力晶体管（Giant Transistor，GTR，又称为巨型晶体管），是一种耐高电压、大电流的双极结型晶体管（Bipolar Junction Transistor，BJT），英文有时候也称为 Power BJT。在电力电子

技术的范围内,GTR 与 BJT 这两个名称是等效的。20 世纪 80 年代以来,在中、小功率范围内取代晶闸管,但目前又大多被 IGBT 和电力 MOSFET 取代。

1. GTR 的结构和工作原理

GTR 与普通的双极结型晶体管基本原理是一样的,但是对 GTR 来说,最主要特性是耐压高、电流大、开关特性好,而不像用于信息处理的小功率晶体管那样注重单管电流放大系数、线性度、频率响应以及噪声和温漂等性能参数,因此 GTR 通常采用至少由两个晶体管按达林顿接法组成的单元结构,同 GTO 一样采用集成电路工艺将许多这种单元并联而成。单管的 GTR 结构与普通的双极结型晶体管是类似的。GTR 是由三层半导体(分别引出集电极、基极和发射极)形成的两个 PN 结(集电结和发射结)构成,多采用 NPN 结构。图 2 − 15 (a)和(b)分别给出了 NPN 型 GTR 的内部结构断面示意图和电气图形符号。注意,表示半导体类型字母的右上标" + "表示高掺杂浓度," − "表示低掺杂浓度。

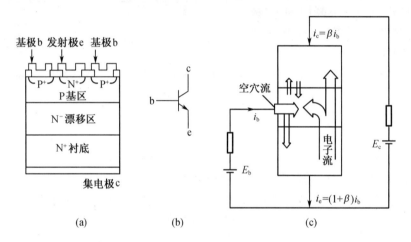

图 2 − 15　GTR 的结构、电气图形符号和内部载流子的流动

(a)内部结构断面示意图;(b)电气图形符号;(c)内部载流子的流动

由图 2 − 15 可以看出,与信息电子电路中的普通双极结型晶体管相比,GTR 多了一个 N^- 漂移区(低掺杂 N 区)。这与电力二极管中低掺杂 N 区的作用一样,是用来承受反向高电压的,而且 GTR 导通时也是靠从 P 区向 N^- 漂移区注入大量的少子形成的电导调制效应来减小通态电压和损耗。

在应用中 GTR 一般采用共发射极接法,图 2 − 15(c)给出了在此接法下 GTR 内部主要载流子流动情况示意图。集电极电流 i_c 与基极电流 i_b 之比为

$$\beta = \frac{i_c}{i_b} \tag{2-12}$$

β 称为 GTR 的电流放大系数,它反映了基极电流对集电极电流的控制能力。当考虑到集电极和发射极间的漏电流 I_{ceo} 时,i_c 和 i_b 的关系为

$$i_c = \beta i_b + I_{ceo} \tag{2-13}$$

GTR 的产品说明书中通常给直流电流增益 h_{FE},它是在直流工作情况下,集电极电流与基极电流之比。一般可认为 $\beta \approx h_{FE}$,单管 GTR 的 β 值比小功率的晶体管小得多,通常为 10 左右,采用达林顿接法可有效增大电流增益。

2. GTR 的基本特性

（1）静态特性

图 2 - 16 给出了 GTR 在共发射极接法时的典型输出特性,分为截止区、放大区及饱和区三个区域。在电力电子电路中,GTR 工作在开关状态,即工作在截止区或饱和区。但在开关过程中,即在截止区和饱和区之间过渡时,一般要经过放大区。

（2）动态特性

GTR 是使用基极电流来控制集电极电流的。图 2 - 17 给出了 GTR 开通和关断过程中基极电流和集电极电流波形的关系。

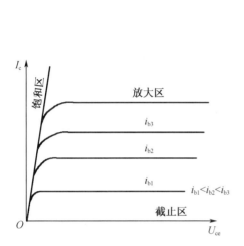

图 2 - 16　共发射极接法时 GTR 的
　　　　　输出特性

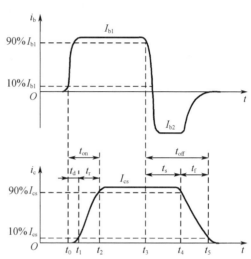

图 2 - 17　GTR 的开通和关断过程电流波形图

与 GTO 相似,GTR 的开通过程需要经过延迟时间 t_d 和上升时间 t_r,两者之和为开通时间 t_{on}。延迟时间 t_d 主要是由发射结势垒电容和集电结势垒电容充电产生的。增大基极驱动电流 i_b 的幅值并增大 di_b/dt,可缩短延迟时间 t_d 和上升时间 t_r,从而缩短开通时间。GTR 的关断过程包含储存时间 t_s 和下降时间 t_f,二者之和为关断时间 t_{off}。t_s 是用来除去饱和导通时储存在基区的载流子的,是关断时间的主要部分。减小导通时的饱和深度以减小储存的载流子,或者增大基极抽取负电流 I_{b2} 的幅值和负偏压,可缩短储存时间,从而加快关断速度。当然,减小导通时的饱和深度的负面作用是会使集电极和发射极间的饱和导通压降 U_{ces} 增加,从而增大通态损耗。GTR 的开关时间在几微秒以内,比晶闸管和 GTO 都短很多。

3. GTR 的主要参数

前已述及了一些参数,如电流放大倍数 β、直流电流增益 h_{FE}、集射极间漏电流 I_{ceo}、开通时间 t_{on} 和关断时间 t_{off}。此外还有最高工作电压、集电极最大允许电流 I_{cM} 和集电极最大耗散功率 P_{cM}。

（1）最高工作电压

GTR 上电压超过规定值时会发生击穿。击穿电压不仅和晶体管本身特性有关,还与外电路接法有关。发射极开路时集电极和基极间的反向击穿电压 BU_{cbo},基极开路时集电极和发射极间的击穿电压 BU_{ceo},发射极与基极间电阻连接或短路连接时集电极和发射极间的击穿电压 BU_{cer} 和 BU_{ces},发射结反向偏置时集电极和发射极间的击穿电压 BU_{cex},这些击穿电

压之间的关系为 $BU_{cbo} > BU_{cex} > BU_{ces} > BU_{cer} > BU_{ceo}$。实际使用时,为确保 GTR 安全,最高工作电压要比 BU_{ceo} 低得多。

(2)集电极最大允许电流 I_{cM}

通常规定直流电流放大系数 h_{FE} 下降到规定值的 $1/3 \sim 1/2$ 时所对应的 I_c 为集电极最大允许电流。实际使用时要留有较大裕量,只能用到 I_{cM} 的一半或稍多一点。

(3)集电极最大耗散功率 P_{cM}

这是指 GTR 在最高工作温度下允许的耗散功率。产品说明书中给 P_{cM} 时同时给出壳温 T_C,间接表示了最高工作温度。

4. GTR 的二次击穿现象与安全工作区

当 GTR 的集电极电压升高至击穿电压时,集电极电流 I_c 迅速增大,这种首先出现的击穿是雪崩击穿,称为一次击穿。出现一次击穿后,只要 I_c 不超过限度,GTR 一般不会损坏,工作特性也不会有什么变化。但实际应用中常常发现一次击穿发生时如不有效地限制电流,I_c 增大到某个临界点时会突然急剧上升,并伴随电压的陡然下降,这种现象称为二次击穿。二次击穿常常立即导致器件的永久损坏,或者工作特性明显衰变,因而对 GTR 危害极大。

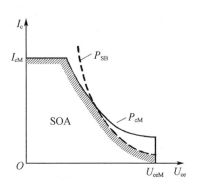

图 2 – 18　GTR 的安全工作区

将不同基极电流下二次击穿的临界点连接起来,就构成了二次击穿临界线,临界线上的点反映了二次击穿功率 P_{SB}。这样,GTR 工作时不仅不能超过最高电压 U_{ceM}、集电极最大电流 I_{cM}、最大耗散功率 P_{cM},也不能超过二次击穿临界线。这些限制条件就规定了 GTR 的安全工作区(Safe Operating Area,SOA),如图 2 – 18 的阴影区所示。

2.5.3　电力场效应晶体管

电力场效应晶体管(Power Metal Oxide Semiconductor FET)简称电力 MOSFET,是利用电场效应控制半导体中电流的电力半导体器件。它是一种单极型电压控制器件,不但有自关断能力,而且有驱动功率小、工作频率高、无二次击穿现象、安全工作区宽等优点。一般只适用于功率不超过 10 kW 的电力电子装置。

电力场效应晶体管有结型和绝缘栅型两种类型,通常主要指绝缘栅型中的 MOS 型。结型电力场效应晶体管一般称作静电感应晶体管,将在下一节做简要介绍。这里主要讲述电力 MOSFET。

1. 电力 MOSFET 的结构和工作原理

电力 MOSFET 按导电沟道可分为 P 沟道和 N 沟道。当栅极电压为零时,漏源极之间就存在导电沟道的称为耗尽型;对于 N(P)沟道器件,栅极电压大于(小于)零时才存在导电沟道的称为增强型。电力 MOSFET 主要是 N 沟道增强型。

电力 MOSFET 有三个极,分别为栅极 G、源极 S、漏极 D,如图 2 – 19(b)所示。

电力 MOSFET 在导通时只有一种极性的载流子(多子)参与导电,是单极型晶体管。其导电机理与小功率 MOS 管相同,但结构上有较大区别。小功率 MOS 管是一次扩散形成的器件,其导电沟道平行于芯片表面,是横向导电器件。目前,电力 MOSFET 大都采用垂直导

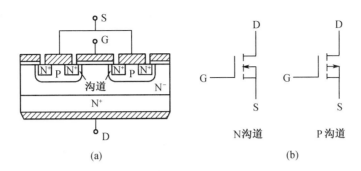

图 2 - 19　电力 MOSFET 的结构和电气图形符号

电结构,又称为 VMOSFET(Vertical MOSFET)。这大大提高了 MOSFET 器件的耐压和通电流能力。按垂直导电结构的差异,电力 MOSFET 又分为利用 V 形槽实现垂直导电的VVMOSFET(Vertical V - groove MOSFET)和具有垂直导电双扩散 MOS 结构的 VDMOSFET(Vertical Double - diffused MOSFET)。这里主要以 VDMOS 器件为例进行讨论。

电力 MOSFET 是多元集成结构,即一个器件由许多个小 MOSFET 单元组成。每个单元的形状和排列方法,不同生产厂家采用了不同的设计,甚至因此为其产品取了不同的名称,具体有:六边形单元、正方形单元、矩形单元按"品"字形的排列。

图 2 - 19(a)给出了 N 沟道增强型 VDMOS 中一个单元的截面图;电力 MOSFET 的电气图形符号如图 2 - 19(b)所示。

当漏极接电源正端、源极接电源负端、栅极和源极间电压为零时,P 基区与 N 漂移区之间形成的 PN 结 J_1 反偏,漏源极之间无电流流过。如果在栅极和源极之间加一正电压 U_{GS},由于栅极是绝缘的,所以不会有栅极电流流过。但栅极的正电压会将其下面 P 区中的空穴推开,而将 P 区中的少子(电子)吸引到栅极下面的 P 区表面。当 U_{GS} 大于 U_T(开启电压或阈值电压)时,栅极下 P 区表面的电子浓度将超过空穴浓度,从而使 P 型半导体反型而成 N型半导体形成反型层,该反型层形成 N 沟道而使 PN 结 J_1 消失,漏极和源极导电。电压 U_T称为开启电压,U_{GS} 超过 U_T 越多,导电能力越强,漏极电流 I_D 越大。

与信息电子电路中的 MOSFET 相比,电力 MOSFET 多了一个 N⁻ 漂移区(低掺杂 N 区),这就是用来承受高电压的。不过,电力 MOSFET 是多子导电器件,栅极和 P 区之间是绝缘的,无法像电力二极管和 GTR 那样在导通时靠从 P 区向 N⁻ 漂移区注入大量的少子形成的电导调制效应来减小通态电压和损耗,因此电力 MOSFET 虽然可以通过增加 N⁻ 漂移区的厚度来提高承受电压的能力,但是由此带来的通态电阻增大和损耗增加也是非常明显的。所以目前一般电力 MOSFET 产品设计的耐压能力都在 1 000 V 以下。

2. 电力 MOSFET 的基本特性

(1)静态特性

漏极电流 I_D 和栅源间电压 U_{GS} 的关系称为 MOSFET 的转移特性,它表示门极电压对漏极电流的控制能力,也即电力 MOSFET 放大能力,与 GTR 电流增益 β 相仿。如图 2 - 20(a)所示,I_D 较大时,I_D 与 U_{GS} 的关系近似线性,曲线的斜率定义为跨导 G_{fs},即

$$G_{fs} = \frac{dI_D}{dU_{GS}} \tag{2-14}$$

MOSFET 是电压控制型器件,其输入阻抗极高,输入电流非常小。

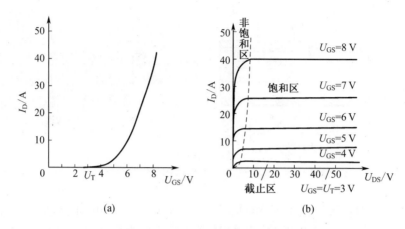

图 2 – 20　电力 MOSFET 的转移特性和输出特性

（a）转移特性；（b）输出特性

图 2 – 20(b)是 MOSFET 的漏极伏安特性,即输出特性。从图中同样可以看到截止区（对应于 GTR 的截止区）、饱和区（对应于 GTR 的放大区）、非饱和区（对应于 GTR 的饱和区）三个区域。这里的饱和与非饱和的概念与 GTR 不同。饱和是指漏源电压增加时漏极电流不再增加;非饱和是指漏源电压增加时漏极电流相应增加。电力 MOSFET 工作在开关状态,即在截止区和非饱和区之间来回转换。

由于电力 MOSFET 本身结构所致,在其漏极和源极之间由 P 区、N^- 漂移区和 N^+ 区形成了一个与 MOSFET 反向并联的寄生二极管,具有与电力二极管一样的 P – i – N 结构。它与 MOSFET 构成了一个不可分割的整体,使得在漏、源极间加反向电压时器件导通。因此,使用电力 MOSFET 时应注意这个寄生二极管的影响。

电力 MOSFET 的通态电阻具有正温度系数,其对器件并联时的均流有利。

（2）动态特性

用图 2 – 21(a)所示电路来测试电力 MOSFET 的开关特性。图中 u_p 为矩形脉冲电压信号源,R_S 为信号源内阻,R_G 为栅极内阻,R_L 为漏极负载电阻,R_F 用于检测漏极电流。工作波形如图 2 – 21(b)所示。

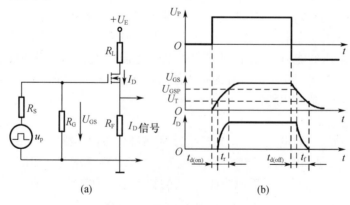

图 2 – 21　电力 MOSFET 的开关过程

（a）测试电路；（b）开关过程波形

①开通特性

因为电力 MOSFET 存在输入电容 C_{in}，所以当脉冲电压 U_P 的前沿到来时，C_{in} 有充电过程，栅极电压 U_{GS} 呈指数曲线上升，如图 2 - 21(b) 所示。当 U_{GS} 上升到开启电压 U_T 时，开始出现漏极电流 I_D。从 U_P 前沿时刻到 $U_{GS} = U_T$ 并开始出现 I_D 的时刻这段时间，称为开通延迟时间 $t_{d(on)}$。此后，I_D 随 U_{GS} 的上升而上升。U_{GS} 从 U_T 上升到 MOSFET 进入非饱和区的栅压 U_{GSP} 的时间段称为上升时间 t_r，此时漏极电流 I_D 已达稳态值，稳态值由漏极电源电压 U_E 和漏极负载电阻决定。开通时间 t_{on} 为开通延迟时间与上升时间之和，即 $t_{on} = t_{d(on)} + t_r$。

②关断特性

当 U_P 信号下降为零后，器件开始进入关断过程，输入电容 C_{in} 上的存储电荷将通过驱动信号源的内阻 R_S 和栅极电阻 R_G 放电，使栅极电压 U_{GS} 按指数规律下降，导电沟道随之变窄，直到沟道缩小到预夹断状态(此时栅极电压下降到 U_{GSP})，I_D 电流才开始减少，这段时间称为关断延时时间 $t_{d(off)}$。以后 C_{in} 会继续放电，U_{GS} 继续下降，沟道夹断增长，I_D 亦持续减少，直到 $U_{GS} < U_T$，沟道消失，$I_D = 0$，漏极电流从稳定值下降到零所需时间称为下降时间 t_f，关断时间 $t_{off} = t_{d(off)} + t_f$。

从上面的关断过程可以看出，MOSFET 的开关速度和其输入电容的充放电有很大关系。使用者虽然无法降低 C_{in} 的值，但可以降低栅极驱动电路的内阻 R_S，从而减小栅极回路的充放电时间常数，加快开关速度。

通过以上讨论可以看出，由于 MOSFET 只靠多子导电，不存在少子储存效应，因而关断过程非常迅速。MOSFET 的开关时间在 10 ~ 100 ns 之间，工作频率可达 100 kHz 以上，是主要电力电子器件中最高的。此外，虽然电力 MOSFET 是场控器件，在静态时几乎不需输入电流，但在开关过程中需对输入电容充放电，仍需一定的驱动功率。开关频率越高，所需要的驱动功率越大。

(3)电力 MOSFET 的主要参数

除前面已涉及的跨导 G_{fs}、开启电压 U_T 以及 t_{on}，t_r，t_{off} 和 t_f 之外，电力 MOSFET 还有以下主要参数：

①漏极电压 U_{DS}　　这是标称电力 MOSFET 电压定额的参数。

②漏极直流电流 I_D 和漏极脉冲电流幅值 I_{DM}　　这是标称电力 MOSFET 电流定额的参数。

③栅源电压 U_{GS}　　栅源之间的绝缘层很薄，$|U_{GS}| > 20$ V 将导致绝缘层击穿。

④极间电容　　MOSFET 的三个极间分别存在极间电容 C_{GS}，C_{GD} 和 C_{DS}。一般厂家提供的是漏、源极短路时的输入电容 C_{iss}、共源极输出电容 C_{oss} 和反向转移电容 C_{rss}。它们的关系是

$$C_{iss} = C_{GS} + C_{GD} \tag{2-15}$$

$$C_{rss} = C_{GD} \tag{2-16}$$

$$C_{oss} = C_{DS} + C_{GD} \tag{2-17}$$

前面提到的输入电容可近似用 C_{iss} 代替。这些电容都是非线性的。

漏源间的耐压、漏极最大允许电流和最大耗散功率决定了电力 MOSFET 的安全工作区。一般来说，电力 MOSFET 不存在二次击穿问题，这是它的一大优点。实际使用中，仍应注意保留适当的裕量。

2.5.4　绝缘栅双极晶体管

绝缘栅双极晶体管(Insulated - gate Bipolar Transister，IGBT)，是由电力 GTR 和电力

MOSFET 结合而成的复合器件,20 世纪 80 年代初出现,1986 年投入运用并迅速占领市场。

电力 MOSFET 器件是单极型、电压控制型开关器件,因此其通断驱动控制功率小,开关速度快,但通态压降大,难于制成高压大电流开关器件。电力晶体管是双极型(其中电子、空穴两种多数载流子都参与导电)、电流控制型开关器件,因此其通断控制驱动功率大,开关速度不够快,但通态压降低,可制成较高电压和较大电流的开关器件。IGBT 输入控制部分为 MOSFET,输出级为双极结型晶体管,因此兼有 MOSFET 和电力晶体管的优点,即高输入阻抗,电压控制,驱动功率小,开关速度快,工作频率可达到 10 ~ 40 kHz,饱和压降低(比MOSFET 小得多,与电力晶体管相当),电压、电流容量较大,安全工作区域宽。目前 2 500 ~3 000 V,800 ~1 800 A 的 IGBT 器件已有产品,可为中、大功率的高频电力电子装置选用。

IGBT 是三端器件,具有栅极 G、集电极 C 和发射极 E。图 2 – 22(a)给出了一种由 N 沟道 VDMOSFET 与双极型晶体管组合而成的 N 沟道 IGBT(N – IGBT)的基本结构。与图 2 –19(a)对照可以看出,IGBT 比 VDMOSFET 多一层 P^+ 注入区,形成了一个大面积的 P^+N 结 J_1。这样使得 IGBT 导通时由 P^+ 注入区向 N^- 基区发射少子,从而对漂移区电导率进行调制,使得 IGBT 具有很强的通流能力,解决了在电力 MOSFET 中无法解决的 N^- 漂移区追求高耐压与追求低通态电阻之间的矛盾。其简化等效电路如图 2 – 22(b)所示,由图可以看出,IGBT 是用双极型晶体管与 MOSFET 组成的达林顿结构,一个由 MOSFET 驱动的厚基区 PNP 晶体管。图中 R_N 为晶体管基区内的调制电阻。因此,IGBT 的驱动原理与电力MOSFET 基本相同,是一种场控器件。其开通和关断是由栅射极电压 U_{GE} 决定的,当 U_{GE} 大于开启电压 $U_{GE(th)}$ 时,MOSFET 内形成沟道,为晶体管提供基极电流使 IGBT 导通。由于2.2 节提到的电导调制效应使电阻 R_N 减小,这样高耐压的 IGBT 也具有很小的通态压降。当栅极与发射极间施加反向电压或不加信号时,MOSFET 内的沟道消失,晶体管的基极电流被切断,使得 IGBT 关断。

以上所述 PNP 晶体管与 N 沟道 MOSFET 组合而成的 IGBT 称为 N 沟道 IGBT,记为N – IGBT,其电气图形符号如图 2 – 22(c)所示。相应的还有 P 沟道 IGBT,记为 P – IGBT,其电气图形符号与图 2 – 22(c)箭头相反。实际当中 N 沟道 IGBT 应用较多,因此下面仍以其为例进行介绍。

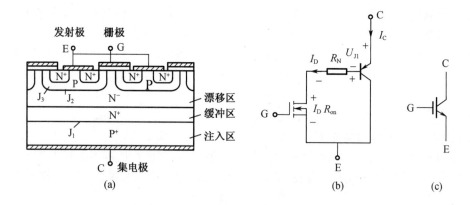

图 2 – 22　IGBT 的结构、简化等效电路和电气图形符号
(a)内部结构断面示意图;(b)简化等效电路;(c)电气图形符号

1. IGBT 的静态特性

图 2 - 23(a)所示为 IGBT 的转移特性,它描述的是集电极电流 I_c 与栅射电压 U_{GE} 之间的关系,与 MOSFET 转移特性类似。开启电压 $U_{GE(th)}$ 是 IGBT 能实现电导调制而导通的最低栅射电压。$U_{GE(th)}$ 随温度升高而略有下降,温度每升高 1 ℃,其值下降 5 mV。当 U_{GE} 小于开启阈值电压 $U_{GE(th)}$ 时,等效 MOSFET 中不能形成导电沟道,因此 IGBT 处于断态。当 $U_{GE} > U_{GE(th)}$ 后,在 +25 ℃时,$U_{GE(th)}$ 的值一般为 2 ~ 6 V。随着 U_{GE} 的增大,I_c 显著上升。实际运行中,外加电压 U_{GE} 的最大值 U_{GEM} 一般不超过 15 V,以限制 I_c 不超过 IGBT 的允许值 I_{cM}。IGBT 在额定电流时的通态压降一般为 1.5 ~ 3 V。其通态压降常在其电流较大(接近额定值)时具有正的温度系数(I_c 增大时,管压降增大),因此在 IGBT 并联使用时 IGBT 器件具有电流自动调节均流的能力,这就使多个 IGBT 易于并联使用。

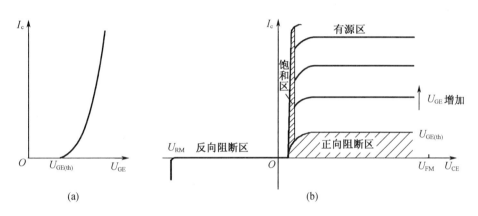

图 2 - 23　IGBT 的转移特性和输出特性
(a)转移特性;(b)输出特性

图 2 - 23(b)所示为 IGBT 输出特性(也称为伏安特性),它描述的是以栅射电压 U_{GE} 为参考变量时,集电极电流 I_c 与集射极间电压 U_{CE} 间的关系。IGBT 的输出特性分为三个区域:正向阻断区、有源区和饱和区。此外,当 $U_{GE} < 0$ 时,IGBT 为反向阻断工作状态。在电力电子电路中,IGBT 工作在开关状态,因而是在正向阻断区和饱和区之间来回转换。

2. IGBT 的动态特性

图 2 - 24(a)给出了 IGBT 的开通过程的波形图。IGBT 的开通过程与电力 MOSFET 的很相似,这是因为 IGBT 在开通过程中大部分时间是作为 MOSFET 来运行的。如图 2 - 24(a)所示,从驱动电压 U_{GE} 的前沿上升至其幅值 10% 的时刻,到集电极电流 I_c 上升至其幅值 10% 的时刻,这段时间为开通延迟时间 $t_{d(on)}$。而 I_c 从 10% I_{cM} 上升至 90% I_{cM} 所需时间为电流上升时间 t_r,开通时间 t_{on} 定义为开通延迟时间、电流上升时间与电压下降时间之和。在这两个时间内,集射极间电压 U_{CE} 基本不变。此后,U_{CE} 开始下降,其下降时间 t_{fv} 分别为 t_{fv1} 和 t_{fv2},其中 t_{fv1} 是 MOSFET 工作时漏源电压下降时间,t_{fv2} 是 MOSFET 和 PNP 晶体管同时工作时漏源电压下降时间。由于 U_{CE} 下降时 IGBT 中 MOSFET 的栅漏电容增加,而且 IGBT 中 PNP 晶体管由放大状态转入饱和状态也需要一个过程,因此 t_{fv2} 段电压下降过程变缓。只有在 t_{fv2} 段结束时,IGBT 才完全进入饱和状态。

IGBT 关断时,在外施栅极反向电压作用下,MOSFET 输入电容放电,内部 PNP 晶体管仍然导通,在最初阶段里,关断的延迟时间 $t_{d(off)}$ 由 IGBT 中的 MOSFET 决定。关断延迟时间是

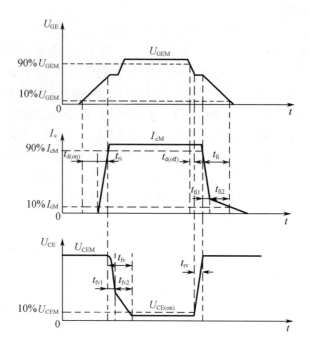

图 2-24 IGBT 的开通和关断过程

指从驱动电压 U_{GE} 的脉冲后沿下降到其幅值的 90% 时刻起,到集电极电流下降至 90% I_{cM} 的时间。关断时 IGBT 和 MOSFET 的主要差别是电流波形分为 t_{fi1} 和 t_{fi2} 两部分,其中,t_{fi1} 由 MOSFET 决定,对应于 MOSFET 的关断过程;t_{fi2} 由 PNP 晶体管中存储电荷所决定。因为在 t_{fi1} 末尾 MOSFET 已关断,IGBT 又无反向电压,体内的存储电荷难以被迅速消除,所以漏极电流有较长的下降时间。而此时漏源电压已建立,过长的下降时间会产生较大的功耗,使结温增高,所以希望下降时间越短越好。关断时间 t_{off} 定义为关断延迟时间、电压上升时间和电流下降时间之和。

可以看出,IGBT 中双极型 PNP 晶体管的存在,虽然带来了电导调制效应的好处,但也引入了少子储存现象,因而 IGBT 的开关速度低于电力 MOSFET。此外,IGBT 的击穿电压、通态压降和关断时间也是需要折中的参数。高压器件的 N 基区必须有足够宽度和较高电阻率,这会引起通态压降增大和关断时间延长。

还应该指出的是,同电力 MOSFET 一样,IGBT 的开关速度受其栅极驱动电路内阻的影响,其关断过程中波形和时序的许多重要细节(如 IGBT 所承受的最大电压和电流、器件能量损耗等)也受到主电路结构、控制方式、缓冲电路以及主电路寄生参数等条件的影响,在设计采用这些器件的实际电路时都应该加以注意。

3. IGBT 的主要参数

除了前面提到的各参数外,IGBT 还包括以下主要参数:

(1)最大集射极间电压 U_{CES}　这是由器件内部 PNP 晶体管所能承受的击穿电压所确定的;

(2)最大集电极电流　包括额定直流电流 I_c 和 1 ms 脉宽最大电流 I_{cP};

(3)最大集电极功耗 P_{cM}　在正常工作温度下允许的最大耗散功率。

IGBT 的特性和参数特点如下：

（1）IGBT 开关速度高，开关损耗小。有关资料表明，在电压 1 000 V 以上时，IGBT 的开关损耗只有 GTR 的 1/10，与电力 MOSFET 相当。

（2）在相同电压和电流定额时，IGBT 的安全工作区比 GTR 大，而且具有耐脉冲电流冲击能力。

（3）IGBT 的通态压降比 VDMOSFET 低，特别是在电流较大的区域。

（4）IGBT 的输入阻抗高，输入特性与 MOSFET 类似。

（5）在保持开关频率高的特点的同时，IGBT 的耐压和通流能力还可以进一步提高。

4. IGBT 的擎住效应和安全工作区

由图 2 – 22（a）可以看到 IGBT 的内部寄生着一个 N^-PN^+ 晶体管，此晶体管与作为主开关器件的 P^+NP^- 晶体管组成了寄生晶闸管。IGBT 的寄生晶闸管等效电路如图 2 – 25 所示。在 NPN 型晶体管的基极与发射极之间有一个体区电阻 R_{br}。在该电阻上，P 区的横向电流会产生一定压降，对 NPN 型晶体管来说，相当于在 NPN 基射极加一个正向偏置电压。在规定的集电极电流范围内，这个正偏压不大，NPN 型晶体管不起作用。当集电极电流大到一定程度时，这个正偏置电压足以使 NPN 型晶体管导通，进而使 NPN 型和 PNP 型晶体管互锁，进入

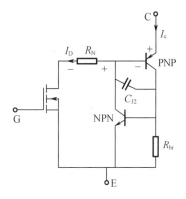

图 2 – 25　IGBT 的等效电路图

饱和状态，于是寄生晶闸管开通，栅极失去控制作用，这就是擎住效应或自锁效应。发生擎住效应后，集电极电流增大造成过高的功耗，最后导致器件损坏。产生擎住效应的原因如下：

（1）集电极电流有一个临界值 I_{cM}，集电极通态连续电流大于此值后 IGBT 即会产生擎住效应。这种现象称为静态擎住效应。

（2）IGBT 在关断时，内部 MOSFET 的关断十分迅速，IGBT 总电流很快下降，在主电路的分布电感上会产生很高的电压加在 IGBT 的集射极上，使 IGBT 承受很高的电压上升率 dU_{CE}/dt，该电压上升率在 IGBT 的 J_2 结电容上产生充电电流（即位移电流）$C_{J2}dU_{CE}/dt$。当位移电流流过电阻 R_{br} 时，可产生足以使 NPN 型晶体管开通的正向偏置电压，使寄生晶闸管满足开通的条件而产生擎住现象。这种现象称为动态擎住效应。动态擎住效应比静态擎住效应所允许的集电极电流还要小，因此制造厂家所规定的 I_{cM} 值是按动态擎住所允许的最大集电极电流而确定的。

（3）温度升高也会加重 IGBT 发生擎住现象的危险。有资料表明，当器件结温升高时，产生擎住效应所需要的集电极电流会有显著下降。

擎住效应曾经限制 IGBT 电流容量的提高，随着工艺制造水平的提高，自 20 世纪 90 年代中后期开始得到逐步解决。为了避免 IGBT 发生擎住现象，设计电路时应保证 IGBT 中的电流不超过 I_{cM} 值。

开通和关断时，IGBT 均具有较宽的安全工作区。其正偏安全工作区由最大集电极电流、最大集射极间电压和最大集电极功耗确定。正偏安全工作区与 IGBT 的导通时间密切相关，导通时间很短时，正偏安全工作区为矩形方块，随着导通时间的增加，安全工作区逐步减小。直流工作的安全工作区最小。

　　反向偏置安全工作区由最大集电极电流、最大集射极间电压和最大允许电压上升率 dU_{CE}/dt 确定。电压上升率 dU_{CE}/dt 越大,安全工作区越小,因为过高的 dU_{CE}/dt 会使 IGBT 导通,产生动态擎住效应。

　　此外,为满足实际电路的要求,IGBT 往往与反并联的快速二极管封装在一起制成模块,成为逆导器件,选用时要加以注意。

2.5.5　其他新型全控型器件和模块

　　1. MOS 控制晶闸管 MCT

　　MCT(MOS Controlled Thyristor)是将 MOSFET 与晶闸管组合而成的复合型器件。MCT 将 MOSFET 的高输入阻抗、低驱动功率、快速的开关过程与晶闸管的高电压、大电流、低导通压降的特点结合起来,也是 Bi – MOS 器件的一种。一个 MCT 器件由数以万计的 MCT 元件组成,每个元件的组成包括:一个 PNPN 晶闸管,一个控制该晶闸管开通的 MOSFET 和一个控制该晶闸管关断的 MOSFET。

　　MCT 具有高电压、大电流、高载流密度和低通态压降的特点,其通态压降只有 GTR 的 1/3 左右,硅片的单位面积连续电流密度在各种器件中是最高的。另外,MCT 可承受极高的 di/dt 和 du/dt,使得其保护电路可以简化。MCT 的开关速度超过 GTR,开关损耗也小。

　　总之,MCT 曾一度被认为是一种最有发展前景的电力电子器件,因此 20 世纪 80 年代以来一度成为研究的热点。但经过十多年的努力,其关键技术问题没有大的突破,电压和电流容量都远未达到预期的数值,未能投入实际应用。

　　2. 静电感应晶体管 SIT

　　SIT(Static Induction Transistor)诞生于 1970 年,实际上是一种结型场效应晶体管。将用于信息处理的小功率 SIT 器件的横向导电结构改为垂直导电结构,即可制成大功率的 SIT 器件。SIT 是一种多子导电的器件,其工作频率与电力 MOSFET 相当,甚至超过电力 MOSFET,而功率容量也比电力 MOSFET 大,因而适用于高频大功率场合,目前已在雷达通信设备、超声波功率放大、脉冲功率放大和高频感应加热等专业领域获得了较多应用。

　　但是 SIT 在栅极不加任何信号时是导通的,而栅极加负偏压时关断,被称为正常导通型器件,使用不太方便;此外,SIT 通态电阻较大,使得通态损耗也大。SIT 可以做成正常关断型器件,但通态损耗将更大,因而 SIT 还未得到广泛应用。

　　3. 静电感应晶闸管 SITH

　　SITH(Static Induction Thyristor)诞生于 1972 年,是在 SIT 的漏极层上附加一层与漏极层导电类型不同的发射极层而得到的,就像 IGBT 可以看作由电力 MOSFET 与 GTR 复合而成的器件一样,SITH 也可以看作由 SIT 与 GTO 复合而成。因为其工作原理也与 SIT 类似,门极和阳极电压均能通过电场控制阳极电流,因此 SITH 又被称为场控晶闸管(Field Controlled Thyristor,FCT)。由于比 SIT 多了一个具有少子注入功能的 PN 结,因而 SITH 本质上是两种载流子导电的双极型器件,具有电导调制效应,通态压降低、通流能力强。其很多特性与 GTO 类似,但开关速度比 GTO 高得多,是大容量的快速器件。

　　SITH 一般也是正常导通型,但也有正常关断型;此外,其制造工艺比 GTO 复杂得多,电流关断增益较小,因而其应用范围还有待拓展。

　　4. 集成门极换流晶闸管 IGCT

　　IGCT(Intergrated Gate – Commutated Thyristor)即集成门极换流晶闸管,有的厂家也称为

GCT,是 20 世纪 90 年代后期出现的新型电力电子器件。IGCT 实质上是将一个平板型 GTO 与由很多个并联的电力 MOSFET 器件和其他辅助元件组成的 GTO 门极驱动电路,采用精心设计的互联结构和封装工艺集成在一起。IGCT 的容量与普通的 GTO 相当,但开关速度比普通的 GTO 快 10 倍,而且可以简化普通 GTO 应用时庞大而复杂的缓冲电路,只不过其所需的驱动功率仍然很大。在 IGCT 产品刚推出的几年中,由于其电压和电流容量大于 IGBT 的水平而受到关注,但 IGBT 的电压和电流容量很快赶了上来,而且市场上一直只有个别厂家能提供 IGCT 产品,因此 IGCT 已逐渐被 IGBT 取代。

5. 基于宽禁带半导体材料的电力电子器件

到目前为止,硅材料一直是电力电子器件所采用的主要半导体材料。其主要原因是人们早已掌握了低成本、大批量制造、大尺寸、低缺陷、高纯度的单晶硅材料的技术以及随后对其进行半导体加工的各种工艺技术,人类对硅器件不断地研究和开发的投入也是巨大的。但是硅器件的各方面性能已随其结构设计和制造工艺的相当完善而接近其由材料特性决定的理论极限,很多人认为依靠硅器件继续完善和提高电力电子装置与系统性能的潜力已十分有限,因此将越来越多的注意力投向基于宽禁带半导体材料的电力电子器件。

我们知道,固体中电子的能量具有不连续的量值,电子都分布在一些相互之间不连续的能带上。价电子所在能带与自由电子所在能带之间的间隙称为禁带或带隙,所以禁带的宽度实际上反映了被束缚的价电子要成为自由电子所必须额外获得的能量。硅的禁带宽度为 1.2 eV,而宽禁带半导体材料是指禁带宽度在 3.0 eV 及以上的半导体材料,典型的是碳化硅(SiC)、氮化镓(GaN)、金刚石等材料。

通过对半导体物理知识的学习可以知道,由于其有比硅宽得多的禁带宽度,宽禁带半导体材料一般都具有比硅高得多的临界雪崩击穿电场强度和载流子饱和漂移速度、较高的热导率和相差不大的载流子迁移率,因此基于宽禁带半导体材料的电力电子器件将具有比硅器件高得多的耐受高电压的能力,许多方面的性能都是数量级的提高。但是宽禁带半导体器件的发展一直受制于材料的提炼和制造,以及随后半导体制造工艺的困难。

直到 20 世纪 90 年代,碳化硅材料的提炼和制造技术以及随后的半导体制造工艺才有所突破,到 21 世纪初推出了基于碳化硅的肖特基二极管,性能全面优于普通肖特基二极管,因而迅速在有关的电力电子装置中应用,其总体效益远远超过这些器件与硅器件之间的价格差异造成的成本增加。氮化镓的半导体制造工艺自 20 世纪 90 年代以来也有所突破,因而也已可以在其他材料衬底的基础上实施加工工艺制造相应的器件。由于氮化镓器件具有比碳化硅器件更好的高频特性而较受关注。金刚石在这些宽禁带半导体材料中性能是最好的,很多人称之为最理想的或最具发展前景的电力半导体材料。但是金刚石材料提炼和制造以及随后的半导体制造工艺也是最困难的,目前还没有有效的办法。距离基于金刚石材料的电力电子器件产品的出现还有很长的路要走。

6. 功率模块与功率集成电路

功率集成电路 PIC(Power Integrated Circuit)是电力电子技术与微电子技术相结合的产物,是将电力电子器件与逻辑、控制、保护、传感、检测、自诊断等功能的信息电子电路制作在同一芯片上的集成电路。

PIC 可分为两类:一类是高压集成电路 HVPIC(High Voltage PIC),它是横向高压器件与逻辑或模拟控制电路的单片集成;另一类是智能功率集成电路 SPIC(Smart Power IC),它是纵向功率器件与逻辑或模拟控制电路以及传感器、保护电路的单片集成。另外,还有一类是智能功率模块 IPM(Intelligent Power Module),它专指 IGBT 及其辅助器件与其保护和驱动电路的单片集成,也称智能 IGBT(Intelligent IGBT)。

当前 PIC 的开发和研究主要着重于中小功率应用,如电视机、音响等家用电器,计算机、复印机等办公设备,汽车、飞机等交通工具,大面积荧光屏显示和机器人中的电力变换及控制等。PIC 的工作电压目前为 1 200 V 以下,工作电流通常为 100 A 以内。

从电流、电压容量来分,PIC 可分成三个应用领域:

(1)低压大电流 PIC,它主要用于汽车点火、开关电源、线性稳压电源、同步发电机等;

(2)高压小电流 PIC,它主要用于平板显示、交换机等;

(3)高压大电流 PIC,它主要用于电机控制、家用电器等。

由于集成电路体积小,高低压电路的绝缘问题以及温升和散热问题成了制约其发展的瓶颈。许多电力电子器件生产厂家和科研机构都投入到有关的研究和开发中,最近几年获得了迅速发展。

PIC 由于实现了集成电路功率化、功率器件集成化,使功率流与信息流相统一,因此成为机电一体化的接口。目前最新的智能功率模块产品已大量用于电机驱动、汽车电子乃至高速子弹列车牵引这样的大功率场合。

2.6 电力电子器件的驱动、保护和串并联

2.6.1 电力电子器件的驱动

1. 概述

在电气设备或电力系统中,直接承担电能的变换或控制任务的电路称为主电路。电力电子器件是指可直接用于处理电能的主电路中实现电能变换或控制的电子器件。控制电路是指产生控制电力电子器件的开通和关断信号的电路,一般控制电路产生的信号驱动能力不够,不能直接与电力电子器件的控制端相连,需要通过驱动电路、隔离和保护电路后才能连接到电力电子器件的控制端。本节主要讨论各种电力电子器件的驱动和保护电路的拓扑结构及工作原理。

电力电子器件的驱动电路是电力电子主电路与控制电路之间的接口,是电力电子装置的重要环节,对整个装置的性能有很大的影响。采用性能良好的驱动电路,可使电力电子器件工作在较理想的开关状态,缩短开关时间,减小开关损耗,对装置的运行效率、可靠性和安全性都有重要的意义。另外,对电力电子器件或整个装置的一些保护措施也往往设在驱动电路中,或通过驱动电路实现,这使得驱动电路的设计更为重要。

驱动电路的基本任务就是将控制电路(一般由信息电子电路构成)传来的信号按要求转换为可以使电力电子器件开通或关断的信号。驱动电路输出的信号一般施加在电力电子器件控制端和公共端之间,对半控型器件只需提供开通控制信号;对全控型器件则既要提供开通控制信号,又要提供关断控制信号,以保证器件按要求可靠导通和关断。

驱动电路还要提供控制电路与主电路之间的电气隔离环节。一般采用光隔离或磁隔离。光隔离一般采用光耦合器。光耦合器由发光二极管和光敏晶体管组成,封装在一个外壳内,其类型有普通、高速和高传输比三种,内部电路和基本接法分别如图 2-26 所示。普通型光耦合器的输出特性和晶体管相似,只是其电流传输比 I_C/I_D 比晶体管的电流放大倍数

β 小得多,一般只有 $0.1\sim0.3$。高传输比光耦合器 I_C/I_D 要大得多。普通型光耦合器的响应时间为 $10\ \mu s$ 左右。高速光耦合器的光敏二极管流过的是反向电流,其响应时间小于 $1.5\ \mu s$。磁隔离的元件通常是脉冲变压器。当脉冲较宽时,为避免铁芯饱和,常采用高频调制和解调的方法。

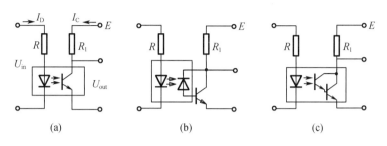

图 2 – 26　光耦合器的类型及接法
(a)普通型;(b)高速型;(c)高传输比型

　　按照驱动电路加在电力电子器件控制端和公共端之间信号的性质,可以将电力电子器件分为电流驱动型和电压驱动型两类。晶闸管虽然属于电流驱动型器件,但是它是半控型器件,因此下面将单独讨论其驱动电路。晶闸管的驱动电路常称为触发电路。对典型的全控型器件 GTO、GTR、电力 MOSFET 和 IGBT,则将按电流驱动型和电压驱动型分别讨论。

　　应该说明的是,驱动电路的具体形式可以是分立元件构成的驱动电路,但对一般的电力电子器件使用者来讲最好是采用由专业厂家或生产电力电子器件的厂家提供的专用驱动电路,其形式可能是集成驱动电路芯片,可能是将多个芯片和器件集成在内的带有单排直插引脚的混合集成电路,对大功率器件来讲还可能是将所有驱动电路都封装在一起的驱动模块。而且为了达到参数的优化配合,一般应首先选择所用器件生产厂家专门开发的集成驱动电路。当然,即使是采用成品的专用驱动电路,了解和掌握各种驱动电路的基本结构和工作原理也是很必要的。

　　晶闸管触发电路的作用是产生符合要求的门极触发脉冲,保证晶闸管在需要的时刻由阻断转为导通。广义上讲,晶闸管触发电路往往还包括对其触发时刻进行控制的相位控制电路,但这里专指触发脉冲的放大和输出环节,相位控制电路将在第 3 章整流电路中讨论。

　　晶闸管触发电路应满足下列要求:

　　(1)触发脉冲的宽度应保证晶闸管可靠导通(结合擎住电流的概念),对感性和反电动势负载的变流器应采用宽脉冲或脉冲列触发,对变流器的启动,双星形带平衡电抗器电路的触发脉冲应宽于 $30°$,三相全控桥式电路应宽于 $60°$ 或采用相隔 $60°$ 的双窄脉冲。

　　(2)触发脉冲应有足够大的幅值,对户外寒冷场合,脉冲电流的幅度应增大为器件最大触发电流 I_{GT} 的 $3\sim5$ 倍,脉冲前沿的陡度也需要增加,一般需达 $1\sim2\ A/\mu s$。

　　(3)所提供的触发脉冲不超过晶闸管门极电压、电流和功率定额,且在门极伏安特性的可靠触发区域之内。

　　(4)应有良好的抗干扰性能、温度稳定性及与主电路的电气隔离。

　　理想的触发脉冲电流波形如图 2 – 27 所示。

　　图 2 – 28 给出了常见的晶闸管触发电路。它由 V_1,V_2 构成的脉冲放大环节、脉冲变压器 TM 和附属电路构成的脉冲输出环节两部分组成。当 V_1,V_2 导通时,通过脉冲变压器向

晶闸管的门极和阴极之间输出触发脉冲。VD_1 和 R_3 是为了使 V_1，V_2 由导通变为截止时脉冲变压器 TM 释放其储存的能量而设的。为了获得触发脉冲波形中的强脉冲部分，还需要适当附加其他电路环节。

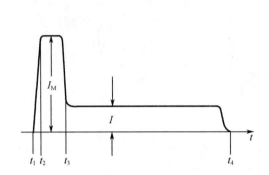

图 2 – 27　理想的晶闸管触发脉冲电流波形图

$t_1 \sim t_2$—脉冲前沿上升时间（$< 1 \ \mu s$）；$t_1 \sim t_3$—强脉冲宽度；

I_M—强脉冲幅值（$3I_{GT} \sim 5I_{GT}$）；$t_1 \sim t_4$—脉冲宽度；

I—脉冲平顶幅值（$1.5I_{GT} \sim 2I_{GT}$）

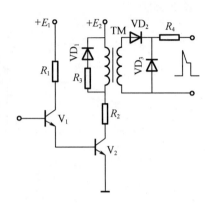

图 2 – 28　常见的晶闸管触发电路图

2. 全控型器件的驱动

（1）GTO 的驱动电路

GTO 的开通控制与普通晶闸管相似，但对脉冲前沿的幅值和陡度要求高，且一般需在整个导通期间施加正门极电流。关断 GTO 需施加负门极电流，对其幅值和陡度的要求更高，幅值需达阳极电流的 1/3 左右，陡度需达 50 A/μs，强负脉冲宽度约 30 μs，负脉冲总宽约 100 μs，关断后还应在门阴极施加约 5 V 的负偏压以提高抗干扰能力。推荐的 GTO 门极电压电流波形如图 2 – 29 所示。

GTO 一般用于大容量电路的场合，其驱动电路通常包括开通驱动电路、关断驱动电路和门极反偏电路三部分，可分为脉冲变压器耦合式和直接耦合式两种类型。直接耦合式驱动电路可避免电路内部的相互干扰和寄生振荡，可得到较陡的脉冲前沿，但其功耗大，效率较低。

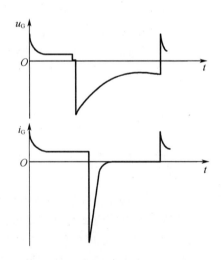

图 2 – 29　推荐的 GTO 门极电压
电流波形图

图 2 – 30 为典型的直接耦合式 GTO 驱动电路。该电路的电源由高频电源经二极管整流后提供，二极管和电容 C_1 提供 + 5 V 电压，VD_2，VD_3，C_2，C_3 构成倍压整流电路提供 + 15 V 电压，VD_4 和电容 C_4 提供 – 15 V 电压。场效应晶体管 V_1 开通时，输出正的强脉冲；V_2 开通时输出正脉冲平顶部分；V_2 关断而 V_3 开通时输出负脉冲；V_3 关断后电阻 R_3 和 R_4 提供门极负偏压。

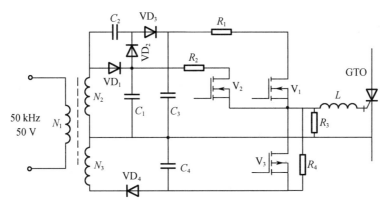

图 2 – 30　典型的直接耦合式 GTO 驱动电路图

（2）GTR 的驱动电路

使 GTR 开通的基极驱动电流应使其处于准饱和导通状态,使之不进入放大区和深饱和区。关断 GTR 时,施加一定的负基极电流有利于减小关断时间和关断损耗,关断后同样应在基射极之间施加一定幅值（6 V 左右）的负偏压。GTR 驱动电流的前沿上升时间应小于 1 μs,以保证它能快速开通和关断。理想 GTR 基极驱动电流波形如图 2 – 31 所示。

图 2 – 32 给出了 GTR 的一种驱动电路,包括电气隔离和晶体管放大电路两部分。其中二极管 VD_2 和电位补偿二极管 VD_3 构成所谓的贝克钳位电路,也就是一种抗饱和电路,可使 GTR 导通时处于临界饱和

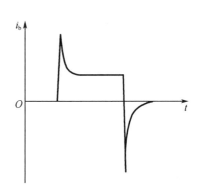

图 2 – 31　理想的 GTR 基极
驱动电流波形图

状态。当负载较轻时,如 V_5 发射极电流全注入 V,会使 V 过饱和,关断时退饱和时间延长。有了贝克钳位电路,当 V 过饱和使得集电极电位低于基极电位时,VD_2 就会自动导通,使多余的驱动电流流入集电极,维持 $U_{bc} \approx 0$,这样就使得 V 导通时始终处于临界饱和。图中 C_2 为加速开通过程的电容,开通时,R_5 被 C_2 短路,这样可实现驱动电流的过冲,并增加前沿的陡度,加快开通。

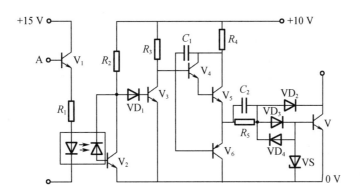

图 2 – 32　GTR 的一种驱动电路图

（3）MOSFET 的驱动电路

电力 MOSFET 和 IGBT 是电压驱动型器件。电力 MOSFET 的栅源极间和 IGBT 的栅射极间有数千皮法的极间电容,为快速建立驱动电压,要求驱动电路具有较小的输出电阻。使电力 MOSFET 开通的栅源极间驱动电压一般取 10 ~ 15 V。同样,关断时施加一定幅值的负驱动电压(一般取 – 15 ~ – 5 V)有利于减小关断时间和关断损耗。在栅极串入一个低值电阻(数十欧)可以减小寄生振荡,该电阻阻值应随被驱动器件电流额定值的增大而减小。

图 2 – 33 给出了电力 MOSFET 的一种驱动电路,也包括电气隔离和晶体管放大电路两部分。当 u_i 小于光耦导通电压时,高速放大器 A 输出负电平,V_2 截止、V_3 导通,输出负驱动电压;当 u_i 大于光耦导通电压时,A 输出正电平,V_3 截止、V_2 导通,输出正驱动电压。

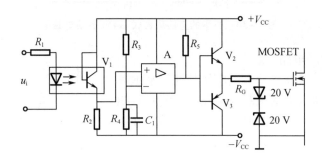

图 2 – 33　电力 MOSFET 的一种驱动电路图

常见的专为驱动电力 MOSFET 而设计的集成驱动电路芯片或混合集成电路很多,三菱公司的 M57918L 就是其中之一,其输入信号电流幅值为 16 mA,输出最大脉冲电流为 + 2 A 和 – 3 A,输出驱动电压为 + 15 V 和 – 10 V。

（4）IGBT 的驱动电路

IGBT 的驱动多采用专用的混合集成驱动器。同一系列的不同型号,其引脚和接线基本相同,只是适用被驱动器件的容量和开关频率以及输入电流幅值等参数有所不同。图 2 – 34 给出了 M57962L 型 IGBT 驱动器的原理和接线图。这些混合集成驱动器内部具有退饱和检测和保护环节,当发生过电流时能快速响应,但慢速关断 IGBT,并向外部电路给出故障信号。M57962L 输出的正驱动电压为 + 15 V 左右,负驱动电压为 – 10 V。对大功率 IGBT

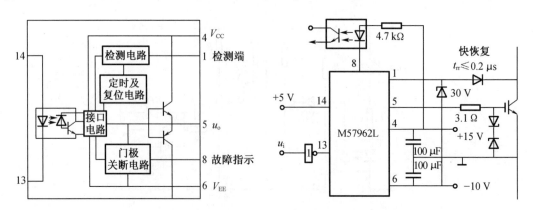

图 2 – 34　M57962L 型 IGBT 驱动器的原理和接线图

器件来讲,一般采用由专业厂家或生产该器件的厂家提供的专用驱动模块。

2.6.2 电力电子器件的保护

电力电子器件的保护分为过电压保护、过电流保护、$\mathrm{d}u/\mathrm{d}t$ 保护、$\mathrm{d}i/\mathrm{d}t$ 保护等几个方面。

电力电子装置中可能发生的过电压分为外因过电压和内因过电压两类。

1. 外因过电压

外因过电压主要来自系统中的操作过程和雷击等外部原因,包括以下两种:

(1)操作过电压

由分闸、合闸等开关操作引起的过电压,电网侧的操作过电压会由供电变压器电磁感应耦合,或由变压器绕组之间存在的分布电容静电感应耦合过来。

(2)雷击过电压

雷击过电压是指由雷击引起的过电压。

2. 内因过电压

内因过电压主要来自电力电子装置内部器件的开关过程,包括换相过电压和关断过电压两种。

(1)换相过电压

晶闸管或与全控型器件反并联的续流二极管由于在换相结束后不能立刻恢复阻断能力,因而有较大的反向电流流过,使残存的载流子恢复,当恢复了阻断能力时,该反向电流急剧减小,这样的电流突变会因线路电感在器件两端感应出过电压。

(2)关断过电压

全控型器件在较高频率下工作,当器件关断时,因正向电流迅速降低而由线路电感在器件两端感应出过电压。

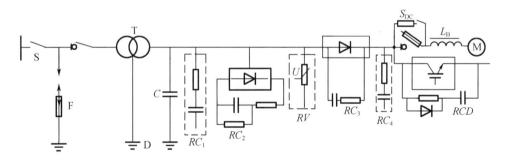

图 2-35 过电压抑制措施及配置位置

F—避雷器;D—变压器静电屏蔽层;C—静电感应过电压抑制电容;

RC_1—阀侧浪涌过电压抑制用 RC 电路;RC_2—阀侧浪涌过电压抑制用反向阻断式 RC 电路;

RV—压敏电阻过电压抑制器;RC_3—阀器件换相过电压抑制用 RC 电路;

RC_4—直流侧 RC 抑制电路;RCD—阀器件关断过电压抑制用 RCD 电路

图 2-35 示出了各种过电压保护措施以及其配置位置,各电力电子装置可视具体情况只采用其中的几种,其中 RC_3 和 RCD 为抑制内因过电压的措施,其功能已属于缓冲电路范畴。抑制外因过电压措施中,采用 RC 过电压抑制电路最为常见,其典型连接方式如图

2-36 所示。RC 过电压抑制电路可接于供电变压器的两侧(供电网一侧称网侧,电力电子电路一侧称阀侧)或电力电子电路的直流侧。对大容量电力电子装置可采用图 2-37 所示的反向阻断式 RC 电路。保护电路有关参数计算可参考相关工程手册。上述 RC 过电压抑制电路的时间常数 RC 是固定的,有时对时间短、峰值高、能量大的过电压来不及放电,抑制过电压的效果较差,因此实际中常用硒堆来抑制过电压,硒堆的特点是其动作电压与温度有关,温度越低耐压越高;另外硒堆具有自恢复特性,能多次使用。压敏电阻是以氧化锌为基体的金属氧化物非线性电阻,其结构为两个电极,电极之间填充粒径为 10 ~ 50 μm 的不规则的 ZnO 微晶粒,结晶粒间是厚约 1 μm 的氧化铋粒界层。这个粒界层在正常电压下呈高阻状态,只有很小的漏电流,其值小于 100 μA。当加上电压时,引起了电子雪崩,粒界层迅速变成低阻抗,电流迅速增加,泄漏了能量,抑制了过电压,保护了开关器件。经常采用雪崩二极管、金属氧化物压敏电阻、硒堆和转折二极管(BOD)等非线性元器件来限制或吸收过电压。

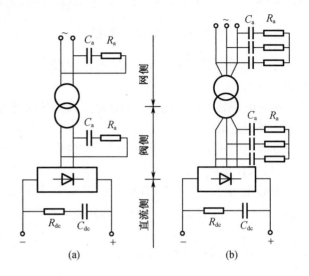

图 2-36　RC 过电压抑制电路连接方式

(a) 单相;(b) 三相

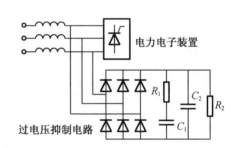

图 2-37　反向阻断式过电压抑制用 RC 电路图

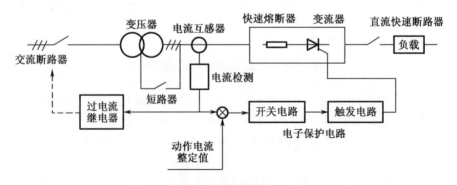

图 2-38　过电流保护措施及配置位置

电力电子电路运行不正常或者发生故障时,可能会发生过电流。过电流分过载和短路两种情况。图 2-38 给出了各种过电流保护措施及其配置位置,其中快速熔断器、直流快速断路器和过电流继电器是较为常见的措施。一般电力电子装置均同时采用几种过电流保护措施,以提高其可靠性和合理性。在选择各种保护措施时应注意相互协调。通常,电子电路作为第一保护措施,快速熔断器仅作为短路时的部分区段的保护,直流快速断路器整定在电子电路动作之后实现保护,过电流继电器整定在过载时动作。

快速熔断器是电力电子装置中最有效、应用最广的一种过电流保护措施。

在选择快速熔断器时应考虑:

①电压等级应根据熔断后快速熔断器实际承受的电压来确定。

②电流容量按其在主电路中的接入方式和主电路连接形式确定。快速熔断器一般与电力半导体器件串联连接,在小容量装置中也可串联接于阀侧交流母线或直流母线中。

③快速熔断器的 I^2t 值应小于被保护器件的允许 I^2t 值。

④为保证熔体在正常过载情况下不熔化,应考虑其时间–电流特性。

快速熔断器对器件的保护方式可分为全保护和短路保护两种。全保护是指不论过载还是短路均由快速熔断器进行保护,此方式只适用于小功率装置或器件使用裕度较大的场合。短路保护方式是指快速熔断器只在短路电流较大的区域内起保护作用,此方式下需要与其他过电流保护措施相配合。快速熔断器电流容量的具体选择方法要参考有关的工作手册。

对一些重要的且易发生短路的晶闸管设备,或者工作频率较高、很难用快速熔断器保护的全控型器件,需采用电子电路进行过电流保护。除了对电动机启动的冲击电流等变化较慢的过电流可以利用控制系统本身调节器对电流的限制作用以外,需设置专门的过电流保护电子电路,检测到过电流之后直接调节触发或驱动电路,或者关断被保护器件。

此外,应在全控型器件的驱动电路中设置过电流保护环节,这对器件过电流的响应最快。

缓冲吸收电路又称为吸收电路,其作用是抑制电力电子器件的内因过电压、du/dt、过电流和 di/dt,减小器件的开关损耗。

吸收电路的基本原理就是在主开关器件所在回路上并联容性支路及串联感性元件,利用电容两端电压不能突变的特性承受电流的突然下降,在主开关器件关断时提供一条分流路径,使主开关器件避免承受由于主电路电流的突然下降而在寄生电感上引起的过电压,在主开关器件电流下降期间维持其端电压在零附近,实现零电压自然关断。以一个感性元件与主开关器件串联,利用电感中电流不能突变的特性减缓主开关器件电流的上升速度,避免在加电压的同时承载大电流,在管电压下降期间保持其负载电流在零附近,因此希望的开关过程中的电压电流轨迹如图 2-39 所示。

在器件导通(T_{on})期间,缓冲电路抑制电流 I_C 的增加,当电压 U_{CE} 下降到一定程度时,电流 I_C 开始快速增大。

在器件关断(T_{off})期间,缓冲电路抑制电压 U_{CE} 的上升,当电流 I_C 快速

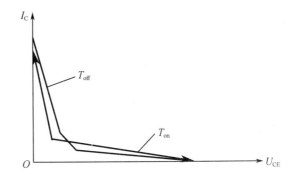

图 2-39　开关过程的电流电压

下降到一定程度时,U_{CE}开始快速上升。

缓冲电路可分为关断缓冲电路和开通缓冲电路。关断缓冲电路(又称为 du/dt 抑制电路)用于吸收器件的关断过电压和换相过电压,抑制 du/dt,减少器件的关断损耗。开通缓冲电路(又称为 di/dt 抑制电路)用于抑制器件开通时的电流过冲和 di/dt,减少器件的开通损耗。可将关断缓冲电路和开通缓冲电路结合在一起,称为复合缓冲电路。还可以用其他的分类法:如果缓冲电路能将其储能元件的能量消耗在其吸收电阻上,则称为耗能式缓冲电路;如果缓冲电路能将其储能元件的能量回馈给负载或电源,则称为馈能式缓冲电路或无损吸收电路。

如无特别说明,通常所称的缓冲电路专指关断缓冲电路,将开通缓冲电路叫作 di/dt 抑制电路。图 2-40(a)给出了一种缓冲电路和 di/dt 抑制电路的电路图,开通缓冲电路主要是利用电感来抑制主开关器件中电流的上升率,以此来减少主开关器件损耗,由于电路连线的杂散电感可起到开通缓冲的作用,所以在下面的电路中我们不区分杂散电感和缓冲电感。但是这个开通缓冲电感在主开关器件关断时会产生很大的冲击电压,所以必须配合关断缓冲电路使用。

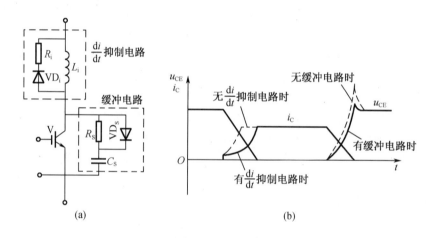

(a)　　　　　　　　　　　　　　(b)

图 2-40　di/dt 抑制电路和充放电型 RCD 缓冲电路及波形图

(a)电路图;(b)波形图

最简单的关断缓冲电路是在主开关器件两端并联一个电容,用来抑制主开关器件两端的电压变化,降低尖峰过电压。但是这样在主开关器件导通过程中电容短路,会产生很大的电流冲击,所以可以与电容串联一个电阻来减小这个电流冲击,同时却又降低了关断缓冲的效果,所以一般在电阻上并联一个二极管,就构成了充放电式单端 RCD 缓冲电路。

图 2-40(a)所示的缓冲电路称为充放电型 RCD 缓冲电路,适用于中等容量的场合。图 2-40(b)是开关过程集电极电压 u_{CE} 和集电极电流 i_C 的波形,其中虚线表示无 di/dt 抑制电路和缓冲电路时的波形。

缓冲电路作用分析:

在无缓冲电路的情况下,绝缘栅双极晶体管 V 开通时电流迅速上升,di/dt 很大,关断时 du/dt 很大,并出现很高的过电压,如图 2-40(b)所示。在有缓冲电路的情况下,V 开通时缓冲电容 C_S 先通过 R_S 向 V 放电,使电流 i_C 有小幅上升,以后因有 di/dt 抑制电路的 L_i,i_C 上升速度减慢。R_i,VD_i 是为 V 关断时 L_i 中的磁场能量提供放电回路而设置的。V 关断时,

负载电流通过 VD_S 向 C_S 分流，R_S 电阻被短路，减轻了 V 的负担，抑制了 du/dt 和过电压。因为关断时电路中电感的能量要释放，所以还会出现一定的过电压。

在一个开关周期内，电容 C_S 充放电一次。电容 C_S 上的能量全部消耗在电阻 R_S 上，所以这种电路的损耗正比于开关频率，因而限制了它的应用。

图 2 - 41 示出另外两种常用的缓冲电路形式。其中 RC 缓冲电路主要用于小容量器件，而放电阻止型 RCD 缓冲电路用于中或大容量器件。

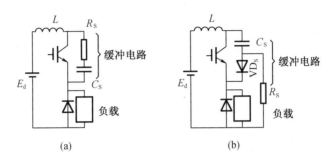

图 2 - 41　另外两种常用的缓冲电路图

(a)RC 吸收电路图；(b)放电阻止型 RCD 吸收电路图

缓冲电路中的元件选取及其他注意事项：缓冲电容 C_S 和吸收电阻 R_S 的取值可通过实验方法确定或参考工程手册。吸收二极管 VD_S 必须选用快恢复二极管，其额定电流不小于主电路器件的 1/10。此外，应尽量减小线路电感，且应选用内部电感小的吸收电容。在中小容量场合，若线路电感较小，可只在直流侧总的设一个 du/dt 抑制电路，对 IGBT 甚至可以仅并联一个吸收电容。

晶闸管在实用中一般只承受换相过电压，没有关断过电压问题，关断时也没有较大的 du/dt，一般采用 RC 吸收电路即可。

2.6.3　电力电子器件的串、并联

电力电子器件串联和并联是为了提高器件的电压和电流容量。单个电力电子器件能承受的正、反向电压是一定的，能通过的电流大小也是一定的，因此由单个电力电子器件组成的电力电子装置容量也受到限制。几个电力电子器件串联或并联连接形成的组件，其耐压和通流的能力可以成倍地提高，这样就大大地增大了电力电子装置的容量。

同型号的电力电子器件串联时，总希望各元件能承受同样的正、反向电压；并联时，则希望各元件能分担同样的电流。但由于电力电子器件特性的差异性（即分散性），即使相同型号规格的电力电子器件，其静态和动态伏安特性亦不相同，所以串、并联时，各器件并不能完全均匀地分担电压和电流。串联时，承受电压最高的电力电子器件最易击穿。一旦击穿损坏，它原来所承担的电压又加到其他器件上，可能造成其他元件的过压损坏。并联时，承受电流最大的电力电子器件最易过流，一旦损坏后，它原来所承担的电流又加到其他元件上，可能造成其他元件的过流损坏，所以在电力电子器件串、并联时，应着重考虑串联时器件之间的均压问题和并联时器件之间的均流问题。

1. 晶闸管串联均压问题

单只晶闸管的电压值小于电路中实际承受的电压值时，须采用两只或多只电力电子器

件串联连接。如图 2 – 42(b)所示,两个晶闸管串联,在同一漏电流 I_R 下所承受的正向电压是不同的。若外加电压继续升高,则承受电压高的器件将首先达到转折电压而导通,之后另一个器件因承担全部电压也导通,两个器件都失去控制作用。同理,反向时,因伏安特性不同而不均压,可能使其中一个器件先反向击穿,另一个随之击穿。这种由于器件阻断状态下漏电阻不同而造成的电压分配不均问题称为静态不均压问题。由于器件开通时间和关断时间不一致,引起的电压分配不均匀属动态均压问题。以晶闸管的串联为例,通常采用的均压措施有以下四种:

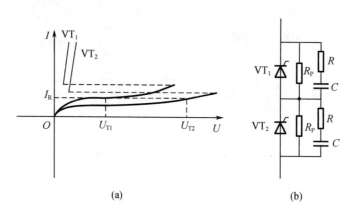

(a)　　　　　　　　　　　　　　　　　(b)

图 2 – 42　晶闸管的串联

(a)伏安特性差异;(b)串联均压措施

(1)尽量采用特性一致的元器件进行串联。在安装前,按制造厂提供的测试参数进行选配,或通过用仪器测试,然后按特性进行选配。

(2)器件并联均压电阻 R_P。如果不加 R_P,当晶闸管阻断时,每只晶闸管所承担的电压与该晶闸管阻断时正向或反向漏电阻的大小成反比,由于晶闸管特性的各异性,不同晶闸管的漏电阻可能有较大的差别,导致各晶闸管承担的电压大小也有很大不同。并联 R_P 后,因 R_P 比晶闸管漏电阻小得多,且每只晶闸管并联的 R_P 相等,所以各晶闸管承担的电压大小也近似相等。

R_P 的阻值一般取晶闸管正、反向的漏电阻的 $1/5 \sim 1/3$。取得太大,均压效果差,取得太小,则电阻 R_P 上损耗的功率增加。

(3)电力电子器件的驱动电路应保证所有串联的器件同时导通和同时关断,否则将会产生某器件的过压损坏。如图 2 – 42(b)中,如果 VT_1 已导通,而 VT_2 尚未导通,则原来由 VT_1 和 VT_2 共同承担的电压全部加到 VT_2 上,导致 VT_2 的过压损坏;在由导通变为关断时,也可导致先关断晶闸管的过压损坏。这就要求驱动电路除了保证各串联器件的驱动信号在时间上完全同步外,信号的前沿应陡,幅度应足够大,促使器件尽量同时开通和关断。

(4)采用动态均压电路。采用与器件并联的阻容元件 R,C 能有效地减少这些过压。其工作原理是利用电容器电压不能突变的性质来减缓电力电子器件上的电压变化速度,实现动态均压。电阻 R 用于抑制电路的振荡并限制电容通过器件放电时的电流。器件并联的阻容元件 R,C 除了有动态均压作用外,在某些情况下还具有过压保护等功能,在电路设计中需统一考虑。

2. 晶闸管并联均流问题

单个电力电子器件的电流容量不足以承受电路中实际电流时,须并联两只或多只器件。以晶闸管为例,并联方式有多种。电力电子器件并联时,由于器件导通状态下各器件的正向压降的差异而引起的电流分配不均匀属于静态均流问题;由于器件开通时间和关断时间的差异引起的电流分配不均匀属于动态均流问题。晶闸管并联使用时,必须采取适当的均流措施。通常采用的均流措施有以下五种:

(1)尽量采用特性一致的元器件进行并联。

(2)安装时尽量使各并联器件具有对称的位置。

(3)用门极强脉冲触发,这是缩小晶闸管开通延迟时间差别的有效方法。

(4)器件串联均流电阻。利用电阻 R 上的电流压降达到各支路之间的均流。这种方法结构简单,静态均流效果较好,但电阻上功率损耗大,一般只用于小容量电力电子装置。

(5)采用器件串联电抗器均流。用电抗器电压降达到动态均流的目的并抑制稳态不均流现象,均流效果较好。此外,采用均流电互感器也是一种有效的手段。当需要同时串联和并联晶闸管时,通常采用先串后并的方法连接。

3. 电力 MOSFET 和 IGBT 并联运行的特点

电力 MOSFET 的通态电阻 R_{on} 具有正温度系数,并联使用时具有一定的电流自动均衡的能力,因而容易并联使用。但也要注意选用通态电阻 R_{on}、开启电压 U_T、跨导 G_{fs} 和输入电容 C_{iss} 尽量相近的器件并联;并联 MOSFET 及其驱动电路的走线和布局应尽量对称,散热条件也要尽量一致;为了更好地动态均流,有时可在源极电路中串入小电感,起到均流电抗器的作用。

IGBT 的通态压降一般在 1/2 或 1/3 额定电流以下的区段具有负的温度系数,通态压降具有负的温度系数,在 1/2 或 1/3 额定电流以上的区段则具有正温度系数,因而 IGBT 在并联使用时也具有一定的电流自动均衡能力,与电力 MOSFET 类似,易于并联。当然,不同的 IGBT 产品其正、负温度系数的具体分界点不一样。实际并联使用 IGBT 时,在器件参数和特性选择、电路分布和走线、散热条件等方面也应尽量一致。不过,近年来许多厂家宣称最新的 IGBT 产品的特性一致性非常好,并联使用时只要是同型号和批号的产品都不必再进行特性一致性挑选。

本 章 小 结

电力电子技术的发展依赖于电力电子器件的发展,没有合适的电力电子器件作为主电路的开关器件,电力电子技术就如同纸上谈兵。本章对常用电力电子器件进行了详细介绍。

本章详细介绍了二极管、晶闸管(SCR)、大功率晶闸管(GTR)、门极可关断晶闸管(GTO)、电力场效应晶体管(电力 MOSFET)、绝缘栅双极晶体管(IGBT)的基本结构、工作原理、基本特征和主要参数,简要介绍了 MOS 控制晶闸管(MCT)、静电感应晶体管(SIT)、静电感应晶闸管(SITH)、集成门极换流晶闸管(IGCT)、功率模块与功率集成电路(IPM 和 PIC 等)的基本组成和工作特点。

各种电力电子器件都有不同的驱动要求,本章也花了一定篇幅介绍各种电力电子器件的驱动要求及典型驱动电路。驱动电路可自行设计,也可直接购买成型的驱动电路模块。

本章还介绍了电力电子器件的保护和串、并联,使读者可以更好地有效使用电力电子器件。

思考题与练习题

1. 与普通二极管相比,电力二极管为什么具有耐受高电压和大电流的能力?
2. 晶闸管的导通和关断条件是什么?
3. 什么是电导调制效应?
4. GTO 和普通晶闸管同为 PNPN 结构,为什么 GTO 能够自关断,而普通晶闸管却不能?
5. 与普通 MOSFET 相比,电力 MOSFET 为什么具有耐受高电压和大电流的能力?
6. 什么是 IGBT 的擎住现象,使用中如何避免该现象的发生?
7. IGBT 有哪些突出优点?
8. 产生电力电子器件过电压和过电流的主要原因有哪些,有哪些主要保护措施?
9. 全控器件缓冲电路的作用是什么,它有什么优缺点?
10. 什么是晶闸管串联时的静态均压问题和动态均压问题,解决的措施是什么?
11. 通常采用的晶闸管并联均流措施有哪些?

第3章 整流电路

整流电路的作用是将交流电能变成直流电能供给直流用电设备。整流电路的应用很广,如用于直流电动机,电镀、电解电源,同步发电机励磁,通信系统电源等。

整流电路的类型很多,可归纳如下:按交流电源电流的波形可分为半波整流、全波整流;按交流电源的相数可分为单相整流、三相整流;按电路结构可分为桥式电路和零式电路;按照电路中所使用的开关器件及控制能力不同可分为不控整流、半控整流、全控整流;按照控制原理的不同可分为相控整流、高频 PWM 整流。

本章首先介绍常用的单相、三相相控整流电路,分析和研究其工作原理、基本数量关系,以及负载性质对整流电路的影响。对目前应用极其广泛的电容滤波的二极管整流电路,本章也做了讨论。在上述分析的基础上对有源逆变工作状态及其应用做以介绍。

对交流/直流变换最基本的性能要求是:输出的直流电压可以调控,输出直流电压中的交流分量即谐波电压被控制在允许值范围以内;交流电源侧电流中的谐波电流也在允许值以内。此外,交流电源供电的功率因数、整流器的效率、质量、体积、成本、电磁干扰和电磁兼容性以及对控制指令的响应特性等也都是评价整流器的重要指标。

3.1 单相可控整流电路

单相可控整流电路的交流侧接单相电源,本节讲述几种典型的单相可控整流电路,包括其工作原理、定量计算等,并重点讲述不同负载对电路工作的影响。

3.1.1 单相半波可控整流电路

1. 带电阻负载的工作情况

在生产实际中,有很多负载基本是电阻特性,如电阻加热炉、电解、电镀等。电阻性负载的特点是电压与电流成正比,两者波形相同。

单相半波可控整流电路(Single Phase Half Wave Controlled Rectifier)的原理及带电阻负载时的工作波形图如图 3 - 1 所示,整流器通常由变压器供电,变压器 T 起变换电压和隔离的作用,其一次和二次电压瞬时值分别用 u_1 和 u_2 表示,有效值分别用 U_1 和 U_2 表示,$u_2 = \sqrt{2}U_2\sin\omega t$,如图 3 - 1(b)所示。其中 U_2 的大小根据需要的直流输出电压瞬时值 u_d 的平均值 U_d 确定。

工作原理分析如下:

(1)$0 \sim \omega t_1$ 时段 晶闸管 VT 处于断态,电路中无电流,负载电阻两端电压 u_d 为零,u_2 全部施加于 VT 两端。

(2)$\omega t_1 \sim \pi$ 时段 在 ωt_1 时刻给 VT 门极加触发脉冲,如图 3 - 1(c)所示,此时 u_2 为正,VT 承受正向阳极电压,则 VT 开通,直流输出电压瞬时值 u_d 与 u_2 相等。至 $\omega t = \pi$,即 u_2 降为零时,电路中电流亦降至零,VT 关断。

(3)$\pi \sim 2\pi$ 时段 u_2 为负,VT 处于断态,因此 u_d,i_d 均为零。

图 3 - 1(d)(e)分别给出了 u_d 和晶闸管两端电压 u_{VT} 的波形。i_d 的波形与 u_d 波形相同，幅值有可能不同，视电阻大小而定。

改变触发时刻，u_d 和 i_d 波形随之改变，直流输出电压 u_d 为极性不变但瞬时值变化的脉动直流，其波形只在 u_2 正半周内出现，故称"半波"整流。加之电路中采用了可控器件晶闸管，且交流输入为单相，故该电路称为单相半波可控整流电路。整流电压 u_d 波形在一个电源周期中只脉动 1 次，故该电路为单脉波整流电路。

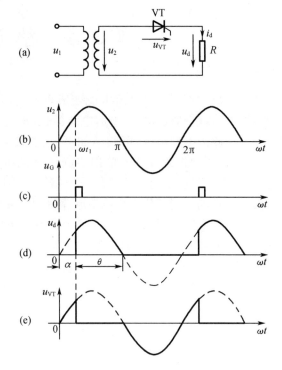

观察图 3 - 1(d)(e)，可发现两波形在一个周期内恰好互补构成一个完整的正弦波(电源波形)，分析其原理可知，一个电源周期内，当晶闸管开通时，若忽略晶闸管压降，电源电压全部加在负载两端；当晶闸管关断时，电源电压全部加在晶闸管两端，因此负载电压波形和晶闸管承受的电压波形恰好互补。

图 3 - 1　单相半波可控整流电路及波形图

结合上述电路工作原理，定义以下几个名词术语：

(1)触发延迟角 α　从晶闸管开始承受正向阳极电压起到施加触发脉冲止的电角度称为触发延迟角或触发角。

(2)晶闸管导通角 θ　晶闸管在一个电源周期中处于通态的电角度称为晶闸管导通角(或导通角)，用 θ 表示，在图 3 - 1 的电路中，$\theta = \pi - \alpha$。

(3)移相　改变施加触发脉冲的起始时刻，即改变 α 的大小，称为移相。通过控制触发脉冲的相位来控制直流输出电压大小的方式称为相位控制方式，简称相控方式。

(4)移相范围　改变 α 使输出整流电压平均值从最大值降到最小值，触发角 α 的变化范围就称为移相范围。在图 3 - 1 的电路中，移相范围为 0°～180°。

(5)同步　使触发脉冲与可控整流电路的交流电源电压之间保持频率和相位的协调关系称为同步。使触发脉冲与电源电压保持同步是整流电路正常工作必需的条件。

可控整流电路中最基本的变量是触发角 α，α 与各电压、电流之间的关系决定了可控整流的基本特性。

直流输出电压平均值 U_d 为

$$U_d = \frac{1}{2\pi}\int_{\alpha}^{\pi} \sqrt{2} U_2 \sin\omega t \, d(\omega t) = \frac{\sqrt{2} U_2}{2\pi}(1 + \cos\alpha) = 0.45 U_2 \frac{1 + \cos\alpha}{2} \qquad (3 - 1)$$

$\alpha = 0$ 时，整流输出电压平均值为最大，用 U_{d0} 表示，$U_d = U_{d0} = 0.45 U_2$。随着 α 增大，U_d 减小，当 $\alpha = \pi$ 时，$U_d = 0$。可见，调节 α 角即可控制 U_d 的大小。

2. 带阻感负载的工作情况

生产实践中,更常见的负载是既有电阻也有电感,当负载中感抗 ωL 与电阻 R 相比不可忽略时即为阻感负载。若 $\omega L \gg R$,则负载主要呈现为电感,称为电感负载,例如电机的励磁绕组。

电感对电流变化有抗拒作用。流过电感器件的电流变化时,在其两端产生感应电动势 $L\dfrac{\mathrm{d}i}{\mathrm{d}t}$,它的极性是阻止电流变化的:当电流增加时,它的极性阻止电流增加;当电流减小时,它的极性反过来阻止电流减小。这使得流过电感的电流不能发生突变,这是阻感负载的特点,也是理解整流电路带阻感负载工作情况的关键之一。

图 3 - 2 为带阻感负载的单相半波可控整流电路及其波形图。

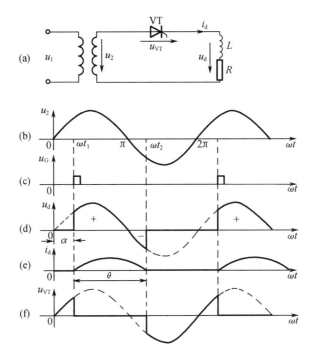

图 3 - 2 带阻感负载的单相半波可控整流电路及其波形图

工作原理分析如下:

(1) $0 \sim \omega t_1$ 时段 晶闸管 VT 处于断态,电路中电流 $i_d = 0$,负载上电压 u_d 为 0,u_2 全部加在 VT 两端。

(2) $\omega t_1 \sim \omega t_2$ 时段 在 ωt_1 时刻,即触发角 α 处,触发 VT 使其开通,u_2 加于负载两端,因电感 L 的存在使 i_d 不能突变,i_d 从 0 开始增加,如图 3 - 2(e)所示,同时 L 的感应电动势试图阻止 i_d 增加。这时,交流电源一方面供给电阻 R 消耗的能量,另一方面供给电感 L 吸收的磁场能量。到 u_2 由正变负的过零点处,i_d 已经处于减小的过程中,但尚未降到零,因此 VT 仍处于通态。此后,L 中储存的能量逐渐释放,一方面供给电阻消耗的能量,另一方面供给变压器二次绕组吸收的能量,从而维持 i_d 流动。至 ωt_2 时刻,电感能量释放完毕,i_d 降至零,VT 关断并立即承受反压。

(3) $\omega t_2 \sim 2\pi$ 时段 u_2 为负,VT 关断承受反压,如图 3 - 2(f)晶闸管 VT 两端电压 u_{VT} 波

形所示,u_d,i_d 均为零。

图 3-2 中负载电压与晶闸管承受电压波形仍呈现互补关系。

由图 3-2(b)的 u_d 波形还可看出,由于电感的存在延迟了 VT 的关断时刻,使 u_d 波形出现负的部分,与带电阻负载时相比其平均值 U_d 下降。

阻感性负载时,数量关系如下:

(1)直流输出电压平均值 U_d 为

$$U_d = \frac{1}{2\pi}\int_{\alpha}^{\alpha+\theta} \sqrt{2}\,U_2\sin\omega t\mathrm{d}(\omega t) \tag{3-2}$$

(2)直流输出电流平均值 I_d 为

$$I_d = \frac{U_d}{R} \tag{3-3}$$

由以上分析可以总结出电力电子电路的一个基本特点,进而引出电力电子电路分析的一条基本思路。

电力电子电路中存在非线性的电力电子器件,决定了电力电子电路是非线性电路。如果忽略开通过程和关断过程,电力电子器件通常只工作于通态或断态,非通即断。若将器件理想化,看作理想开关,即通态时认为开关闭合,其阻抗为零;断态时认为开关断开,其阻抗为无穷大,则电力电子电路就成为分段线性电路。在器件通断状态的每一种组合情况下,电路均为由电阻(R)、电感(L)、电容(C)及电压源(E)组成的线性 $RLCE$ 电路,即器件的每种状态组合对应一种线性电路拓扑,器件通断状态变化时,电路拓扑发生改变。这是电力电子电路的一个基本特点。

以前述单相半波电路为例。电路中只有晶闸管 VT 一个电力电子器件,当 VT 处于断态时,相当于电路在 VT 处断开,$i_d = 0$;当 VT 处于通态时,相当于 VT 短路。两种情况的等效电路如图 3-3 所示。VT 处于通态时,如下方程成立:

$$L\frac{\mathrm{d}i_d}{\mathrm{d}t} + Ri_d = \sqrt{2}\,U_2\sin\omega t \tag{3-4}$$

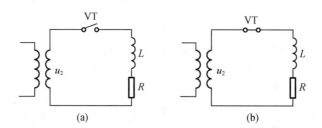

图 3-3　单相半波可控整流电路的分段线性等效电路图

(a)VT 处于关断状态;(b)VT 处于导通状态

在 VT 导通时刻,有 $\omega t = \alpha$,$i_d = 0$,这是式(3-4)的初始条件。求解式(3-4)并将初始条件代入可得

$$i_d = -\frac{\sqrt{2}\,U_2}{Z}\sin(\alpha - \varphi)\mathrm{e}^{-\frac{R}{\omega L}(\omega t-\alpha)} + \frac{\sqrt{2}\,U_2}{Z}\sin(\omega t - \varphi) \tag{3-5}$$

式中,$Z = \sqrt{R^2 + (\omega L)^2}$;$\varphi = \arctan\dfrac{\omega L}{R}$。由此式可得出图 3-2(e)所示的 i_d 波形。

当 $\omega t = \theta + \alpha$ 时,$i_d = 0$,代入式(3-5)并整理得

$$\sin(\alpha - \varphi)e^{-\frac{\theta}{\tan\varphi}} = \sin(\theta + \alpha - \varphi) \tag{3-6}$$

当 α,φ 均已知时可由上式求出 θ。式(3-6)为超越方程,可采用迭代法借助计算机进行求解。

当负载阻抗角 φ 或触发角 α 不同时,晶闸管的导通角也不同。若 φ 为定值,α 越大,在 u_2 正半周电感 L 储能越少,维持导电的能力就越弱,θ 越小;若 α 为定值,φ 越大,则 L 储能越多,θ 越大,且 φ 越大,在 u_2 负半周 L 维持晶闸管导通的时间就越接近晶闸管在 u_2 正半周导通的时间,u_d 中负的部分越接近正的部分,其平均值 U_d 越接近零,输出的直流电流平均值也越小。

为解决上述矛盾,在整流电路的负载两端并联一个二极管,称为续流二极管,用 VD_R 表示,如图3-4(a)所示。图3-4(b)~(g)是该电路的典型工作波形图。

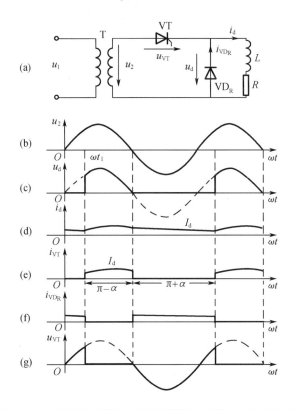

图3-4 单相半波带阻感负载有续流二极管的电路及波形图

与没有续流二极管时的情况相比,在 u_2 正半周时两者工作情况是一样的。当 u_2 过零变负时,VD_R 导通,u_d 为零。此时为负的 u_2 通过 VD_R 向 VT 施加反压使其关断,L 储存的能量保证了电流 i_d 在 $L-R-VD_R$ 回路中流通,此过程通常称为续流。u_d 波形如图3-4(c)所示,如忽略二极管的通态电压,则在续流期间 u_d 为0,u_d 中不再出现负的部分,这与电阻负载时基本相同。但与电阻负载时相比,i_d 的波形是不一样的。若 L 足够大,$\omega L \gg R$,即负载为电感负载,在 VT 关断期间,VD_R 可持续导通,使 i_d 连续,且 i_d 波形接近一条水平线,如图3-4(d)所示。在一周期内,$\omega t = \alpha \sim \pi$ 期间,VT 导通,其导通角为 $\pi - \alpha$,i_d 流过 VT,晶闸管电流 i_{VT} 的波形如图3-4(e)所示,其余时间 i_d 流过 VD_R,续流二极管电流 i_{VD_R} 的波形如

图 3-4(f) 所示，VD_R 的导通角为 $\pi + \alpha$。若近似认为 i_d 为一条水平线，恒为 I_d，则基本数量关系如下：

（1）流过晶闸管的电流平均值 I_{dVT} 为

$$I_{dVT} = \frac{\pi - \alpha}{2\pi} I_d \tag{3-7}$$

（2）流过晶闸管的电流有效值 I_{VT} 为

$$I_{VT} = \sqrt{\frac{1}{2\pi} \int_\alpha^\pi I_d^2 d(\omega t)} = \sqrt{\frac{\pi - \alpha}{2\pi}} I_d \tag{3-8}$$

（3）流过续流二极管的电流平均值 I_{dVD_R} 为

$$I_{dVD_R} = \frac{\pi + \alpha}{2\pi} I_d \tag{3-9}$$

（4）流过续流二极管的电流有效值 I_{VD_R} 为

$$I_{VD_R} = \sqrt{\frac{1}{2\pi} \int_\pi^{2\pi + \alpha} I_d^2 d(\omega t)} = \sqrt{\frac{\pi + \alpha}{2\pi}} I_d \tag{3-10}$$

晶闸管两端电压波形 u_{VT} 如图 3-4(g) 所示，其移相范围为 0°~180°，其承受的最大正反向电压均为 u_2 的峰值，即 $\sqrt{2}\, U_2$。续流二极管承受的电压为 $-u_d$，其最大反向电压为 $\sqrt{2}\, U_2$，亦为 u_2 的峰值。

单相半波可控整流电路的特点是简单，但输出脉动大，变压器二次侧电流中含直流分量，造成变压器铁芯直流磁化。为使变压器铁芯不饱和，需增大铁芯截面积，增大了设备的容量。实际上很少应用此种电路。分析该电路的主要目的在于利用其简单易学的特点，建立起整流电路的基本概念。

例 3-1　单相半波整流电路，阻感性负载带续流二极管，$R = 10\ \Omega$，$U_2 = 100\ V$，$\alpha = 30°$（假设 L 足够大）。

（1）作出 u_d，i_d 波形；

（2）计算负载电压平均值 U_d，电流平均值 I_d。

解　（1）u_d，i_d 波形如图 3-5 所示。

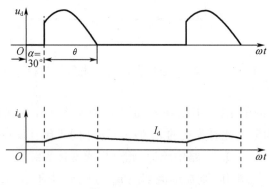

图 3-5　例 3-1 图

（2）U_d , I_d 计算如下：

$$U_d = \frac{1}{2\pi}\int_{\alpha}^{\pi} \sqrt{2}U_2 \sin\omega t\, \mathrm{d}(\omega t) = \frac{\sqrt{2}U_2}{2\pi}(1 + \cos\alpha) = 0.45U_2\frac{1 + \cos\alpha}{2}$$

$$= 0.45 \times 100 \times \frac{1 + \dfrac{\sqrt{3}}{2}}{2} = 42 \ (\mathrm{V})$$

$$I_d = \frac{U_d}{R} = 4.2 \ (\mathrm{A})$$

3.1.2 单相桥式全控整流电路

单相整流电路中应用较多的是单相桥式全控整流电路（Single Phase Bridge Controlled Rectifier），如图 3-6(a) 所示，所接负载为电阻负载，下面首先分析这种情况。

1. 带电阻负载的工作情况

在单相桥式全控整流电路中，晶闸管 VT_1 和 VT_4 组成一对桥臂，VT_2 和 VT_3 组成另一对桥臂。工作原理分析如下：

（1）u_2 正半周（即 a 点电位高于 b 点电位），$0 \sim \alpha$ 时段 4 个晶闸管均未触发导通，负载电流 i_d 为零，u_d 也为零，VT_1、VT_4 串联承受电压 u_2，设 VT_1 和 VT_4 的漏电阻相等，则各承受 u_2 的一半。同理，VT_2、VT_3 串联承受电压 $-u_2$ 的一半。

（2）u_2 正半周，$\alpha \sim \pi$ 时段 在触发角 α 处给 VT_1 和 VT_4 加触发脉冲，VT_1 和 VT_4 即导通，电流从电源 a 端经 VT_1，R，VT_4 流回电源 b 端。在 $\omega t = \pi$ 处，u_2 过零，流经晶闸管的电流也降到零，VT_1 和 VT_4 关断。

（3）u_2 负半周，$\pi \sim \pi + \alpha$ 时段（VT_2 和 VT_3 的 $\alpha = 0$ 位于 $\omega t = \pi$ 处） 原理与 u_2 正半周相应时段相同，只不过 VT_1，VT_4 串联承受电压 $-u_2$，而 VT_2，VT_3 串联承受电压 u_2。

（4）u_2 负半周，$(\pi + \alpha) \sim 2\pi$ 时段 仍在触发角 α 处触发 VT_2 和 VT_3，VT_2 和 VT_3 导通，电流从电源 b 端流出，经 VT_3，R，VT_2 流回电源 a 端。到 2π 时刻 u_2 过零时，电流又降为零，VT_2 和 VT_3 关断。

此后又是 VT_1 和 VT_4 导通，如此循环地工作下去，整流电压 u_d 和晶闸管 VT_1，VT_4 两端电压波形分别如图 3-6(b) 和 (c) 所示。由图可知晶闸管承受的最大正向电压和反向电压分别为 $\dfrac{\sqrt{2}U_2}{2}$ 和 $\sqrt{2}U_2$。

由于在交流电源的正负半周都有整流输出电流流过负载，故该电路为全波整流。在 u_2 一个周期内，整流电压波形脉动 2 次，脉动次数多于半波整流电路，该电路属于双脉波整流电路。变压器二次绕组中，正负两个半周电流方向相反且波形对称，平均值为零，即直流分量为零，如图 3-6(d) 所示，不存在变压器直流磁化问题，变压器绕组的利用率也高。

基本数量关系如下：

（1）直流输出电压平均值 U_d 为

$$U_d = \frac{1}{\pi}\int_{\alpha}^{\pi} \sqrt{2}U_2 \sin\omega t\, \mathrm{d}(\omega t) = \frac{2\sqrt{2}U_2}{\pi}\frac{1 + \cos\alpha}{2} = 0.9U_2\frac{1 + \cos\alpha}{2} \qquad (3-11)$$

$\alpha = 0°$ 时，$U_d = U_{d0} = 0.9U_2$；$\alpha = 180°$ 时，$U_d = 0$。可见，α 角的移相范围为 $0° \sim 180°$。

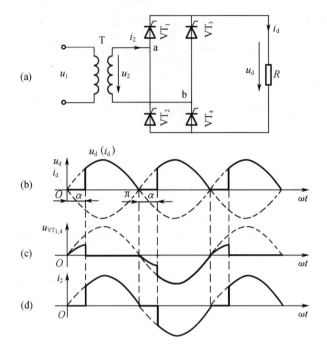

图 3 - 6 单相桥式全控整流电路带电阻性负载时的电路及波形图

(2)直流输出电流平均值 I_d 为

$$I_d = \frac{U_d}{R} = \frac{2\sqrt{2}U_2}{\pi R}\frac{1+\cos\alpha}{2} = 0.9\frac{U_2}{R}\frac{1+\cos\alpha}{2} \qquad (3-12)$$

晶闸管 VT_1,VT_4 和 VT_2,VT_3 轮流导通,流过晶闸管的电流平均值只有输出直流电流平均值的一半。

(3)流过晶闸管的电流平均值 I_{dVT} 为

$$I_{dVT} = \frac{1}{2}I_d = 0.45\frac{U_2}{R}\frac{1+\cos\alpha}{2} \qquad (3-13)$$

选择晶闸管、变压器容量、导线截面积等定额,需考虑发热问题,为此需计算电流有效值。

(4)流过晶闸管的电流有效值 I_{VT} 为

$$I_{VT} = \sqrt{\frac{1}{2\pi}\int_{\alpha}^{\pi}\left(\frac{\sqrt{2}U_2}{R}\sin\omega t\right)^2 d(\omega t)} = \frac{U_2}{\sqrt{2}R}\sqrt{\frac{1}{2\pi}\sin 2\alpha + \frac{\pi-\alpha}{\pi}} \qquad (3-14)$$

(5)变压器二次绕组电流有效值 I_2(输出的直流电流有效值 I)

变压器二次电流有效值 I_2 与输出直流电流有效值 I 相等,为

$$I = I_2 = \sqrt{\frac{1}{\pi}\int_{\alpha}^{\pi}\left(\frac{\sqrt{2}U_2}{R}\sin\omega t\right)^2 d(\omega t)} = \frac{U_2}{R}\sqrt{\frac{1}{2\pi}\sin 2\alpha + \frac{\pi-\alpha}{\pi}} \qquad (3-15)$$

由式(3-14)和式(3-15)可见

$$I_{VT} = \frac{1}{\sqrt{2}}I \qquad (3-16)$$

不考虑变压器的损耗时,要求变压器的容量为 $S = U_2 I_2$。

例 3 – 2   单相桥式全控整流电路,带电阻性负载,控制角 $\alpha = 60°$,电源电压 $U_2 =$ 100 V,电阻 $R = 5\ \Omega$。

(1)作出 u_d,$u_{VT_{1,4}}$ 的波形。

(2)计算负载电压平均值 U_d,电流平均值 I_d,流过晶闸管的电流平均值 I_{dT},变压器二次绕组电流有效值 I_2。

解   (1)u_d,$u_{VT_{1,4}}$ 的波形如图 3 – 7 所示。

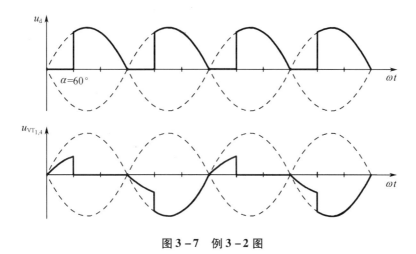

图 3 – 7   例 3 – 2 图

(2)U_d,I_d,I_{dT},I_2 计算如下:

$$U_d = \frac{1}{\pi}\int_{\alpha}^{\pi}\sqrt{2}\,U_2\sin\omega t\,\mathrm{d}(\omega t) = 0.9U_2\frac{1 + \cos\alpha}{2} = 67.5\ (\text{V})$$

$$I_d = \frac{U_d}{R} = \frac{67.5}{5} = 13.5\ (\text{A})$$

$$I_{dT} = \frac{1}{2}I_d = 6.75\ (\text{A})$$

$$I_2 = \sqrt{\frac{1}{\pi}\int_{\alpha}^{\pi}\left(\frac{\sqrt{2}\,U_2\sin\omega t}{R}\right)^2\mathrm{d}(\omega t)} = \frac{U_2}{R}\sqrt{\frac{1}{2\pi}\sin 2\alpha + \frac{\pi - \alpha}{\pi}}$$

$$= \frac{100}{5}\sqrt{\frac{1}{2\pi}\sin(2\times 60) + \frac{\pi - 60}{\pi}} = 18\ (\text{A})$$

2. 带阻感负载的工作情况

阻感性负载电路如图 3 – 8(a)所示。为便于讨论,假设电路已工作于稳态。工作原理分析如下:

(1)$\alpha \sim \pi + \alpha$ 时段   触发角 α 处给晶闸管 VT$_1$ 和 VT$_4$ 加触发脉冲使其开通,$u_d = u_2$。负载中有电感存在使负载电流不能突变,电感对负载电流起平波作用,假设负载电感极大,负载电流 i_d 连续且波形近似为一水平线,其波形如图 3 – 8(b)所示。u_2 过零变负时,由于电感的作用,晶闸管 VT$_1$ 和 VT$_4$ 仍流过电流 i_d 并不关断。

(2)$\pi + \alpha \sim 2\pi + \alpha$ 时段   在 $\omega t = \pi + \alpha$ 时刻,给 VT$_2$ 和 VT$_3$ 加触发脉冲,因 VT$_2$ 和 VT$_3$ 本已承受正电压,故两管导通。VT$_2$ 和 VT$_3$ 导通后,u_2 通过 VT$_2$ 和 VT$_3$ 分别向 VT$_1$ 和 VT$_4$ 施加反压使 VT$_1$ 和 VT$_4$ 关断,流过 VT$_1$ 和 VT$_4$ 的电流迅速转移到 VT$_2$ 和 VT$_3$ 上,此过程称

为换相,亦称换流。此过程中电源电压反向加在负载两端,因此 $u_d = -u_2$,i_d 仍近似为一水平线。至下一周期重复上述过程,如此循环下去。

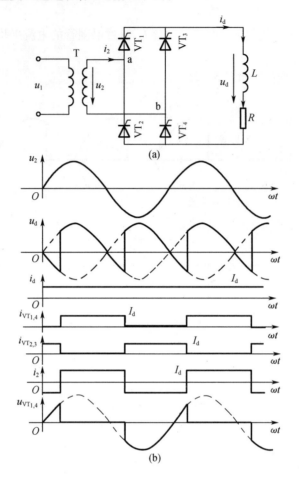

图 3 – 8　单相桥式全控整流电路带阻感负载时的电路及波形图

数量关系如下:

(1)负载侧输出直流电压平均值 U_d

$$U_d = \frac{1}{\pi}\int_{\alpha}^{\pi+\alpha} \sqrt{2}U_2\sin\omega t\,\mathrm{d}(\omega t) = \frac{2\sqrt{2}}{\pi}U_2\cos\alpha = 0.9U_2\cos\alpha \qquad (3-17)$$

当 $\alpha = 0°$ 时,$U_{do} = 0.9U_2$;$\alpha = 90°$ 时,$U_d = 0$。α 角的移相范围为 $0° \sim 90°$。

(2)负载侧输出直流电流平均值 I_d

$$I_d = \frac{U_d}{R} \qquad (3-18)$$

(3)流过晶闸管电流平均值 I_{dVT}

$$I_{dVT} = \frac{1}{2}I_d \qquad (3-19)$$

晶闸管导通角 θ 与 α 无关,均为 $180°$,其电流波形如图 3 – 8(b)所示。

（4）流过晶闸管电流有效值 I_{VT}

$$I_{VT} = \frac{1}{\sqrt{2}}I_d = 0.707I_d \qquad (3-20)$$

（5）变压器二次侧电流有效值 I_2

变压器二次侧电流 i_2 的波形为正负各 180°的矩形波，其相位由 α 角决定

$$I_2 = I_d \qquad (3-21)$$

单相桥式全控整流电路带阻感负载时，晶闸管 VT_1，VT_4 两端的电压波形如图 3-8(b) 所示，晶闸管承受的最大正反向电压均为 $\sqrt{2}U_2$。

3.1.3　单相全波可控整流电路

单相全波可控整流电路（Single Phase Full Wave Controlled Rectifier）也是一种实用的单相可控整流电路，又称单相双半波可控整流电路。其带电阻负载时的电路如图 3-9(a) 所示。

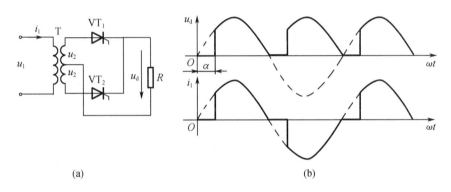

(a)　　　　　　　　　　　　(b)

图 3-9　单相全波可控整流电路及波形图

单相全波可控整流电路中，变压器 T 带中心抽头，在 u_2 正半周，VT_1 工作，变压器二次绕组上半部分流过电流。在 u_2 负半周，VT_2 工作，变压器二次绕组下半部分流过反方向的电流。图 3-9(b) 给出了 u_d 和变压器一次侧的电流 i_1 的波形。由波形可知，单相全波可控整流电路的 u_d 波形与单相全控桥的一样，交流输入端电流波形一样，变压器也不存在直流磁化的问题。当接其他负载时，也有相同的结论，因此单相全波与单相全控桥从直流输出端或从交流输入端看均是基本一致的。两者的区别在于：

（1）单相全波可控整流电路中变压器的二次绕组带中心抽头，结构较复杂。绕组及铁芯对铜、铁等材料的消耗比单相全控桥多，在当今世界上有色金属资源有限的情况下，这是不利的。

（2）单相全波可控整流电路中只用 2 个晶闸管，比单相全控桥式可控整流电路少 2 个，相应地，晶闸管的门极驱动电路也少 2 个；但是在单相全波可控整流电路中，晶闸管承受的最大电压为 $2\sqrt{2}U_2$，是单相全控桥式整流电路的 2 倍。

（3）单相全波可控整流电路中，导电回路只含 1 个晶闸管，比单相桥少了一次管压降。

从上述（2）（3）考虑，单相全波电路适宜在低输出电压的场合应用。

3.1.4 单相桥式半控整流电路

在单相桥式全控整流电路中,每一个导电回路中有 2 个晶闸管,即用 2 个晶闸管同时导通以控制导电的回路。实际上为了对每个导电回路进行控制,只需 1 个晶闸管就可以了,另 1 个晶闸管可以用二极管代替。把图 3 – 6(a)中的晶闸管 VT_2,VT_4 换成二极管 VD_2,VD4 即成为图 3 – 10(a)的单相桥式半控整流电路。与全控桥相比,半控整流比较经济,触发装置也简单一些(先不考虑 VD_R)。

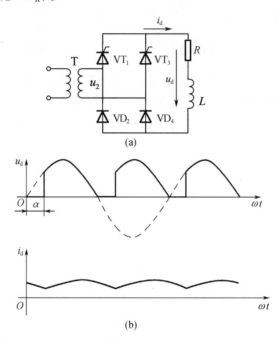

图 3 – 10　单相桥式半控整流电路带阻感负载时的电路及波形图

单相桥式半控整流电路的工作特点是晶闸管触发导通,而整流二极管在阳极电压高于阴极电压时自然导通。半控电路与全控电路在电阻负载时的工作情况相同,这里无须讨论。以下针对电感负载进行讨论。

与全控桥时相似,假设负载中电感很大,且电路已工作于稳态。

(1)$\alpha \sim \pi$ 时段　触发角 α 处给晶闸管 VT_1 加触发脉冲,u_2 经 VT_1 和 VD_4 向负载供电。$u_d = u_2$,i_d 近似为一直线。

(2)$\pi \sim \pi + \alpha$ 时段　π 时刻 u_2 过零变负时,因电感作用使电流连续,VT_1 继续导通。但因 a 点电位低于 b 点电位,使得电流从 VD_4 转移至 VD_2,VD_4 关断,电流不再流经变压器二次绕组,而是由 VT_1 和 VD_2 续流。此阶段,忽略器件的通态压降,则 $u_d = 0$,不像全控桥电路那样出现 u_d 为负的情况。

(3)$\pi + \alpha \sim 2\pi$ 时段　在 u_2 负半周触发角 α 时刻(即 $\omega t = \pi + \alpha$ 时刻)触发 VT_3,VT_3 导通,则向 VT_1 加反压使之关断,u_2 经 VT_3 和 VD_2 向负载供电。$u_d = -u_2$,i_d 近似为一直线。

(4)$2\pi \sim 2\pi + \alpha$ 时段　2π 时刻 u_2 过零变正时,VD_4 导通,VD_2 关断。VT_3 和 VD_4 续流,u_d 又为零。此后重复以上过程。u_d,i_d 波形如图 3 – 10(b)所示。

该电路实用中需加设续流二极管 VD_R,以避免可能发生的失控现象。实际运行中,若无续流二极管,则当 α 突然增大至 180°或触发脉冲丢失时,由于电感储能不经变压器二次绕组释放,只是消耗在负载电阻上,会发生一个晶闸管持续导通而两个二极管轮流导通的情况,这使 u_d 成为正弦半波,即半周期 u_d 为正弦,另外半周期 u_d 为零,其平均值保持恒定,相当于单相半波不可控整流电路时的波形,称为失控。例如当 VT_1 导通时切断触发电路,则当 u_2 变负时,由于电感的作用,负载电流由 VT_1 和 VD_2 续流;当 u_2 又为正时,因 VT_1 是导通的,u_2 又经 VT_1 和 VD_4 向负载供电,出现失控现象。

有续流二极管 VD_R 时,续流过程由 VD_R 完成,在续流阶段晶闸管关断,这就避免了某一个晶闸管持续导通从而导致失控的现象。同时,续流期间导电回路中只有一个管压降,少了一次管压降,有利于降低损耗。

有续流二极管时电路中各部分的波形如图 3 - 11(b)所示,其中 u_d,i_d 波形与无续流二极管时相同。

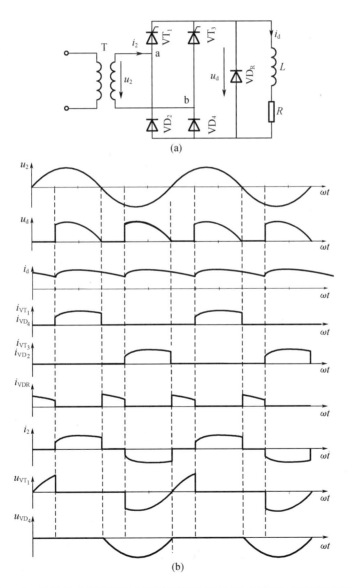

图 3 - 11　单相桥式半控整流电路带续流二极管、阻感负载时的电路及波形图

单相桥式半控整流电路的另一种接法如图 3 – 12 所示,相当于把图 3 – 5(a)中的 VT₃ 和 VT₄ 换为二极管 VD₃ 和 VD₄,这样可以省去续流二极管 VD_R,续流由 VD₃ 和 VD₄ 来实现。这种接法的两个晶闸管阴极电位不同,二者的触发电路需要隔离。

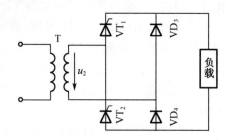

图 3 – 12　单相桥式半控整流电路的另一种接法

表 3 – 1　单相整流电路带不同性质负载时各个变量变化情况

负载性质	单相半波电路		单相桥式全控电路		单相桥式半控电路	
	电阻性	大电感性（加 VD_R）	电阻性	大电感性（不加 VD_R）	电阻性	大电感性（加 VD_R）
输出直流电压平均值 U_d	$0.45U_2\dfrac{1+\cos\alpha}{2}$	$0.45U_2\dfrac{1+\cos\alpha}{2}$	$0.9U_2\dfrac{1+\cos\alpha}{2}$	$0.9U_2\cos\alpha$	$0.9U_2\dfrac{1+\cos\alpha}{2}$	$0.9U_2\dfrac{1+\cos\alpha}{2}$
移相范围	$0°\sim180°$	$0°\sim180°$	$0°\sim180°$	$0°\sim90°$	$0°\sim180°$	$0°\sim180°$
VT 承受最大正向电压	$\sqrt{2}\,U_2$	$\sqrt{2}\,U_2$	$\dfrac{\sqrt{2}}{2}U_2$	$\sqrt{2}\,U_2$	$\sqrt{2}\,U_2$	$\sqrt{2}\,U_2$
VT 承受最大反向电压	$\sqrt{2}\,U_2$	$\sqrt{2}\,U_2$	$\sqrt{2}\,U_2$	$\sqrt{2}\,U_2$	$\sqrt{2}\,U_2$	$\sqrt{2}\,U_2$
VD_R 承受的反向电压		$\sqrt{2}\,U_2$				$\sqrt{2}\,U_2$

例 3 – 3　单相桥式半控整流电路如图 3 – 10 所示,接大电感负载,作出 α = 60° 及 VT₁ 触发脉冲消失后的发生失控时的负载 u_d 的波形图。

解　波形如图 3 – 13 所示。

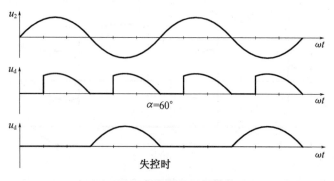

图 3 – 13　例 3 – 3 图

3.2 三相可控整流电路

当整流负载容量较大,或要求直流电压脉动较小时,应采用三相整流电路,其交流侧由三相电源供电。三相可控整流电路中,最基本的是三相半波可控整流电路,应用最为广泛的是三相桥式全控整流电路、双反星形可控整流电路以及十二脉波可控整流电路等,均可在三相半波的基础上进行分析。本节首先分析三相半波可控整流电路,然后分析三相桥式全控整流电路。

由于三相电路中晶闸管承受的电压有时候是线电压而不再是相电压,因此将相电压与线电压的关系在此列出。若三相交流电源相电压分别为

$$u_a = \sqrt{2}\,U_2\sin\omega t$$
$$u_b = \sqrt{2}\,U_2\sin(\omega t - 120°)$$
$$u_c = \sqrt{2}\,U_2\sin(\omega t - 240°)$$

则线电压为

$$u_{ab} = u_a - u_b = \sqrt{6}\,U_2\sin(\omega t + 30°)$$
$$u_{ac} = u_a - u_c = \sqrt{6}\,U_2\sin(\omega t - 30°)$$
$$u_{bc} = u_b - u_c = \sqrt{6}\,U_2\sin(\omega t - 90°)$$
$$u_{ba} = u_b - u_a = \sqrt{6}\,U_2\sin(\omega t - 150°)$$
$$u_{ca} = u_c - u_a = \sqrt{6}\,U_2\sin(\omega t - 210°)$$
$$u_{cb} = u_c - u_b = \sqrt{6}\,U_2\sin(\omega t - 270°)$$

3.2.1 三相半波可控整流电路

1. 电阻负载

三相半波可控整流电路如图 3 – 14(a)所示。为得到零线,变压器二次侧必须接成星形,而一次侧接成三角形,避免 3 次谐波流入电网。三个晶闸管分别接入 a,b,c 三相电源,它们的阴极连接在一起,称为共阴极接法,这种接法触发电路有公共端,连线方便。

假设将电路中的晶闸管换作二极管,并用 VD 表示,该电路就成为三相半波不可控整流电路,以下首先分析其工作情况。此时,三个二极管对应的相电压中哪一个的值最大,则该相所对应的二极管导通,并使另两相的二极管承受反压关断,输出整流电压即为该相的相电压,波形如图 3 – 14(d)所示。在一个周期中,器件工作情况如下:在 $\omega t_1 \sim \omega t_2$ 期间,a 相电压最高,VD_1 导通,$u_d = u_a$;在 $\omega t_2 \sim \omega t_3$ 期间,b 相电压最高,VD_2 导通,$u_d = u_b$;在 $\omega t_3 \sim \omega t_4$ 期间,c 相电压最高,VD_3 导通,$u_d = u_c$。此后,在下一周期相当于 ωt_1 的位置,VD_1 又导通,重复前一周期的工作情况。如此,一周期中 VD_1,VD_2,VD_3 轮流导通,每管各导通120°。u_d 波形为三个相电压在正半周期的包络线。

在相电压的交点 ωt_1,ωt_2,ωt_3 处,均出现了二极管换相,即电流由一个二极管向另一个二极管转移,这些交点称为自然换相点。对三相半波可控整流电路而言,自然换相点是各相晶闸管能触发导通的最早时刻,将其作为计算各晶闸管触发角 α 的起点,即规定图 3 – 14(b)

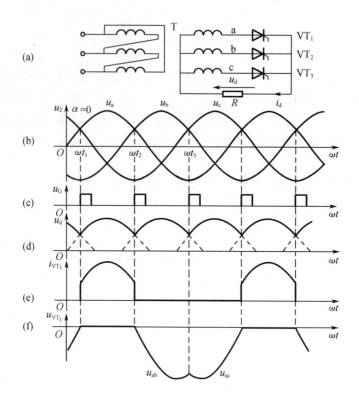

图 3 – 14 三相半波可控整流电路共阴极接法电阻负载时的电路及 $\alpha = 0°$ 时的波形图

交流电源波形中 $\omega t = \dfrac{\pi}{6}$ 的点作为 a 相晶闸管 VT_1 触发角 $\alpha = 0°$ 的点，$\omega t = \dfrac{\pi}{6} + \dfrac{2\pi}{3} = \dfrac{5\pi}{6}$ 的点和 $\omega t = \dfrac{5\pi}{6} + \dfrac{2\pi}{3} = \dfrac{3\pi}{2}$ 的点分别作为 b 相和 c 相晶闸管 VT_2，VT_3 触发角 $\alpha = 0°$ 的点。要改变触发角只能是在此基础上增大，即沿时间坐标轴向右移。若在自然换相点处触发相应的晶闸管导通，则电路的工作情况与以上分析的二极管整流工作情况一样。回顾 3.1 节的单相可控整流电路可知，各种单相可控整流电路的自然换相点是变压器二次电压 u_2 的过零点。

当 $\alpha = 0°$ 时，变压器二次侧 a 相绕组和晶闸管 VT_1 的电流波形如图 3 – 14(e) 所示，另两相电流波形形状相同，相位依次滞后 120°，可见变压器二次绕组电流有直流分量。图 3 – 14(f) 是 VT_1 两端的电压波形，由 3 段组成：第 1 段，VT_1 导通期间，为一管压降，可近似为 $u_{VT_1} = 0$；第 2 段，在 VT_1 关断后，VT_2 导通期间，$u_{VT_1} = u_a - u_b = u_{ab}$，为一段线电压；第 3 段，在 VT_3 导通期间，$u_{VT_1} = u_a - u_c = u_{ac}$，为另一段线电压。即晶闸管电压由一段管压降和两段线电压组成。由图可见，$\alpha = 0°$ 时，晶闸管承受的两段线电压均为负值，随着 α 增大，晶闸管承受的电压中正的部分逐渐增多。其他两管上的电压波形相同，相位依次差 120°。增大 α 值，将脉冲后移，整流电路的工作情况相应地发生变化。

$\alpha = 30°$ 时的波形如图 3 – 15 所示。从输出电压、电流的波形可看出，这时负载电流处于连续和断续的临界状态，各相仍导电 120°。如果 $\alpha > 30°$，例如 $\alpha = 60°$ 时，整流电压的波形如图 3 – 16 所示，当导通一相的相电压过零变负时，该相晶闸管关断。此时下一相晶闸管虽承受正电压，但它的触发脉冲还未到，不会导通，因此输出电压、电流均为零，直到触发脉冲出现为止。这种情况下,负载电流断续,各晶闸管导通角为90°,小于120°。若 α 角继续增大,整流电压将越来越小,α = 150°时,整流输出电压为零。故电阻负载时 α 角的移相范围为0°~150°。

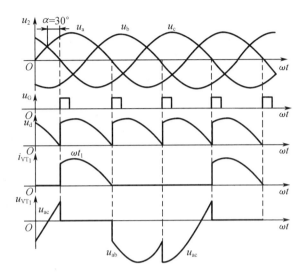

图 3 - 15　三相半波可控整流电路带电阻负载 α = 30°时的波形图

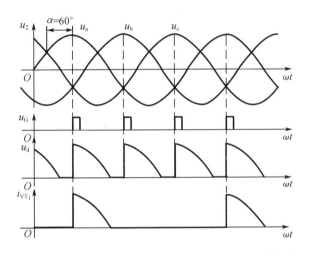

图 3 - 16　三相半波可控整流电路带电阻负载 α = 60°时的波形图

数量关系如下:

(1)输出直流电压平均值

①α≤30°时,负载电流连续,有

$$U_{\mathrm{d}} = \frac{1}{\dfrac{2\pi}{3}} \int_{\frac{\pi}{6}+\alpha}^{\frac{5\pi}{6}+\alpha} \sqrt{2} U_2 \sin\omega t \mathrm{d}(\omega t) = \frac{3\sqrt{6}}{2\pi} U_2 \cos\alpha = 1.17 U_2 \cos\alpha \qquad (3-22)$$

当 α = 0 时,U_{d} 最大,$U_{\mathrm{d}} = U_{\mathrm{do}} = 1.17 U_2$。

②α > 30°时,负载电流断续,晶闸管导通角减小,此时有

$$U_d = \frac{1}{\frac{2\pi}{3}} \int_{\frac{\pi}{6}+\alpha}^{\pi} \sqrt{2} U_2 \sin\omega t \mathrm{d}(\omega t) = \frac{3\sqrt{2}}{2\pi} U_2 \left[1 + \cos\left(\frac{\pi}{6} + \alpha\right) \right] = 0.675 U_2 \left[1 + \cos\left(\frac{\pi}{6} + \alpha\right) \right]$$

$$(3-23)$$

U_d/U_2 随 α 变化的规律如图 3 – 17 中的曲线 1 所示。

（2）负载电流平均值

$$I_d = \frac{U_d}{R} \qquad (3-24)$$

（3）晶闸管承受的最大正反向电压

由图 3 – 14(e)不难看出，晶闸管承受的最大反向电压为变压器二次线电压峰值，即

$$U_{RM} = \sqrt{2} \times \sqrt{3} U_2 = \sqrt{6} U_2 = 2.45 U_2$$

$$(3-25)$$

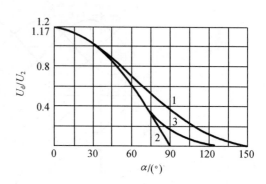

图 3 – 17　三相半波整流电路
U_d/U_2 与 α 的关系

1—电阻负载;2—电感负载;3—电阻电感负载

由于晶闸管阴极与零线间的电压即为整流输出电压 u_d，其最小值为零，而晶闸管阳极与零线间的最高电压等于变压器二次相电压的峰值，因此晶闸管阳极与阴极间的最大正向电压等于变压器二次相电压的峰值，即

$$U_{FM} = \sqrt{2} U_2 \qquad (3-26)$$

例 3 – 4　三相半波可控整流电路带电阻负载，作出 $\alpha = 60°$ 时的输出电压 u_d 和晶闸管 VT_1 承受的电压 u_{VT1} 的波形。

解　波形如图 3 – 18 所示。

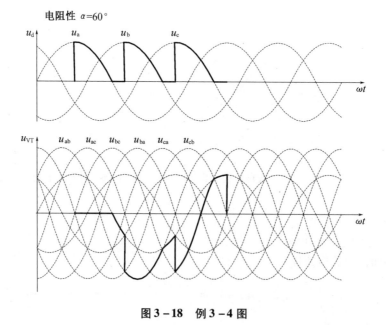

图 3 – 18　例 3 – 4 图

例 3 – 5　在电阻性负载三相半波可控整流电路中，如果窄脉冲按图 3 – 19 出现，试画

出负载侧 u_d 波形。

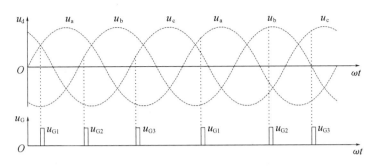

图 3 - 19 例 3 - 5 图(1)

解 波形如图 3 - 20 所示。

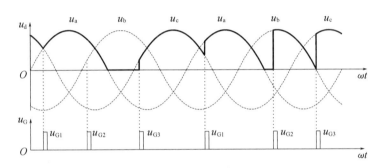

图 3 - 20 例 3 - 5 图(2)

2. 阻感负载

如果负载为阻感负载,且 L 值很大,则如图 3 - 21 所示,整流电流 i_d 的波形基本是平直的,流过晶闸管的电流接近矩形波。$\alpha \leqslant 30°$ 时,整流电压波形与电阻负载时相同,因为两种负载情况下,负载电流均连续。$\alpha > 30°$ 时,例如 $\alpha = 60°$ 时的波形如图 3 - 21 所示。当 u_2 过零时,由于电感的存在,阻止电流下降,因而 VT_1 继续导通,直到下一相晶闸管 VT_2 的触发脉冲到来才发生换流,由 VT_2 导通向负载供电,同时向 VT_1 施加反压使其关断。这种情况下 u_d 波形中出现负的部分,若 α 增大,u_d 波形中负的部分将增多,至 $\alpha = 90°$ 时,u_d 波形中正负面积相等,u_d 的平均值为零。可见阻感负载时 α 的移相范围为 $0° \sim 90°$。

基本数量关系如下:

(1)输出直流电压平均值

由于负载电流连续,U_d 可由式(3 - 22)求出,即

$$U_d = 1.17 U_2 \cos\alpha \tag{3 - 27}$$

(2)变压器二次电流(晶闸管电流)的有效值为

$$I_2 = I_{VT} = \frac{1}{\sqrt{3}} I_d = 0.577 I_d \tag{3 - 28}$$

由此可求出晶闸管的额定电流为

$$I_{VT(AV)} = \frac{I_{VT}}{1.57} = 0.368 I_d \tag{3 - 29}$$

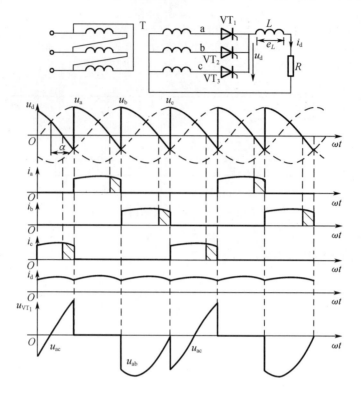

图 3 – 21　三相半波可控整流电路带阻感负载 $\alpha = 60°$ 时的波形图

（3）晶闸管承受的最大正反向电压

晶闸管两端电压波形如图 3 – 21 所示，由于负载电流连续，因此晶闸管最大正反向电压均为变压器二次线电压峰值，即

$$U_{\text{FM}} = U_{\text{RM}} = 2.45U_2 \tag{3 – 30}$$

由上述分析可知：

（1）在负载电流连续的情况下，每个晶闸管的导电角均为 120°；

（2）负载上出现的电压波形 u_{d} 是相电压波形的一部分；

（3）晶闸管处于截止状态时所承受的电压是线电压而不是相电压；

（4）输出直流电压的脉动频率为 $3f$（脉波数 $m = 3$）。

三相半波可控整流电路的主要缺点在于其变压器二次电流中含有直流分量，为此其应用较少。

3.2.2　三相桥式全控整流电路

目前在各种整流电路中，应用最为广泛的是三相桥式全控整流电路，其原理如图 3 – 22 所示，习惯上将其中阴极连接在一起的 3 个晶闸管（VT_1，VT_3，VT_5）称为共阴极组；阳极连接在一起的 3 个晶闸管（VT_4，VT_6，VT_2）称为共阳极组。此外，习惯上希

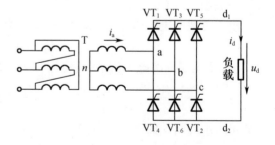

图 3 – 22　三相桥式全控整流电路原理图

望晶闸管按从 1 至 6 的顺序导通,为此将晶闸管按图示的顺序编号,即共阴极组中与 a,b,c 三相电源相接的 3 个晶闸管分别为 VT_1,VT_3,VT_5,共阳极组中与 a,b,c 三相电源相接的 3 个晶闸管分别为 VT_4,VT_6,VT_2;从后面的分析可知,按此编号,晶闸管的导通顺序为 VT_1— VT_2—VT_3—VT_4—VT_5—VT_6。以下首先分析带电阻负载时的工作情况。

1. 带电阻负载时的工作情况

可以采用与分析三相半波可控整流电路时类似的方法,假设将电路中的晶闸管换作二极管,这种情况也就相当于晶闸管触发角 $\alpha = 0°$ 时的情况。此时,对于共阴极组的 3 个晶闸管,阳极所接交流电压值最高的一个导通。而对于共阳极组的 3 个晶闸管,则是阴极所接交流电压值最低(或者说负得最多)的一个导通。这样,任意时刻共阳极组和共阴极组中各有 1 个晶闸管处于导通状态,施加于负载上的电压为某一线电压。

下面以 $\alpha = 0°$ 为例,对其工作原理进行详细分析。$\alpha = 0°$ 时,各晶闸管均在自然换相点处换相。由图中变压器二次绕组相电压与线电压波形的对应关系看出,各自然换相点既是相电压的交点,同时也是线电压的交点。在分析 u_d 的波形时,既可从相电压波形分析,也可以从线电压波形分析。

从相电压波形看,以变压器二次侧的中点 n 为参考点,共阴极组晶闸管导通时,整流输出电压 u_{d1} 为相电压在正半周的包络线;共阳极组导通时,整流输出电压 u_{d2} 为相电压在负半周的包络线,总的整流输出电压 $u_d = u_{d1} - u_{d2}$ 是两条包络线间的差值,将其对应到线电压波形上,即为线电压在正半周的包络线。

直接从线电压波形看,由于共阴极组中处于通态的晶闸管对应的是最大(正得最多)的相电压,而共阳极组中处于通态的晶闸管对应的是最小(负得最多)的相电压,输出整流电压 u_d 为这两个相电压相减,是线电压中最大的一个,因此输出整流电压 u_d 波形为线电压在正半周期的包络线。

为了说明各晶闸管的工作情况,将波形中的一个周期等分为 6 段,每段为 60°,如图 3-23 所示,每一段中导通的晶闸管及输出整流电压的情况见表 3-2。由该表可见,6 个晶闸管的导通顺序为 VT_1—VT_2—VT_3—VT_4—VT_5—VT_6。

表 3-2 三相桥式全控整流电路带电阻负载 $\alpha = 0°$ 时晶闸管工作情况

时段	I	II	III	IV	V	VI
共阴极组中 导通的晶闸管	VT_1	VT_1	VT_3	VT_3	VT_5	VT_5
共阳极组中 导通的晶闸管	VT_6	VT_2	VT_2	VT_4	VT_4	VT_6
整流输出电压 u_d	$u_a - u_b = u_{ab}$	$u_a - u_c = u_{ac}$	$u_b - u_c = u_{bc}$	$u_b - u_a = u_{ba}$	$u_c - u_a = u_{ca}$	$u_c - u_b = u_{cb}$

从触发角 $\alpha = 0°$ 时的情况可以总结出三相桥式全控整流电路的一些特点如下:

(1)每个时刻均需 2 个晶闸管同时导通,形成向负载供电的回路,其中 1 个晶闸管是共阴极组的,1 个晶闸管是共阳极组的,且不能为同一相的晶闸管。

(2)对触发脉冲的要求:6 个晶闸管的脉冲按 VT_1—VT_2—VT_3—VT_4—VT_5—VT_6 的顺序,相位依次差 60°;共阴极组 VT_1,VT_3,VT_5 的脉冲依次差 120°,共阳极组 VT_4,VT_6,VT_2 也依次差

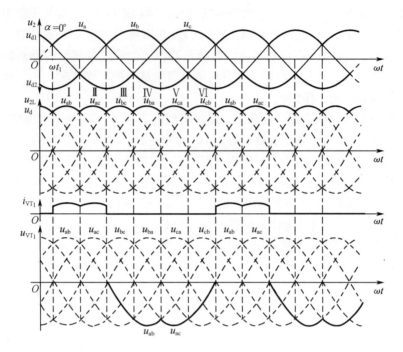

图 3 - 23   三相桥式全控整流电路带电阻负载 $\alpha = 0°$ 时的波形图

120°；同一相的上下两个桥臂，即 VT_1 与 VT_4，VT_3 与 VT_6，VT_5 与 VT_2，脉冲相差 180°。

（3）整流输出电压 u_d 一周期脉动 6 次，每次脉动的波形都一样，故该电路为 6 脉波整流电路。

（4）在整流电路合闸启动过程中或电流断续时，为确保电路的正常工作，需保证同时导通的 2 个晶闸管均有触发脉冲。为此，可采用两种方法：一种方法是使脉冲宽度大于 60° （一般取 80°~100°），称为宽脉冲触发；另一种方法是在触发某个晶闸管的同时，给前一个晶闸管补发脉冲，即用两个窄脉冲代替宽脉冲，两个窄脉冲的前沿相差 60°，脉宽一般为 20°~30°，称为双脉冲触发。双脉冲电路较复杂，但要求触发电路输出功率小；宽脉冲触发电路虽可少输出一半脉冲，但为了不使脉冲变压器饱和，需将铁芯体积做得较大，绕组匝数较多，导致漏感增大，脉冲前沿不够陡，对于晶闸管串联使用不利。虽可用去磁绕组改善这种情况，但又使触发电路复杂化，因此常用的是双脉冲触发。

（5）$\alpha = 0°$ 时晶闸管承受的电压波形如图 3 - 23 所示。图中仅给出 VT_1 的电压波形。将此波形与图 3 - 14 中的三相半波时 VT_1 电压波形比较可见，两者是相同的，晶闸管承受最大正、反向电压的关系也与三相半波时一样。

图 3 - 23 中还给出了晶闸管 VT_1 流过电流 i_{VT} 的波形，由此波形可以看出，晶闸管一周期中有 120° 处于通态，240° 处于断态，由于负载为电阻，晶闸管处于通态时的电流波形与相应时段的 u_d 波形相同。

当触发角 α 改变时，电路的工作情况将发生变化。图 3 - 24 给出了 $\alpha = 30°$ 时的波形。与 $\alpha = 0°$ 时的情况相比，一周期中 u_d 波形仍由 6 段线电压构成，每一段导通晶闸管的编号等仍符合表 3 - 2 的规律。区别在于，晶闸管起始导通时刻推迟了 30°，组成 u_d 的每一段线电压因此推迟了 30°，u_d 平均值降低，晶闸管电压波形也相应发生了变化。图中同时给出了变压器二次侧 a 相电流 i_a 的波形，该波形的特点是，在 VT_1 处于通态的 120° 期间，i_a 为正，i_a

波形也与同时段的 u_d 波形相同,在 VT$_4$ 处于通态的 120°期间,i_a 波形也与同时段的 u_d 波形相同,但为负值。

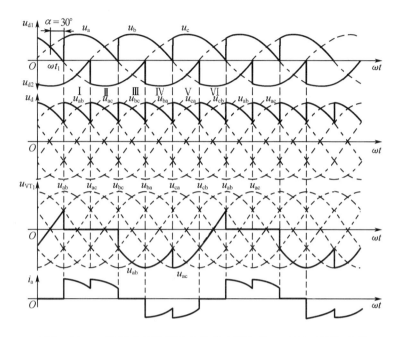

图 3 - 24　三相桥式全控整流电路带电阻负载 $\alpha = 30°$ 时的波形图

图 3 - 25 给出了 $\alpha = 60°$ 时的波形,电路工作情况仍可对照表 3 - 2 分析。u_d 波形中每段线电压的波形继续向后移,u_d 平均值继续降低。$\alpha = 60°$ 时 u_d 出现了为零的点。

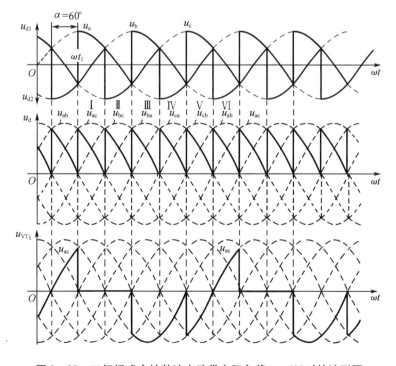

图 3 - 25　三相桥式全控整流电路带电阻负载 $\alpha = 60°$ 时的波形图

　　由以上分析可见,当 $\alpha \leqslant 60°$ 时,u_d 波形均连续,对于电阻负载,i_d 波形与 u_d 波形是一样的,也连续。

　　当 $\alpha > 60°$ 时,如 $\alpha = 90°$ 时带电阻负载情况下的工作波形如图 3－26 所示,此时 u_d 波形每 60° 中有 30° 为零,这是因为带电阻负载时 i_d 波形与 u_d 波形一致,一旦 u_d 降至零,i_d 也降至零,流过晶闸管的电流即降至零,晶闸管关断,输出整流电压 u_d 为零,因此 u_d 波形不能出现负值。图 3－26 中还给出了晶闸管电流和变压器二次电流的波形。

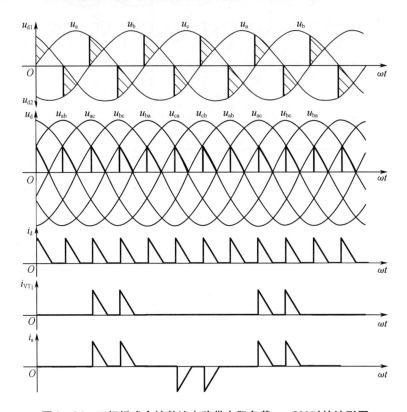

图 3－26　三相桥式全控整流电路带电阻负载 $\alpha = 90°$ 时的波形图

　　如果继续增大至 120°,整流输出电压 u_d 波形将全为零,其平均值也为零,可见带电阻负载时三相桥式全控整流电路 α 角的移相范围是 0°~120°。

　　2. 阻感负载时的工作情况

　　三相桥式全控整流电路大多用于向阻感负载和反电动势阻感负载供电(即用于直流电机传动),下面主要分析阻感负载时的情况,对于带反电动势阻感负载的情况,只需在阻感负载的基础上掌握其特点,即可把握其工作情况。

　　(1)当 $\alpha \leqslant 60°$ 时,u_d 波形连续,电路的工作情况与带电阻负载时十分相似,各晶闸管的通断情况、输出整流电压 u_d 波形、晶闸管承受的电压波形等都一样。区别在于负载不同时,同样的整流输出电压加到负载上,得到的负载电流 i_d 波形不同,电阻负载时 i_d 波形与 u_d 波形一样;而阻感负载时,由于电感的作用,使得负载电流波形变得平直,当电感足够大的时候,负载电流的波形可近似为一条水平线。图 3－27 和图 3－28 分别给出了三相桥式全控整流电路带阻感负载 $\alpha = 0°$ 和 $\alpha = 30°$ 时的波形。

　　图 3－27 中除给出 u_d 波形和 i_d 波形外,还给出了晶闸管 VT$_1$ 电流 i_{VT1} 的波形,可与图

3-23带电阻负载时的情况进行比较。由波形图可见,在晶闸管 VT$_1$ 导通段,i_{VT1} 波形由负载电流 i_d 波形决定,和 u_d 波形不同。

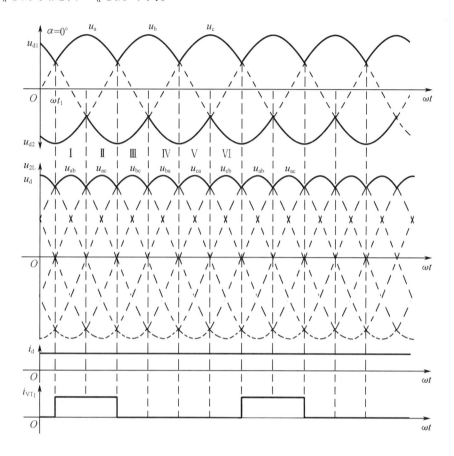

图 3-27　三相桥式全控整流电路带阻感负载 $\alpha = 0°$ 时的波形图

图 3-28 中除给出 u_d 波形和 i_d 波形外,还给出了变压器二次侧 a 相电流 i_a 的波形,可与图 3-24 带电阻负载时的情况进行比较。

(2)当 $\alpha > 60°$ 时,阻感负载时的工作情况与电阻负载时不同,电阻负载时 u_d 波形不会出现负的部分;而阻感负载时,由于电感 L 的作用,u_d 波形会出现负的部分。图 3-29 给出了 $\alpha = 90°$ 时的波形。若电感 L 值足够大,u_d 中正负面积将基本相等,u_d 平均值近似为零。这表明,带阻感负载时,三相桥式全控整流电路的 α 角移相范围为 $0° \sim 90°$。

3. 定量分析

以上的分析中已经说明,整流输出电压 u_d 的波形在一个周期内脉动 6 次,且每次脉动的波形相同,因此在计算其平均值时,只需对一个脉波(即 1/6 周期)进行计算即可。此外,以线电压的过零点为时间坐标的零点,可得:

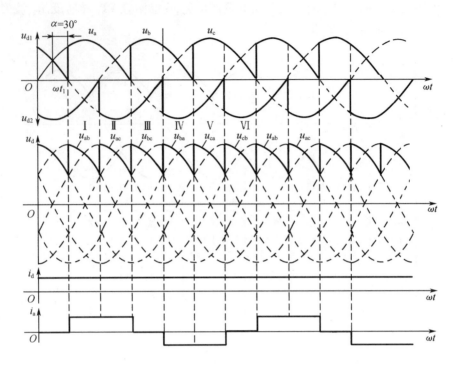

图 3 – 28　三相桥式全控整流电路带阻感负载 $\alpha = 30°$ 时的波形图

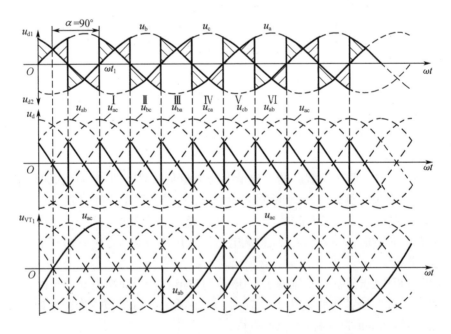

图 3 – 29　三相桥式全控整流电路带阻感负载 $\alpha = 90°$ 时的波形图

（1）整流输出电压连续时（即带阻感负载时，或带电阻负载 $\alpha \leqslant 60°$ 时），负载电压平均值为

$$U_{\mathrm{d}} = \frac{1}{\frac{\pi}{3}} \int_{\frac{\pi}{3}+\alpha}^{\frac{2\pi}{3}+\alpha} \sqrt{6}\, U_2 \sin\omega t \mathrm{d}(\omega t) = 2.34 U_2 \cos\alpha \qquad (3-31)$$

（2）整流输出电压断续时（带电阻负载且 $\alpha > 60°$ 时），负载电压平均值为

$$U_{\mathrm{d}} = \frac{3}{\pi} \int_{\frac{\pi}{3}+\alpha}^{\pi} \sqrt{6}\, U_2 \sin\omega t \mathrm{d}(\omega t) = 2.34 U_2 \left[1 + \cos\left(\frac{\pi}{3} + \alpha\right) \right] \qquad (3-32)$$

（3）整流输出电流平均值为

$$I_{\mathrm{d}} = \frac{U_{\mathrm{d}}}{R} \qquad (3-33)$$

（4）整流输出电流连续时，变压器二次侧电流有效值

当整流变压器如图 3 – 21 中所示采用星形连接，带阻感负载时，变压器二次侧电流波形如图 3 – 28 所示，为正负半周各宽 120°、前沿相差 180° 的矩形波，其有效值为

$$I_2 = \sqrt{\frac{1}{2\pi}\left(I_{\mathrm{d}}^2 \times \frac{2}{3}\pi + (-I_{\mathrm{d}})^2 \times \frac{2}{3}\pi\right)} = \sqrt{\frac{2}{3}}I_{\mathrm{d}} = 0.816 I_{\mathrm{d}} \qquad (3-34)$$

（5）晶闸管电压、电流的定量分析

晶闸管电压、电流的定量分析与三相半波时一样，不再赘述。

三相整流电路带不同性质负载时各个变量情况见表 3 – 3。

表 3 – 3　三相整流电路带不同性质负载时各个变量情况

		三相半波	三相全控桥
电阻性负载	U_{d}	$0° \leqslant \alpha \leqslant 30°$（$i_{\mathrm{d}}$ 连续） $U_{\mathrm{d}} = 1.17 U_2 \cos\alpha$ $30° < \alpha < 150°$（i_{d} 断续） $U_{\mathrm{d}} = 0.675 U_2 \left[1 + \cos\left(\frac{\pi}{6} + \alpha\right) \right]$	$0° \leqslant \alpha \leqslant 60°$（$i_{\mathrm{d}}$ 连续） $U_{\mathrm{d}} = 2.34 U_2 \cos\alpha$ $60° < \alpha < 120°$ $U_{\mathrm{d}} = 2.34 U_2 \left[1 + \cos\left(\frac{\pi}{3} + \alpha\right) \right]$
	移相范围	$0° \sim 150°$	$0° \sim 120°$
	导通角 θ	$\theta = 120°$（$\alpha \leqslant 30°$） $\theta = 150° - \alpha$（$\alpha > 30°$）	$\theta = 120°$（$\alpha \leqslant 60°$） $\theta = 2 \times (120° - \alpha)$（$\alpha > 60°$）
	VT 承受的 U_{FM}	$\sqrt{2}\, U_2$	$\sqrt{2}\, U_{2\text{线}} \sin 60° = \frac{3\sqrt{2}}{2} U_2$
	VT 承受的 U_{RM}	$\sqrt{2}\, U_{2\text{线}} = \sqrt{6}\, U_2$	$\sqrt{6}\, U_2$
电感性负载	U_{d}	$U_{\mathrm{d}} = 1.17 U_2 \cos\alpha$	$U_{\mathrm{d}} = 2.34 U_2 \cos\alpha$
	移相范围	$0° \sim 90°$	$0° \sim 90°$
	导通角 θ	$0° \sim 120°$	$0° \sim 120°$
	VT 承受的 U_{FM}	$U_{\mathrm{FM}} = \sqrt{6}\, U_2$	$U_{\mathrm{FM}} = \sqrt{6}\, U_2$
	VT 承受的 U_{RM}	$U_{\mathrm{RM}} = \sqrt{2}\, U_{2\text{线}} = \sqrt{6}\, U_2$	$U_{\mathrm{RM}} = \sqrt{6}\, U_2$
	I_{T}	$\frac{1}{\sqrt{3}} I_{\mathrm{d}}$	$\frac{1}{\sqrt{3}} I_{\mathrm{d}}$

例 3 - 6 对于三相桥式全控整流电路,回答下列问题:

(1)设该电路带大电感负载,电源电压有效值 $U_2 = 220$ V,$R = 5$ Ω,考虑 2 倍安全裕量,通过计算确定晶闸管的额定电流(按 $\alpha = 0°$ 时考虑);

(2)作出 $\alpha = 60°$ 时,整流输出电压 u_d 波形。

解

(1)
$$U_d = 2.34 U_2 \cos\alpha = 2.34 \times 220 = 514.8(\text{V})$$

$$I_d = \frac{U_d}{R} = \frac{514.8}{5} = 103.0(\text{A})$$

$$I_T = \sqrt{\frac{1}{3}} I_d = 59.5(\text{A})$$

$$I_{T(AV)} = 2 \times \frac{59.5}{1.57} = 75.8(\text{A})$$

(2)波形如图 3 - 30 所示。

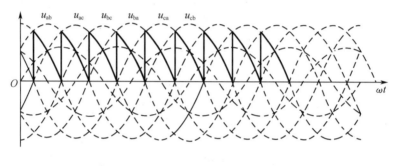

图 3 - 30 例 3 - 6 图

3.3 交流电路中电感对整流特性的影响

在前面分析整流电路时,均未考虑交流侧电路中电感的影响,认为换相是瞬时完成的。但实际上交流侧电路中总有一定量的电感,例如变压器绕组的漏感。该漏感可用一个集中的电感 L_B 表示。由于电感对电流的变化起阻碍作用,电感电流不能突变,因此换相过程不能瞬间完成,而是会持续一段时间。下面以三相半波为例分析考虑变压器漏感时的换相过程以及有关参量的计算,然后将结论推广到其他的电路形式。

图 3 - 31 为考虑变压器漏感时的三相半波可控整流电路带电感负载的电路及波形图。假设负载中电感很大,负载电流为水平线。

该电路在交流电源的一周期内有 3 次晶闸管换相过程,因各次换相情况一样,这里只分析从 VT₁ 换相至 VT₂ 的过程。在 ωt_1 时刻之前 VT₁ 导通,ωt_1 时刻触发 VT₂,VT₂ 导通,此时因 a,b 两相均有漏感,故 i_a,i_b 均不能突变,于是 VT₁ 和 VT₂ 同时导通,这相当于将 a,b 两相短路,两相间电压差为 $u_b - u_a$,它在两相组成的回路中产生环流 i_k。由于回路中含有两个漏感,故有 $2L_B(di_k/dt) = u_b - u_a$。这时,$i_b = i_k$ 是逐渐增大的,而 $i_a = I_d - i_k$ 是逐渐减小的。当 i_k 增大到等于 I_d 时,$i_a = 0$,VT₁ 关断,换相过程结束。换相过程持续的时间用电角度 γ 表示,称为换相重叠角。

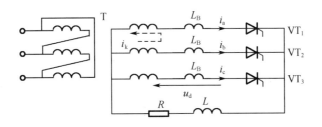

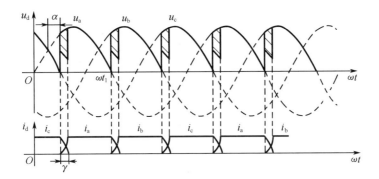

图 3 - 31 考虑变压器漏感时可控整流电路及换流时波形图

在上述换相过程中,整流输出电压瞬时值为

$$u_d = u_a + L_B \frac{di_k}{dt} = u_b - L_B \frac{di_k}{dt} = \frac{u_a + u_b}{2} \tag{3-35}$$

由此式知,在换相过程中,整流电压 u_d 为同时导通的两个晶闸管所对应的两个相电压的平均值,由此可得 u_d 波形,如图 3 - 31 所示。与不考虑变压器漏感时相比,每次换相 u_d 波形均少了阴影标出的一块,导致 u_d 平均值降低,降低的多少用 ΔU_d 表示,称为换相压降。

$$\Delta U_d = \frac{1}{\frac{2\pi}{3}} \int_{\frac{5\pi}{6}+\alpha}^{\frac{5\pi}{6}+\alpha+\gamma} (u_b - u_d) d(\omega t) = \frac{1}{\frac{2\pi}{3}} \int_{\frac{5\pi}{6}+\alpha}^{\frac{5\pi}{6}+\alpha+\gamma} \left[u_b - \left(u_b - L_B \frac{di_k}{dt} \right) \right] d(\omega t)$$

$$= \frac{1}{\frac{2\pi}{3}} \int_{\frac{5\pi}{6}+\alpha}^{\frac{5\pi}{6}+\alpha+\gamma} L_B \frac{di_k}{dt} d(\omega t) = \frac{3}{2\pi} \int_0^{I_d} \omega L_B di_k = \frac{3}{2\pi} X_B I_d \tag{3-36}$$

式中,$X_B = \omega L_B$,X_B 是漏感为 L_B 的变压器每相折算到二次侧的漏电抗。

我们还关心换相重叠角 γ 的计算,这可从式 3 - 37(可由式(3 - 35)得出)开始

$$\frac{di_k}{dt} = \frac{u_b - u_a}{2L_B} = \frac{\sqrt{6}\, U_2 \sin\left(\omega t - \frac{5\pi}{6}\right)}{2L_B} \tag{3-37}$$

由上式得

$$\frac{di_k}{d(\omega t)} = \frac{\sqrt{6}\, U_2 \sin\left(\omega t - \frac{5\pi}{6}\right)}{2X_B} \tag{3-38}$$

进而得出

$$i_k = \int_{\frac{5\pi}{6}+\alpha}^{\omega t} \frac{\sqrt{6}\,U_2 \sin\left(\omega t - \frac{5\pi}{6}\right)}{2X_B} d(\omega t) = \frac{\sqrt{6}\,U_2}{2X_B}\left[\cos\alpha - \cos\left(\omega t - \frac{5\pi}{6}\right)\right] \quad (3-39)$$

当 $\omega t = \dfrac{5\pi}{6} + \alpha + \gamma$ 时，$i_k = I_d$，于是

$$I_d = \frac{\sqrt{6}\,U_2}{2X_B}\left[\cos\alpha - \cos(\alpha + \gamma)\right] \quad (3-40)$$

$$\cos\alpha - \cos(\alpha + \gamma) = \frac{2X_B I_d}{\sqrt{6}\,U_2} \quad (3-41)$$

请注意：以上分析换流过程时，图 3-31 中的变压器漏感 L_B 的电流 i_a, i_b 是从 I_d 下降至零或从零上升至 I_d，即电感电流变化量为 I_d，但单相桥式整流电路，换流过程中电感电流是从 I_d 变为 $-I_d$，即电流变化量为 $2I_d$，所以单相桥式整流($m=2$)时换相压降 ΔU_d 应比两相半波（也是 $m=2$）时大一倍，考虑到这点后，表 3-4 列出了各种整流电路换相压降和换相重叠角的计算公式。

表 3-4 各种相控整流电路换相压降和换相重叠角的计算

	电路形式				
	单相全波	单相全控桥	三相半波	三相全控桥	m 脉波整流电路
ΔU_d	$\dfrac{X_B}{\pi}I_d$	$\dfrac{2X_B}{\pi}I_d$	$\dfrac{3X_B}{2\pi}I_d$	$\dfrac{3X_B}{\pi}I_d$	$\dfrac{mX_B}{2\pi}I_d$
$\cos\alpha - \cos(\alpha+\gamma)$	$\dfrac{I_d X_B}{\sqrt{2}\,U_2}$	$\dfrac{2I_d X_B}{\sqrt{2}\,U_2}$	$\dfrac{2I_d X_B}{\sqrt{6}\,U_2}$	$\dfrac{2I_d X_B}{\sqrt{6}\,U_2}$	$\dfrac{I_d X_B}{\sqrt{2}\,U_2 \sin\frac{\pi}{m}}$

根据以上分析及结果，可得出以下结论：

（1）出现换相重叠角 γ，整流输出电压平均值 U_d 降低；

（2）整流电路的工作状态增多，例如三相桥的工作状态由 6 种增加至 12 种；

（3）晶闸管的 di/dt 减小，有利于晶闸管的安全开通；

（4）换相时晶闸管电压出现缺口，产生正的 du/dt，可能使晶闸管误导通，为此必须加吸收电路；

（5）换相使电网电压出现缺口，实际的整流电源装置的输入端有时加滤波器以消除这种畸变波形的影响。

3.4 电容滤波的不可控整流电路

3.1 节和 3.2 节介绍的都是可控整流电路，且负载形式重点介绍的是阻感负载。近年来，在交-直-交变频器、不间断电源、开关电源等应用场合中，大都采用不可控整流电路经电容滤波后提供直流电源，供后级的逆变器、斩波器等使用。前面在 3.1 节和 3.2 节中介绍的各种全控整流电路形式，只要将其中的晶闸管换为整流二极管，就是不可控整流电路。其中，目前最常用的是单相桥式和三相桥式两种接法。由于电路中的电力电子器件采用整

流二极管,故也称这类电路为二极管整流电路。

3.4.1　电容滤波的单相不可控整流电路

本电路常用于小功率单相交流输入的场合。目前大量普及的计算机、电视机等家电产品中所采用的开关电源中,其整流部分就是如图 3 – 32(a)所示的单相桥式不可控整流电路。以下就对该电路的工作原理进行分析,总结其特点。

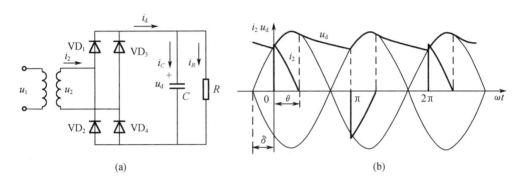

图 3 – 32　电容滤波的单相桥式不可控整流电路及其工作波形图
(a)电路图;(b)波形图

1. 工作原理及波形分析

图 3 – 32(b)所示为电路工作波形。假设该电路已工作于稳态,同时由于实际中作为负载的后级电路稳态时消耗的直流平均电流是一定的,所以分析中以电阻 R 作为负载。

该电路的基本工作过程是,在 u_2 正半周过零点至 $\omega t = 0$ 期间,因 $u_2 < u_d$,故二极管均不导通,此阶段电容 C 向 R 放电,提供负载所需电流,同时 u_d 下降。至 $\omega t = 0$ 之后,u_2 将要超过 u_d,使得 VD₁ 和 VD₄ 开通,$u_d = u_2$,交流电源向电容充电,同时向负载 R 供电。

设 VD₁ 和 VD₄ 导通的时刻与 u_2 过零点相距 δ 角,则 u_2 如下式所示

$$u_2 = \sqrt{2} U_2 \sin(\omega t + \delta) \tag{3 – 42}$$

在 VD₁ 和 VD₄ 导通期间,以下方程式成立

$$\begin{cases} u_d(0) = \sqrt{2} U_2 \sin\delta \\ u_d(0) + \dfrac{1}{C} \displaystyle\int_0^t i_C \mathrm{d}t = u_2 \end{cases} \tag{3 – 43}$$

式中,$u_d(0)$ 为 VD₁,VD₄ 开始导通时刻直流侧电压值。

将 u_2 代入并求解得

$$i_C = \sqrt{2} \omega C U_2 \cos(\omega t + \delta) \tag{3 – 44}$$

而负载电流为

$$i_R = \frac{u_2}{R} = \frac{\sqrt{2} U_2}{R} \sin(\omega t + \delta) \tag{3 – 45}$$

于是

$$i_d = i_C + i_R = \sqrt{2} \omega C U_2 \cos(\omega t + \delta) + \frac{\sqrt{2} U_2}{R} \sin(\omega t + \delta) \tag{3 – 46}$$

设 VD₁ 和 VD₄ 的导通角为 θ,则当 $\omega t = \theta$ 时,VD₁ 和 VD₄ 关断。将 $i_d(\theta) = 0$ 代入式

(3 -46),得

$$\tan(\theta + \delta) = - \omega RC \tag{3 -47}$$

电容被充电到 $\omega t = \theta$ 时,$u_d = u_2 = \sqrt{2}\,U_2\sin(\theta + \delta)$,$VD_1$ 和 VD_4 关断。电容开始以时间常数 RC 按指数函数放电,当 $\omega t = \pi$,即放电经过 $\pi - \theta$ 角时,u_d 降至开始充电时间的初值 $\sqrt{2}\,U_2\sin\delta$,另一对二极管 VD_2 和 VD_3 导通,以后 u_2 又向 C 充电,u_d 与 u_2 正半周的情况一样。由于二极管导通后 u_2 开始向 C 充电时的 u_d 与二极管关断后 C 放电结束时的 u_d 相等,故有下式成立

$$\sqrt{2}\,U_2\sin(\theta + \delta) \cdot e^{-\frac{\pi-\theta}{\omega RC}} = \sqrt{2}\,U_2\sin\delta \tag{3 -48}$$

注意到 $\delta + \theta$ 为第 Ⅱ 象限的角,由式(3 -47)和式(3 -48)得

$$\pi - \theta = \delta + \arctan(\omega RC) \tag{3 -49}$$

$$\frac{\omega RC}{\sqrt{(\omega RC)^2 + 1}} e^{-\frac{\arctan(\omega RC)}{\omega RC}} \cdot e^{-\frac{\delta}{\omega RC}} = \sin\delta \tag{3 -50}$$

在 ωRC 已知时,即可由式(3 -50)求出 δ,进而由式(3 -49)求出 θ。显然 δ 和 θ 仅由乘积 ωRC 决定。图 3 -33 给出了根据以上两式求得的 δ 和 θ 角随 ωRC 变化的曲线。

二极管 VD_1 和 VD_4 关断的时刻,即 ωt 达到 θ 的时刻,还可用另一种方法确定。显然,在 u_2 达到峰值之前,VD_1 和 VD_4 是不会关断的。u_2 过了峰值之后,u_2 和电容电压 u_d 都开始下降。VD_1 和 VD_4 的关断时刻,从物理意义上讲,就是两个电压下降速度相等的时刻,一个是电源电压的下降速度 $|du_2/d(\omega t)|$,另一个是假设二极管 VD_1 和 VD_4 关断而电容开始单独向电阻放电时电压的下降速度

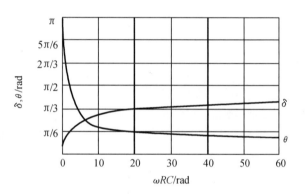

图 3 -33 δ,θ 随 ωRC 变化的曲线

$|du_d/d(\omega t)|_p$(下标表示假设)。前者等于该时刻 u_2 导数的绝对值,而后者等于该时刻 u_d 与 ωRC 的比值,据此即可确定 θ。

2. 主要的数量关系

(1)输出电压平均值

空载时,$R = \infty$,放电时间常数为无穷大,输出电压最大,$U_d = \sqrt{2}\,U_2$。

整流电压平均值 U_d 可根据前述波形及有关计算公式推导得出,但推导烦琐,故此处直接给出 U_d 与输出到负载的电流平均值 I_R 之间的关系,如图 3 -34 所示。空载时,$U_d = \sqrt{2}\,U_2$。重载时,R 很小,电容放电很快,几乎失去储能作用,随负载加重,U_d 逐渐趋近于 $0.9U_2$,即趋近于接近电阻负载时的特性。

通常在设计时根据负载的情况选择电容 C 值,

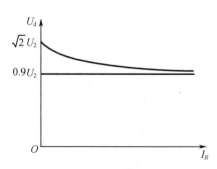

图 3 -34 电容滤波的单相桥式不可控整流电路输出电压与输出电流的关系

$RC \gg \dfrac{3 \sim 5}{2} T, T$ 为交流电源的周期。此时输出电压为

$$U_{\mathrm d} \approx 1.2 U_2 \qquad (3-51)$$

（2）电流平均值

输出电流平均值 I_R 为

$$I_R = U_{\mathrm d}/R \qquad (3-52)$$

在稳态时，电容 C 在一个电源周期内吸收的能量和释放的能量相等，其电压平均值保持不变，相应地，流经电容的电流在一个周期内的平均值为零，又由 $i_{\mathrm d} = i_C + i_R$ 得出

$$I_{\mathrm d} = I_R \qquad (3-53)$$

在一个电源周期中，$i_{\mathrm d}$ 有两个波头，分别轮流流过 VD_1，VD_4 和 VD_2，VD_3。反过来说，流过某个二极管的电流 i_{VD} 只是两个波头中的一个，故其平均值为

$$I_{\mathrm{dVD}} = I_{\mathrm d}/2 = I_R/2 \qquad (3-54)$$

（3）二极管承受的电压

二极管承受反向电压最大值为变压器二次电压最大值，即 $\sqrt{2} U_2$。

以上讨论过程中，忽略了电路中诸如变压器漏抗、线路电感等的作用。另外，实际应用中为了抑制电流冲击，常在直流侧串入较小的电感，成为感容滤波的电路，如图 3-35（a）所示。此时输出电压和输入电流的波形如图 3-35（b）所示。由波形可见，$U_{\mathrm d}$ 波形更平直，而电流 i_2 的上升段平缓了许多，这对于电路的工作是有利的。当 L 与 C 的取值变化时，电路的工作情况会有很大的不同，这里不再详细介绍。

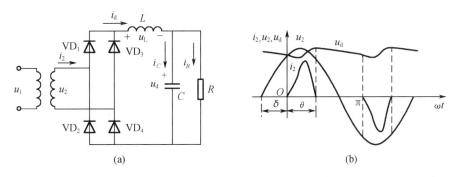

图 3-35　感容滤波的单相桥式不可控整流电路及其工作波形图

（a）电路图；（b）波形图

3.4.2　电容滤波的三相不可控整流电路

在电容滤波的三相不可控整流电路中，最常用的是三相桥式结构，图 3-36 给出了其电路及理想的工作波形。

1. 基本原理

该电路中，当某一对二极管导通时，输出直流电压等于交流侧线电压中最大的一个，该线电压既向电容供电，也向负载供电。当没有二极管导通时，由电容向负载放电，$u_{\mathrm d}$ 按指数规律下降。

设二极管在距线电压过零点 δ 角处开始导通，并以二极管 VD_6 和 VD_1 开始同时导通的

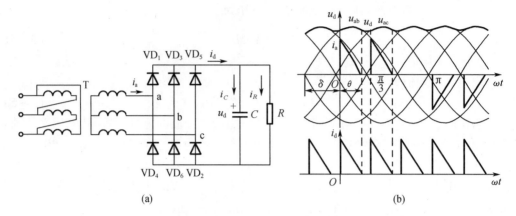

图 3 - 36 电容滤波的三相桥式不可控整流电路及其波形图

时刻为时间零点,则线电压为

$$u_{ab} = \sqrt{6}\,U_2 \sin(\omega t + \delta) \tag{3-55}$$

相电压为

$$u_a = \sqrt{2}\,U_2 \sin\left(\omega t + \delta - \frac{\pi}{6}\right) \tag{3-56}$$

在 $\omega t = 0$ 时,二极管 VD_6 和 VD_1 开始同时导通,直流侧电压等于 u_{ab};下一次同时导通的一对管子是 VD_1 和 VD_2,直流侧电压等于 u_{ac}。这两段导通过程之间的交替有两种情况:一种是在 VD_1 和 VD_2 同时导通之前 VD_6 和 VD_1 是关断的,交流侧向直流侧的充电电流 i_d 是断续的,如图 3 - 36 所示;另一种是 VD_1 一直导通,交替时由 VD_6 导通换相至 VD_2 导通,i_d 是连续的。介于二者之间的临界情况是,VD_6 和 VD_1 同时导通的阶段与 VD_1 和 VD_2 同时导通的阶段在 $\omega t + \delta = 2\pi/3$ 处恰好衔接了起来,i_d 恰好连续。由前面所述"电压下降速度相等"的原则,可以确定临界条件。假设在 $\omega t + \delta = 2\pi/3$ 的时刻"速度相等"恰好发生,则有

$$\left| \frac{\mathrm{d}\left[\sqrt{6}\,U_2 \sin(\omega t + \delta)\right]}{\mathrm{d}(\omega t)} \right|_{\omega t + \delta = \frac{2\pi}{3}} = \left| \frac{\mathrm{d}\left[\sqrt{6}\,U_2 \sin\frac{2\pi}{3} \mathrm{e}^{-\frac{1}{\omega RC}\left[\omega t - \left(\frac{2\pi}{3} - \delta\right)\right]}\right]}{\mathrm{d}(\omega t)} \right|_{\omega t + \delta = \frac{2\pi}{3}} \tag{3-57}$$

可得

$$\omega RC = \sqrt{3}$$

这就是临界条件。$\omega RC > \sqrt{3}$ 和 $\omega RC \leqslant \sqrt{3}$ 分别是电流 i_d 断续和连续的条件。图 3 - 37 给出了 ωRC 小于 $\sqrt{3}$ 时的电流波形。对一个确定的装置来讲,通常只有 R 是可变的,它的大小反映了负载的轻重。因此可以说,在轻载时直流侧获得的充电电流是断续的,重载时是连续的,分界点就是 $R = \sqrt{3}/(\omega C)$。$\omega RC > \sqrt{3}$ 时,交流侧电流和电压波形如图 3 - 36 所示,其中 δ 和 θ 的求取可仿照单相电路的方法。δ 和 θ 确定之后,即可推导出交流侧线电流 i_a 的表达式,在此基础上可对交流侧电流进行谐波分析。由于推导过程十分烦琐,这里不再详述。

以上分析的是理想的情况,未考虑实际电路中存在的交流侧电感以及为抑制冲击电流而串联的电感。当考虑上述电感时,电路的工作情况发生变化,其电路图和交流侧电流波形如图 3 - 38 所示,其中图(a)为电路原理图,图(b)(c)分别为轻载和重载时的交流侧电流波形图。将电流波形与不考虑电感时的波形比较可知,有电感时,电流波形的前沿平缓了

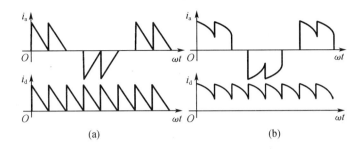

图 3－37 电容滤波的三相桥式整流电路当 ωRC 等于和小于 $\sqrt{3}$ 时的电流波形图

(a) $\omega RC = \sqrt{3}$；(b) $\omega RC < \sqrt{3}$

许多,有利于电路的正常工作;随着负载的加重,电流波形与电阻负载时的交流侧电流波形逐渐接近。

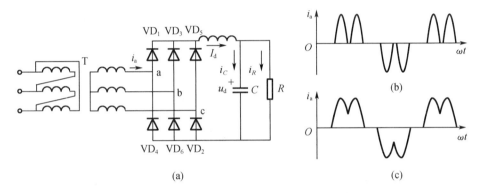

图 3－38 考虑电感时电容滤波的三相桥式整流电路及其波形图

(a)电路原理图;(b)轻载时的交流侧电流波形图;(c)重载时的交流侧电流波形图

2. 主要数量关系

(1)输出电压平均值

空载时,输出电压平均值最大, $U_d = \sqrt{6}\,U_2 = 2.45U_2$。随着负载加重,输出电压平均值最小,至 $\omega RC = \sqrt{3}$ 进入 i_d 连续情况后,输出电压波形为线电压的包络线,其平均值为 $U_d = 2.34U_2$。可见, U_d 在 $2.34U_2 \sim 2.45U_2$ 之间变化。与电容滤波的单相桥式不可控整流电路相比, U_d 的变化范围小得多,当负载加重到一定程度后, U_d 就稳定在 $2.34U_2$ 不变了。

(2)电流平均值

输出电流平均值 I_R 为

$$I_R = U_d/R \tag{3-58}$$

与单相电路情况一样,电容电流 i_C 平均值为零,因此

$$I_d = I_R \tag{3-59}$$

在一个电源周期中, i_d 有 6 个波头,流过每一个二极管的是其中两个波头,因此二极管电流平均值为 I_d 的 $1/3$,即

$$I_{dVD} = I_d/3 = I_R/3 \tag{3-60}$$

（3）二极管承受的电压

二极管承受的最大反向电压为线电压的峰值，为 $\sqrt{6}\,U_2$。

3.5　整流电路反电动势负载

3.5.1　R – E 负载

当负载为蓄电池、直流电动机的电枢（忽略其中的电感）等时，负载可看成一个直流电压源，对于整流电路，它们就是反电动势负载。如图 3 – 39（a）所示，当忽略主电路各部分的电感时，只有在 u_2 瞬时值的绝对值大于反电动势即 $|u_2| > E$ 时，才有晶闸管承受正电压，才能触发导通。$|u_2| < E$ 时，晶闸管承受反压阻断，因此反电动势负载时晶闸管导电角 θ 较小。在晶闸管导通期间，输出整流电压 $u_{\mathrm{d}} = E + i_{\mathrm{d}}R$。在晶闸管阻断期间，负载端电压保持为原有电动势 E，故整流输出电压即负载端直流平均电压比电阻、电感性负载时要高一些。输出电流波形出现断续，其波形如图 3 – 39（b）所示，图中 δ 称为停止导电角，$\delta = \arcsin\left(\dfrac{E}{\sqrt{2}\,U_2}\right)$。

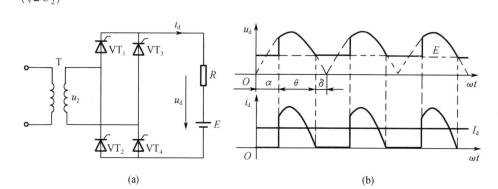

（a）　　　　　　　　　　　　　　（b）

图 3 – 39　单相桥式全控整流电路接反电动势带电阻负载时的电路及波形图

数量关系如下：

（1）整流电路输出直流电压平均值

$$U_{\mathrm{d}} = E + \frac{1}{\pi}\int_{\alpha}^{\pi - \delta}(\sqrt{2}\,U_2\sin\omega t - E)\mathrm{d}(\omega t) = \frac{\sqrt{2}\,U_2}{\pi}(\cos\delta + \cos\alpha) + \frac{\delta + \alpha}{\pi}E \quad (3-61)$$

（2）整流电路输出直流电流平均值

$$I_{\mathrm{d}} = \frac{1}{\pi}\int_{\alpha}^{\pi - \delta}\frac{u_2 - E}{R}\mathrm{d}(\omega t) = \frac{1}{\pi R}\big[\sqrt{2}\,U_2(\cos\delta + \cos\alpha) - E\theta\big] \quad (3-62)$$

如图 3 – 39（b）所示 i_{d} 波形在一周期内有部分时间为 0 的情况，称为电流断续。与此对应，若 i_{d} 波形不出现为 0 的情况，称为电流连续。当 $\alpha < \delta$ 时，触发脉冲到来时，晶闸管承受负电压，不可能导通。为了使晶闸管可靠导通，要求触发脉冲有足够的宽度，保证当 $\omega t = \delta$ 时刻晶闸管开始承受正电压时，触发脉冲仍然存在。这样，相当于触发角被推迟 δ 即 $\alpha = \delta$。

3.5.2　R – L – E 负载

负载为直流电动机时，如果出现电流断续则电动机的机械特性将很软。从图 3 – 39（b）

可看出,导通角 θ 越小,则电流波形的底部就越窄。电流平均值是与电流波形的面积成比例的,因而为了增大电流平均值,必须增大电流峰值,这要求较多地降低反电动势。因此,当电流断续时,随着 I_d 的增大,转速 n(与反电动势成比例)降落较大,机械特性较软,相当于整流电源的内阻增大。较大的电流峰值在电动机换向时容易产生火花。同时,对于相等的电流平均值,若电流波形底部越窄,则其有效值越大,要求电源的容量也大。

为了克服以上缺点,一般在主电路中直流输出侧串联一个平波电抗器,用来减少电流的脉动和延长晶闸管导通的时间。若负载反电动势为 E,等效电感为 L,电阻为 R,电枢电流连续(导电角 $\theta = \pi$),如果取晶闸管导电起始点(α 处)为时间坐标的零点,那时 u_2 可表达为 $u_2 = \sqrt{2}\,U_2\sin(\omega t + \alpha)$,则图 3 - 40 的电路电压平衡方程为

$$L\frac{di_d}{dt} + Ri_d = \sqrt{2}\,U_2\sin(\omega t + \alpha) - E \tag{3-63}$$

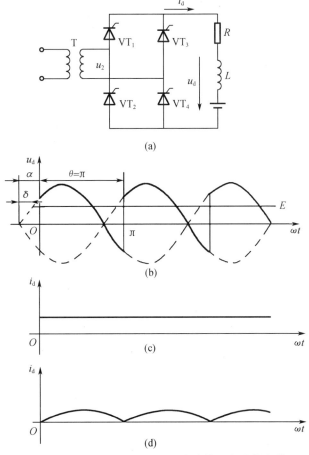

图 3 - 40 单相桥式全控整流电路带反电动势负载
串平波电抗器电流连续情况

设 I_d 为 i_d 的直流平均值,由于电阻压降通常远小于 $E + L\dfrac{di_d}{dt}$,故式(3 - 63)中可近似取 $Ri_d = RI_d$,得到

$$L\frac{di_d}{dt} = \sqrt{2}\,U_2\sin(\omega t + \alpha) - (E + RI_d) \tag{3-64}$$

在电流连续、导电角 $\theta = \pi$ 时，整流电压 u_d 的波形和负载电流 i_d 的波形如图 3 – 40(b)(c)所示，与电感负载电流连续时的波形相同。

整流电路输出的直流电压平均值 U_d 应等于一个周期中 L,R 压降平均值与 E 之和。在一个周期中电感 L 压降平均值为零，故有

$$U_d = RI_d + E = \frac{2\sqrt{2}}{\pi}U_2\cos\alpha \qquad (3-65)$$

由式(3 – 64)得到

$$L\frac{di_d}{dt} = \sqrt{2}U_2\sin(\omega t + \alpha) - \frac{2\sqrt{2}}{\pi}U_2\cos\alpha \qquad (3-66)$$

如果串接电感后，使电流 i_d 处于临界连续工作情况，如图 3 – 40(d)所示，取晶闸管导电起始点(α 处)为时间坐标的零点，即图 3 – 33(a)中的 VT_1,VT_4 在 $\omega t = 0$ 被触发导通时，i_d 从零上升至 I_{dm}(当瞬时值 $u_d = u_2 = Ri_d + E$ 时，$L\frac{di_d}{dt} = 0, i_d = I_{dm}$)，然后 i_d 开始下降，到 VT_2,VT_3 被触发导通的 $\omega t = \pi$ 时，i_d 正好降为零。这时由式(3 – 66)可得到临界电流连续时的电流 $i_d(t)$ 为

$$i_d(t) = \int_0^{i_d}di_d = \frac{\sqrt{2}U_2}{\omega L}\left[\int_0^{\omega t}\sin(\omega t + \alpha)d(\omega t) - \int_0^{\omega t}\frac{2}{\pi}\cos\alpha d(\omega t)\right]$$

$$= \frac{\sqrt{2}U_2}{\omega L}\left[\cos\alpha - \cos(\omega t + \alpha) - \frac{2}{\pi}\cos\alpha \cdot \omega t\right] \qquad (3-67)$$

电流临界连续时，直流电流平均值 $I_{d\,min} = \frac{1}{\pi}\int_0^{\pi}i_d(\omega t)d(\omega t)$，由式(3 – 67)的 i_d 可求得

$$I_{d\,min} = \frac{2\sqrt{2}U_2}{\pi\omega L}\sin\alpha \qquad (3-68)$$

式(3 – 68)表明，处于临界电流连续时的负载电流平均值 $I_{d\,min}$ 与触发角 α 及电感 L 有关，当实际负载电流 $I_d > I_{d\,min}$ 时电流连续，$\theta = \pi$。当实际负载电流 $I_d < I_{d\,min}$ 时，负载电流 $i_d(t)$ 断流，导电角 $\theta < \pi$。为了使电流在任何 α 值时都连续，则负载电流的平均值 I_d 应大于式(3 – 68)，式中令 $\alpha = 90°$ 的 $I_{d\,min}$ 即

$$I_d \geqslant \frac{2\sqrt{2}U_2}{\pi\omega L} \qquad (3-69)$$

由此得到单相桥式相控整流电流连续条件是

$$L \geqslant \frac{2\sqrt{2}U_2}{\pi\omega I_d} = 2.87 \times 10^{-3}\frac{U_2}{I_d}\ (H) \qquad (3-70)$$

式中 $\omega = 2\pi f = 2\pi \times 50 \approx 314$；$U_2$ 为相电压有效值；电感 L 应是电动机电枢自身电感 L_a 与外加串接电感 L_e 之和。

式(3 – 70)说明若负载电流较小，必须有较大的电感才能使电流连续($\theta = \pi$)。通常取电动机额定电流的 5% ~10% 为最小负载电流 I_d 来计算电感 L，外串电感 $L_e = L - L_a$。

单相桥式整流电压 u_d 在一个电源周期中有两个电压脉波(脉波数 $m = 2$)称为两脉波整流；单相半波整流电压 u_d 在一个周期中仅有一个电压脉波($m = 1$)；三相半波整流电路输出电压 u_d 在每周期中有 3 个电压脉波 $m = 3$；三相全桥整流电路 $m = 6$，每周期有 6 个脉波。类似以上的数学分析可以求得 3 脉波、6 脉波整流电路带反电动势负载时电流临界连续的

电感量 L。

图 3 - 14 所示三相半波整流时

$$L = 1.46 \times 10^{-3} \frac{U_2}{I_d} \text{ (H)} \qquad (3-71)$$

图 3 - 15 所示三相全桥整流时

$$L = 1.2 \times 10^{-3} \frac{U_2}{I_d} \text{ (H)} \qquad (3-72)$$

例 3 - 7　单相桥式全控整流电路,$U_2 = 100$ V,负载中 $R = 2$ Ω,L 值极大,电流可近似成一条直线,反电动势 $E = 60$ V,当 $\alpha = 30°$ 时,要求:

(1)作出 u_d,i_d 和 i_2 的波形;

(2)求整流输出平均电压 U_d、电流 I_d 及变压器二次电流有效值 I_2。

解　(1)u_d,i_d 和 i_2 的波形如图 3 - 41 所示。

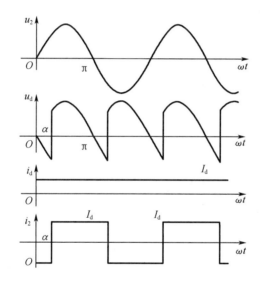

图 3 - 41　例 3 - 7 图

(2)整流输出平均电压 U_d、电流 I_d、变压器二次电流有效值 I_2 分别为

$$U_d = 0.9 U_2 \cos\alpha = 0.9 \times 100 \times \cos 30° = 77.97 \text{ (V)}$$

$$I_d = (U_d - E)/R = (77.97 - 60)/2 = 9 \text{ (A)}$$

$$I_2 = I_d = 9 \text{ (A)}$$

3.6　全控整流电路的有源逆变工作状态

3.6.1　逆变的概念

与整流过程相反,将直流电转变成交流电的过程叫作逆变(Invertion)。例如,电力机车工作时,电网的交流电经可控整流后供给直流电动机拖动机车,当机车下坡时,直流电动机作为发电机制动运行,机车的势能转变为电能,反送到交流电网中去。把直流电逆变成交

流电的电路称为逆变电路。当交流侧和电网连接时,这种逆变电路称为有源逆变电路;当交流侧不与电网连接,而直接接到负载,即把直流电逆变为某一频率或可调频率的交流电供给负载,称为无源逆变,对应的电路称为无源逆变电路。

从上述例子可以看出,同一套可控电路,既可以用作整流电路,也可以用作逆变电路,关键在于电路的工作条件。因此在学习本节时必须注意,在什么条件下是整流,在什么条件下是逆变。为了叙述方便,下面将这种既工作在整流状态又工作在逆变状态的整流电路称为变流电路(Convertor)。

本节以全控整流电路为例,介绍有源逆变电路的工作条件、最小逆变角的限制等内容。下面先从直流发电机 – 电动机系统入手,研究其间电能流转的关系,再转入变流器中分析交流电和直流电之间电能的流转,以掌握实现有源逆变的条件。

1. 直流发电机 – 电动机系统电能的流转

图 3 – 42 所示直流发电机 – 电动机系统中,M 为他励电动机,G 为他励发电机,励磁回路未画出。控制发电机电动势的大小和极性,可实现电动机四象限的运转状态。下面分别讨论几种不同情况。

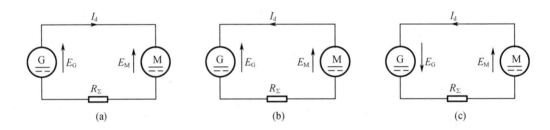

图 3 – 42　直流发电机 – 电动机之间电能的流转

(1)两电动势同极性,且 $E_G > E_M$

在图 3 – 42(a)中,发电机电动势大于电动机反电动势,即 $E_G > E_M$,电流 I_d 从 G 流向 M,I_d 的值为

$$I_d = \frac{E_G - E_M}{R_\Sigma}$$

式中,R_Σ 为主回路的电阻。此时发电机 G 输出电功率 $E_G I_d$,电动机 M 吸收电功率 $E_M I_d$,即发电机的电能转变为电动机轴上输出的机械能,还有少量 $I_d^2 R_\Sigma$ 是热耗,消耗在回路的电阻上。

(2)两电动势同极性,且 $E_M > E_G$

如图 3 – 42(b)所示,$E_M > E_G$,电流反向,从 M 流向 G,其值为

$$I_d = \frac{E_M - E_G}{R_\Sigma}$$

此时 I_d 和 E_M 同方向,与 E_G 反向,M 输出电功率 $E_M I_d$,G 则吸收电功率 $E_G I_d$,R_Σ 上是热耗,电动机 M 处于发电回馈制动运行,将轴上的机械能转变为电能反送给 G,另有少量变为 R_Σ 上的热耗。

(3)两电动势反极性,形成短路

如图 3 – 42(c)所示,此时两电动势顺向串联,向电阻 R_Σ 供电,G 和 M 均输出功率,消

耗在 R_Σ 上。由于 R_Σ 一般都很小,所以电流相当大,实际上形成短路,在工作中必须严防这类事故发生。

可见两个电动势同极性相接时,电流总是从电动势高的流向电动势低的,由于回路电阻很小,即使很小的电动势差值也能产生大的电流,使两个电动势之间交换很大的功率,这对分析有源逆变电路是十分有用的。

这里需要指出,对于变流电路而言,我们把它看成一个电源,说它吸收或者输出能量是指一个电源周期讲的,而不能只看某一瞬时。因此,在分析有源逆变电路的能量转换关系时,一律使用平均值。

2. 逆变产生的条件

下面以单相桥式全控电路代替上述发电机,举例说明整流状态到逆变状态的转换。如图 3 - 43 所示为装置在不同状态下的能量图和波形图,分析中假设回路电感 L 足够大,可以使电枢电流连续平直。图 3 - 43(a) 中,M 工作在电动机状态,反电动势 E_M 上正下负,全控电路工作在整流状态,α 处在 $0 \sim \pi/2$ 区域内,直流侧输出电压 U_d 为正值,即上正下负,并且 $U_d > E_M$,整流电流 $I_d = (U_d - E_M)/R_\Sigma$。因 R_Σ 通常很小,为防止电流 I_d 过大,故必须控制 $U_d \approx E_M$。此时,电能由交流电网通过变流电路流向直流电动机。

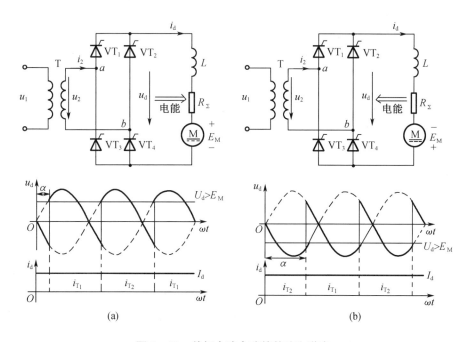

图 3 - 43　单相全波电路的整流和逆变

在图 3 - 43(b) 中,电动机 M 做发电回馈制动运行,由于晶闸管器件的单向导电性,电路内 I_d 的方向依然不变,欲改变电能的输送方向,只能改变 E_M 的极性。为了防止 E_M 和 U_d 顺向串联,U_d 的极性也必须反过来,即 U_d 应为负值,且 $|E_M| > |U_d|$,电枢电流 $I_d = (|E_M| - |U_d|)/R_\Sigma$。为防止过电流,同样应满足 $E_M \approx U_d$ 条件。这时,直流电动机轴上输入的机械能转换成电能,通过变流电路输送给交流电网,实现了逆变。

要使直流平均电压 U_d 极性反向,可以调节触发角 α。当 α 在 $\pi/2 \sim \pi$ 范围内时,变流电路工作在逆变状态。在逆变工作状态下,虽然晶闸管的阳极电位大部分处于交流电压为负的半周期,但由于有外接直流电动势 E_M 的存在,使晶闸管仍能承受正向电压而导通。

从上述分析中,可归纳出以下两个条件,它们同时具备才能实现有源逆变:

(1)要有直流电动势,其极性需和晶闸管的导通方向一致,其值应大于变流器直流侧的平均电压;

(2)变流电路的直流平均电压 U_d 必须为负值,即必须使触发角 $\alpha > \pi/2$。

必须指出,半控桥或有续流二极管的电路,因其整流电压 u_d 不能出现负值,也不允许直流侧出现负极性的电动势,故不能实现有源逆变。欲实现有源逆变,只能采用全控电路。

3.6.2 三相桥式整流电路的有源逆变工作状态

三相有源逆变要比单相有源逆变复杂些,但我们知道整流电路带反电动势、阻感负载时,整流输出电压与触发角之间存在余弦函数关系,即

$$U_d = U_{d0}\cos\alpha$$

逆变和整流的区别仅仅是触发角 α 的不同。当 $0 < \alpha < \pi/2$ 时,电路工作在整流状态;当 $\pi/2 < \alpha < \pi$ 时,电路工作在逆变状态。

为实现逆变,需一反向的 E_M,而 U_d 在上式中因 α 大于 $\pi/2$ 已自动变为负值,完全满足逆变的条件,因而可沿用整流的办法来处理逆变时有关波形与参数计算等各项问题。

为分析和计算方便起见,通常把 $\alpha > \pi/2$ 时的触发角用 $\beta = \pi - \alpha$ 表示,β 称为逆变角。触发角 α 是以自然换相点作为计量起始点的,由此向右方计量,而逆变角 β 和触发角 α 的计量方向相反,其大小自 $\beta = 0$ 的起始点向左方计量,两者的关系是 $\alpha + \beta = \pi$,或 $\beta = \pi - \alpha$。

三相桥式电路工作于有源逆变状态,不同逆变角时的输出电压波形及晶闸管两端电压波形如图 3 - 44 所示。

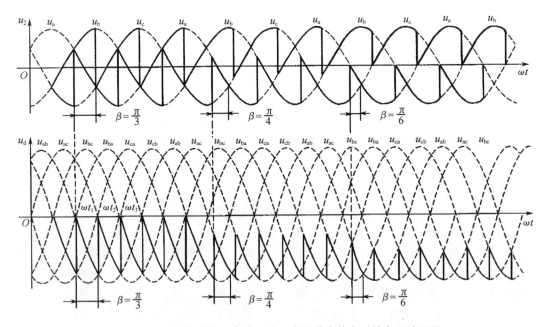

图 3 - 44　三相桥式整流电路工作于有源逆变状态时的电压波形图

关于有源逆变状态时各电量的计算,归纳为

$$U_d = -2.34U_2\cos\beta = -1.35U_{2l}\cos\beta \tag{3-73}$$

输出直流电流的平均值亦可用整流的公式,即

$$I_d = \frac{U_d - E_M}{R_\Sigma}$$

在逆变状态时,U_d 和 E_M 的极性都与整流状态时相反,均为负值。

每个晶闸管导通 $2\pi/3$,故流过晶闸管的电流有效值为(忽略直流电流 i_d 的脉动)

$$I_{VT} = \frac{I_d}{\sqrt{3}} = 0.577I_d \tag{3-74}$$

从交流电源送到直流侧负载的有功功率为

$$P_d = R_\Sigma I_d^2 + E_M I_d \tag{3-75}$$

当逆变工作时,由于 E_M 为负值,故 P_d 一般为负值,表示功率由直流电源输送到交流电源。

在三相桥式电路中,每个周期内流经电源的线电流的导通角为 $4\pi/3$,是每个晶闸管导通角 $2\pi/3$ 的两倍,因此变压器二次线电流的有效值为

$$I_2 = \sqrt{2}I_{VT} = \sqrt{\frac{2}{3}}I_d = 0.816I_d \tag{3-76}$$

3.6.3 逆变失败与最小逆变角的限制

逆变运行时,一旦发生换相失败,外接的直流电源就会通过晶闸管电路形成短路,或者使变流器的输出平均电压和直流电动势变成顺向串联。由于逆变电路的内阻很小,就会形成很大的短路电流,这种情况称为逆变失败,或称为逆变颠覆。

1. 逆变失败的原因

造成逆变失败的原因很多,主要有下列几种情况:

(1)触发电路工作不可靠,不能适时、准确地给各晶闸管分配脉冲,如脉冲丢失、脉冲延时等,致使晶闸管不能正常换相,使交流电源电压和直流电动势顺向串联,形成短路;

(2)晶闸管发生故障,在应该阻断期间,器件失去阻断能力,或在应该导通时,器件不能导通,造成逆变失败;

(3)在逆变工作时,交流电源发生缺相或突然消失,由于直流电动势 E_M 的存在,晶闸管仍可导通,此时变流器的交流侧由于失去了同直流电动势极性相反的交流电压,因此直流电动势将通过晶闸管使电路短路;

(4)换相的裕量角不足,引起换相失败,应考虑变压器漏抗引起重叠角对逆变电路换相的影响,如图 3-45 所示。

由于换相有一过程,且换相期

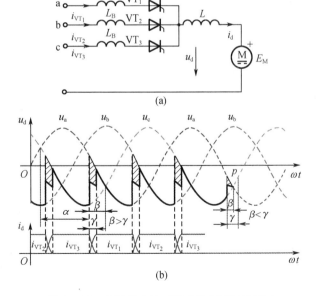

图 3-45　交流侧电抗对逆变换相过程的影响

间的输出电压是相邻两电压的平均值，故逆变电压 U_d 要比不考虑漏抗时的更低(负的幅值更大)。存在重叠角会给逆变工作带来不利的后果，如以 VT₃ 和 VT₁ 的换相过程来分析，如图 3-45(b)所示，当逆变电路工作在 $\beta > \gamma$ 时，经过换相过程后，a 相电压 u_a 仍高于 c 相电压 u_c，所以换相结束时，能使 VT₃ 承受反压而关断。如果换相的裕量角不足，即当 $\beta < \gamma$ 时，从图 3-45(b)的波形中可清楚地看到，换相尚未结束，电路的工作状态到达自然换相点 p 之后，u_c 将高于 u_a，晶闸管 VT₁ 承受反压而重新关断，使得应该关断的 VT₃ 不能关断却继续导通，且 c 相电压随着时间的推移愈来愈高，电动势顺向串联导致逆变失败。

综上所述，为了防止逆变失败，不仅逆变角 β 不能等于零，而且不能太小，必须限制在某一允许的最小角度内。

2. 确定最小逆变角 β_{min} 的依据

逆变时允许采用的最小逆变角 β 应为

$$\beta_{min} = \delta + \gamma + \theta' \tag{3-77}$$

式中 δ——晶闸管的关断时间 t_q 折合的电角度；

γ——换相重叠角；

θ'——安全裕量角。

晶闸管的关断时间 t_q，大的可达 $200 \sim 300\ \mu s$，折算到电角度为 $4° \sim 5°$。至于重叠角 γ，它随直流平均电流和换相电抗的增加而增大。为对重叠角的范围有所了解，举例如下。

某装置整流电压为 220 V，整流电流为 800 A，整流变压器容量为 240 kV·A，短路电压比 $U_k\%$ 为 5% 的三相线路，其 γ 的值为 $15° \sim 20°$。设计变流器时，重叠角可查阅有关手册，也可根据表 3-4 计算，即

$$\cos\alpha - \cos(\alpha + \gamma) = \frac{I_d X_B}{\sqrt{2}\,U_2 \sin\dfrac{\pi}{m}} \tag{3-78}$$

根据逆变工作时 $\alpha = \pi - \beta$，并设 $\beta = \gamma$，上式可改写成

$$\cos\gamma = 1 - \frac{I_d X_B}{\sqrt{2}\,U_2 \sin\dfrac{\pi}{m}} \tag{3-79}$$

重叠角 γ 与 I_d 和 X_B 有关，当电路参数确定后，重叠角就有定值。

安全裕量角 θ' 是十分必要的。当变流器工作在逆变状态时，由于种种原因，会影响逆变角，如不考虑裕量，有可能破坏 $\beta > \beta_{min}$ 的关系，导致逆变失败。在三相桥式逆变电路中，触发器输出六个脉冲，它们的相位角间隔不可能完全相等，有的比期望值偏前，有的比期望值偏后，这种脉冲的不对称程度一般可达 5°，若不设安全裕量角，偏后的那些脉冲相当于 β 变小，就可能小于 β_{min}，导致逆变失败。根据一般中小型可逆直流拖动的运行经验，θ' 值约取 10°。这样 β_{min} 一般取 $30° \sim 35°$。设计逆变电路时，必须保证 $\beta \geq \beta_{min}$，因此常在触发电路中附加一保护环节，保证触发脉冲不进入小于 β_{min} 的区域内。

3.7　晶闸管整流电路的触发控制

本章讲述的晶闸管可控整流电路是通过控制触发角 α 的大小，即控制触发脉冲起始相位来控制输出电压大小，称为相控电路。

为保证相控电路的正常工作,很重要的一点是应保证按触发角 α 的大小在正确的时刻向电路中的晶闸管施加有效的触发脉冲,这就是本节要讲述的相控电路的驱动控制。对于相控电路这样使用于晶闸管的场合,也习惯称为触发控制,相应的电路习惯称为触发电路。

在第 2 章讲述晶闸管的触发电路时已经简单介绍了触发电路应满足的要求、晶闸管触发脉冲的放大等内容。但所讲述的内容是孤立的,未与晶闸管所处的电路相结合,而将触发脉冲与电路融合正是本节要讲述的主要内容。

大、中功率的变流器,对触发电路的精度要求较高,对输出的触发功率要求较大,故广泛应用的是晶体管触发电路,其中以同步信号为锯齿波的触发电路应用最多。同步信号为正弦波的触发电路也有较多应用,但限于篇幅,不做介绍。

3.7.1　锯齿波移相触发电路原理

图 3 – 46 是同步信号为锯齿波的触发电路。此电路输出可为单窄脉冲,也可为双窄脉冲,以适用于有两个晶闸管同时导通的电路,例如三相全控桥。电路可分为三个基本环节:脉冲的形成与放大、锯齿波的形成和脉冲移相、同步环节。此外,电路中还有强触发和双窄脉冲形成环节。这里重点讲述脉冲形成、脉冲移相、同步等环节。

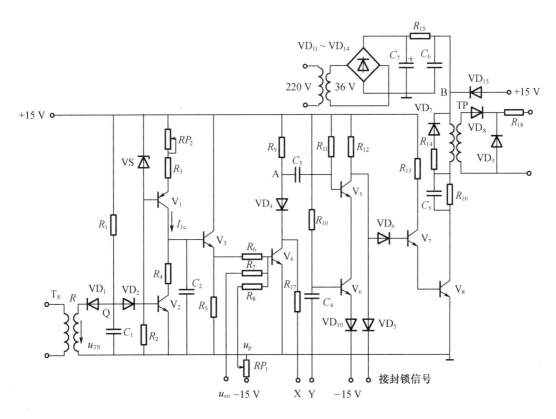

图 3 – 46　同步信号为锯齿波的触发电路

1. 脉冲形成环节

脉冲形成环节由晶体管 V_4,V_5 组成,V_7,V_8 起脉冲放大作用。控制电压 u_{co} 加在 V_4 基极上,电路的触发脉冲由脉冲变压器 TP 二次侧输出,其一次绕组接在 V_8 集电极电路中。

当控制电压 $u_{co} = 0$ 时,V_4 截止。$+E_1$($+15$ V)电源通过 R_{11} 供给 V_5 一个足够大的基极电流,使 V_5 饱和导通,所以 V_5 的集电极电压 U_{c5} 接近于 $-E_1$(-15 V)。V_7,V_8 处于截止状态,无脉冲输出。另外,电源的 $+E_1$($+15$ V)经 R_9,V_5 发射结到 $-E_1$(-15 V),对电容 C_3 充电,充满后电容两端电压接近 $2E_1$(30 V),极性如图 3-46 所示。

当控制电压 $u_{co} \approx 0.7$ V 时,V_4 导通,A 点电位由 $+E_1$($+15$ V)迅速降低至 1.0 V 左右,由于电容 C_3 两端电压不能突变,所以 V_5 基极电位迅速降至约 $-2E_1$(-30 V),由于 V_5 发射结反偏置,V_5 立即截止。它的集电极电压由 $-E_1$(-15 V)迅速上升到钳位电压 $+2.1$ V(VD_6,V_7,V_8 三个 PN 结正向压降之和),于是 V_7,V_8 导通,输出触发脉冲。同时,电容 C_3 经电源 $+E_1$,R_{11},VD_4,V_4 放电和反向充电,使 V_5 基极电位又逐渐上升,直到 $u_{b5} > -E_1$(-15 V),V_5 又重新导通。这时 u_{c5} 又立即降到 $-E_1$,使 V_7,V_8 截止,输出脉冲终止。可见,脉冲前沿由 V_4 导通时刻确定,V_5(或 V_6)截止持续时间即为脉冲宽度。所以脉冲宽度与反向充电回路时间常数 $R_{11}C_3$ 有关。

2. 锯齿波的形成和脉冲移相环节

锯齿波电压形成的方案较多,如采用自举式电路、恒流源电路等。图 3-46 所示为恒流源电路方案,由 V_1,V_2,V_3 和 C_2 等元件组成,其中 V_1,VS,RP_2 和 R_3 为一恒流源电路。

当 V_2 截止时,恒流源电流 I_{1c} 对电容 C_2 充电,所以 C_2 两端电压 u_c 为

$$u_c = \frac{1}{C}\int I_{1c}\mathrm{d}t = \frac{1}{C}I_{1c}t \tag{3-80}$$

u_c 按线性增长,即 V_3 的基极电位 u_{b3} 按线性增长。调节电位器 RP_2 即改变 C_2 恒充电电流 I_{1c},可见 RP_2 是用来调节锯齿波斜率的。

当 V_2 导通时,由于 R_4 阻值很小,所以 C_2 迅速放电,使 u_{b3} 电位迅速降到 0 V 附近。当 V_2 周期性地导通和关断时,u_{b3} 便形成一锯齿波,同样 u_{e3} 也是一个锯齿波电压,如图 3-47 所示。射极跟随器 V_3 的作用是减小控制回路的电流对锯齿波电压 u_{b3} 的影响。

V_4 管的基极电位由锯齿波电压、直流控制电压 u_{co}、直流偏移电压 u_p 三个电压作用的叠加值所确定,它们分别通过电阻 R_6,R_7 和 R_8 与基极相接。

设 u_h 为锯齿波电压 u_{e3} 单独作用在 V_4 基极 b_4 时的电压,其值为

$$u_h = u_{e3}\frac{R_7 /\!/ R_8}{R_6 + (R_7 /\!/ R_8)} \tag{3-81}$$

可见 u_h 仍为一锯齿波,但斜率比 u_{e3} 低。同理偏移电压 u_p 单独作用时 b_4 的电压 u_p' 为

$$u_p' = u_p\frac{R_6 /\!/ R_7}{R_8 + (R_6 /\!/ R_7)} \tag{3-82}$$

可见 u_p' 仍为一条与 u_p 平行的直线,但绝对值比 u_p 小。

直流控制电压 u_{co} 单独作用时 b_4 的电压 u_{co}' 为

$$u_{co}' = u_{co}\frac{R_6 /\!/ R_8}{R_7 + (R_6 /\!/ R_8)} \tag{3-83}$$

可见 u_{co}' 仍为与 u_{co} 平行的一直线,但绝对值比 u_{co} 小。

如果 $u_{co} = 0$,u_p 为负值时,b_4 点的波形由 $u_h + u_p'$ 确定,如图 3-47 所示。当 u_{co} 为正值时,b_4 点的波形由 $u_h + u_p' + u_{co}'$ 确定。由于 V_4 的存在,上述电压波形与实际波形有出入,当 b_4 点电压等于 0.7 V 后,V_4 导通。之后 u_{b4} 一直被钳位在 0.7 V,所以实际波形如图 3-47 所示。图中 M 点是 V_4 由截止到导通的转折点。由前面分析可知 V_4 经过 M 点时使电路输

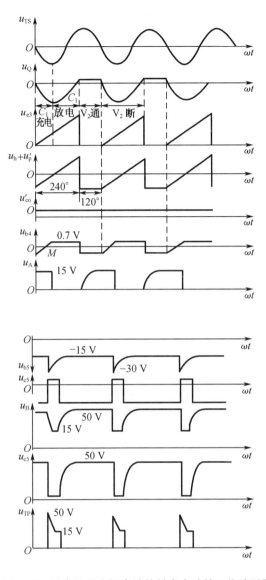

图 3-47 同步信号为锯齿波的触发电路的工作波形图

出脉冲,因此当 u_p 为某固定值时,改变 u_{co} 便可改变 M 点的时间坐标,即改变了脉冲产生的时刻,脉冲被移相。可见,加 u_p 的目的是确定控制电压 $u_{co}=0$ 时脉冲的初始相位。当接阻感负载电流连续时,三相全控桥的脉冲初始相位应定在 $\alpha=90°$;如果是可逆系统,需要在整流和逆变状态下工作,这时要求脉冲的移相范围理论上为 $180°$ (由于考虑 α_{min} 和 β_{min} ,实际一般为 $120°$),由于锯齿波波形两端的非线性,因而要求锯齿波的宽度大于 $180°$,例如 $240°$,此时,令 $u_{co}=0$,调节 u_p 的大小使产生脉冲的 M 点移至锯齿波 $240°$ 的中央($120°$ 处),对应于 $\alpha=90°$ 的位置。这时,如 u_{co} 为正值, M 点就向前移,触发角 $\alpha<90°$,晶闸管电路处于整流工作状态;如 u_{co} 为负值, M 点就向后移,触发角 $\alpha>90°$,晶闸管电路处于逆变状态。

3. 同步环节

在锯齿波同步的触发电路中,触发电路与主电路的同步是指要求锯齿波的频率与主电路电源的频率相同且相位关系确定。从图 3-46 可知,锯齿波是由开关 V_2 管来控制的。

V_2 由导通变截止期间产生锯齿波，V_2 截止状态持续的时间就是锯齿波的宽度，V_2 开关的频率就是锯齿波的频率。要使触发脉冲与主电路电源同步，使 V_2 开关的频率与主电路电源频率同步就可达到。图 3 – 46 中的同步环节，是由同步变压器 TS 和作同步开关用的晶体管 V_2 组成的。同步变压器和整流变压器接在同一电源上，用同步变压器的二次电压来控制 V_2 的通断作用，这就保证了触发脉冲与主电路电源同步。

同步变压器 TS 二次电压 u_{TS} 经二极管 VD_1 间接加在 V_2 的基极上。当二次电压波形在负半周的下降段时，VD_1 导通，电容 C_1 被迅速充电。因 O 点接地为零电位，R 点为负电位，Q 点电位与 R 点电位相近，故在这一阶段 V_2 基极为反向偏置，V_2 截止。在负半周的上升段，$+E_1$ 电源通过 R_1 给电容 C_1 反向充电，u_Q 为电容反向充电波形，其上升速度比 u_{TS} 波形慢，故 VD_1 截止，如图 3 – 47 所示。当 Q 点电位达 1.4 V 时，V_2 导通，Q 点电位被钳位在 1.4 V。直到 TS 二次电压的下一个负半周到来时，VD_1 重新导通，C_1 迅速放电后又被充电，V_2 截止。如此周而复始。在一个正弦波周期内，V_2 包括截止与导通两个状态，对应锯齿波波形恰好是一个周期，与主电路电源频率和相位完全同步，达到同步的目的。可以看出，Q 点电位从同步电压负半周上升段开始时刻到达 1.4 V 的时间越长，V_2 截止时间就越长，锯齿波就越宽。可知锯齿波的宽度是由充电时间常数 R_1C_1 决定的。

4. 双窄脉冲形成环节

本方案是采用性价比优越的、每个触发单元的一个周期内输出两个间隔 60° 的脉冲的电路，称内双脉冲电路。

图 3 – 47 中 V_5，V_6 两个晶体管构成一个"或"门。当 V_5，V_6 都导通时，u_{c5} 约为 – 15 V，使 V_7，V_8 都截止，没有脉冲输出。但只要 V_5，V_6 中有一个截止，都会使 u_{c5} 变为正电压，使 V_7，V_8 导通，就有脉冲输出。所以只要用适当的信号来控制 V_5 或 V_6 的截止（前后间隔 60°），就可以产生符合要求的双脉冲。其中，第一个脉冲由本相触发单元的 u_{co} 对应的触发角 α 所产生，使 V_4 由截止变为导通造成 V_5 瞬时截止，于是 V_8 输出脉冲。相隔 60° 的第二个脉冲是由滞后 60° 相位的后一相触发单元产生，在其生成第一个脉冲时刻将其信号引至本相触发单元的 V_6 基极，使 V_6 瞬时截止，于是本相触发单元的 V_8 管又导通，第二次输出一个脉冲，因而得到间隔 60° 的双脉冲。其中 VD_4 和 R_{17} 的作用，主要是防止双脉冲信号互相干扰。

在三相桥式全控整流电路中，器件的导通次序为 VT_1—VT_2—VT_3—VT_4—VT_5—VT_6，彼此间隔 60°，相邻器件成双接通，因此触发电路中双脉冲环节的接线方式为：对 VT_1 器件的触发单元而言，图 3 – 46 电路中的 Y 端应该接 VT_2 器件触发单元的 X 端，因为 VT_2 器件的第一个脉冲比 VT_1 器件的第一个脉冲滞后 60°，所以当 VT_2 触发单元的 V_4 从由截止变导通时，本身输出一个脉冲，同时使 VT_1 器件触发单元的 V_6 管截止，给 VT_1 器件补送一个脉冲。同理，VT_1 器件触发单元的 X 端应当接 VT_6 器件触发单元的 Y 端。依此类推，可以确定六个器件相应触发单元电路的双脉冲环节间的相互接线。

3.7.2　数字化触发器

前面介绍的几种触发器，包括集成触发器，都是利用控制电压的幅值与交流同步电压综合（又称垂直控制）来获得同步和移相脉冲，即用控制电压的模拟量来直接控制触发相位角的，称为模拟触发电路。由于电路元件参数的分散性，各个触发器的移相控制必然存在某种程度的不一致，这样用同一幅值的电压去控制不同的触发器，将产生各相触发脉冲延迟角(或超前角)误差,导致三相波形的不对称,这在大容量装置的应用中,将造成三相电源的不平衡中线出现电流。一般模拟式触发电路各相脉冲不均衡度为 ±3°,甚至更大。

晶闸管触发信号,本质上是一种离散量,完全可由数字信号实现。随着微电子技术的发展,特别是微型计算机的广泛应用,数字式触发器的控制精度可大大提高,其分辨率可达 $0.7° \sim 0.003°$,甚至更高。由于微电子器件种类繁多,具体电路各异,可由单片机或数字集成电路构成,本节仅对数字触发器的基本原理做一些介绍。

由硬件构成的数字触发器原理如图 3-48 所示。它由时钟脉冲发生器、模拟/数字转换器(A/D 转换器)、过零检测与隔离、计数器、脉冲放大与隔离等几个基本环节组成,其中核心部分是计数器,它可由计数器芯片或计算机来实现,如图 3-48 虚框所示。

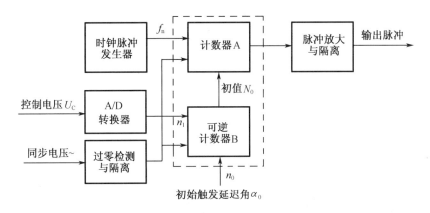

图 3-48 数字触发器结构框图

数字触发器各环节的功能如下:

1. 时钟脉冲发生器

时钟脉冲发生器是计数器计数脉冲源,要求脉冲频率稳定,一般由晶体振荡器产生。

2. A/D 转换器

它将输入控制电压 U_c 的模拟量(一般是电压幅值)转换为相应的数字量(即脉冲数)。

3. 过零检测与隔离

过零检测是数字触发器的同步环节,它将交流同步电压过零点时刻以脉冲形式输出,作为计数器开始计数的时间基准;输入隔离是为了使强弱电隔开,以保护集成电路或微型计算机。

4. 计数器

计数器 A 为加法(或减法)计数器。当为加法计数器时,它从预先设置的初值 N_0 进行加法计数,至计满规定值 N 后输出触发脉冲,计数的差值$(N-N_0)$所需时间决定了触发延迟角 α_0;当为减法计数器时,由初值 N_0 进行减法计数,待减至零时输出触发脉冲,初值 N_0 直接决定触发延迟角 α_0。可逆计数器 B 给计数器 A 设置初值 N_0,N_0 由触发器的初始延迟角 α_0 及控制电压 U_c 所决定。

5. 脉冲放大与隔离

将脉冲放大到所需功率并整形到所需宽度,经隔离送至相应晶闸管。通常输出隔离是必不可少的。

在电路各环节功能了解之后,就不难懂得电路的工作原理。参照图 3-48,当控制电压

U_c 为零时,A/D 转换器输出亦为零。设可逆计数器 B 送至计数器 A 的初值 $N_0 = n_0$,计数器 A 为减法计数,计数脉冲频率为 f_0,则初始触发延迟角 α_0 为

$$\alpha_0 = \omega t = \omega \frac{N_0}{f_0} = \omega \frac{n_0}{f_0} \qquad (3-84)$$

式中,ω 为电源角频率。可见,α_0 由初值 n_0 决定。

当控制电路 U_c 为某一负值时,A/D 有输出脉冲 n_0,它与 U_c 成正比。设控制电压极性"负号"使可逆计数器 B 进行减法运行,则送至计数器 A 的初值 $N_0 = n_0 - n_1$。当过零脉冲到来后,计数器 A 开始减法计数,显然这使触发延迟角 α 减小;当 $+U_c$ 控制时,使可逆计数器 B 进行加法计算,送至计数器 A 的初值 $N_0(N_0 = n_0 + n_1)$ 增加,这样就使触发延迟角 α 变大。

过零检测脉冲是数字触发器输出脉冲时间基准,它使计数器 A 开始计数。当计数器 A 减至零(或计满 N)时输出一触发脉冲,并使计数器 A 清零,为下次置数做准备。同步电压及其输出脉冲波形如图 3-49 所示。

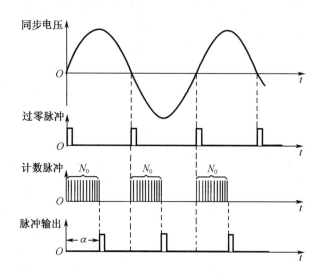

图 3-49 减法计数时数字触发器各点波形图

数字触发器的精度,取决于计数器的工作频率和它的容量,对 M 位二进制计数器来说,其分辨率 $\Delta\varphi = 180°/2^n$。采用 8 位二进制计数器时,它的分辨率可达 0.7°,而采用 16 位二进制计数器可达 0.002 7°。

3.7.3 微机数字触发器

随着微机的广泛应用,构成计算机控制的系统或装置越来越多。在有计算机参与的晶闸管变流装置中,计算机除了完成系统有关参数的控制与调节外,还可实现数字触发器的功能,使系统控制更加准确与灵活,但省去多路模拟触发电路。

现以 MCS-96 系列 8098 单片机构成数字触发器为例说明,其原理如图 3-50 所示。与模拟触发器一样,数字触发器也包括了同步、移相、脉冲形成与输出四部分。

1. 脉冲同步

以交流同步电压过零作为参考基准,计算出触发延迟角 α 的大小,定时器按 α 值和触

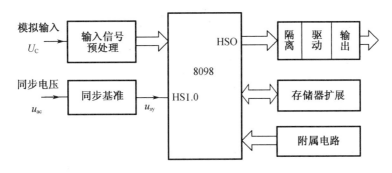

图 3 - 50 单片机数字触发器

发的顺序分别将脉冲送至相应晶闸管的门极。

数字触发器根据同步基准的不同分为绝对触发方式和相对触发方式。所谓绝对触发方式,是指每一触发脉冲的形成时刻均由同步基准决定,在三相桥式电路中需有六个同步基准交流电压及一个专门的同步变压器;而相对触发方式仅需一个同步基准,当第一个脉冲由同步基准产生后,再以第一个触发脉冲作为下一个触发脉冲的基准,依此类推。对三相桥式电路而言,当用相对触发方式时相继以滞后 60°的间隔输出脉冲,但由于电网频率会在 50 Hz 附近波动,所以 α 角及滞后的 60°电角度的产生必须以电网的一个周期作为 360°电角度来进行计算,为避免积累误差必须进行电网周期的跟踪测量。

同步电压可以用相电压,也可以用线电压,触发器的定相不再需要用同步变压器的连接组来保证相位差,而是在计算第一个脉冲(1 号脉冲)的定时值时加以考虑。例如,当以线电压 u_{ac} 作为交流同步电压时,经过过零比较形成的同步基准信号 u_{sy}(图 3 - 51)用于三相桥电路,它的上跳沿正好是 $\alpha = 0°$,在 HSI. 0 中断服务程序中就是读取当前触发延迟角 α 的基准,而当用相电压 u_a 作同步电压时,其过零点就有 -30°的相位差。

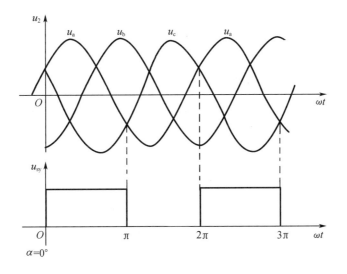

图 3 - 51 同步基准

2. 脉冲移相

当同步信号正跳沿发生时,8098 的 HSI. 0 中断立即响应,根据当前输入控制电压 U_C 值计算 α 值。

设移相控制特性线性,当 $+U_{Cm}$ 时,$\alpha_{max} = 150°$;当 $-U_{Cm}$ 时,$\alpha_{min} = 30°$,则 $\alpha = 90° + 60° \dfrac{U_C}{U_{Cm}}$。

由于 8098 具有四路 10 位 A/D 转换通道,不需要再外接 A/D 转换电路,但 8098 单片机 A/D 转换器对外加控制电压有一定要求,它只允许 $0 \sim +5$ V 的输入电压进行转换,而实际的输入不仅有幅值的差异,还有极性的不同,由此需设置输入信号预处理电路,它的任务是判断输入信号的极性及提取输入信号的幅值。一种可行的办法是:将有极性的输入控制电压 U_C 分成两路,一路直接输入,另一路反相输入,这两路输入均正限幅值为 $+5$ V,负限幅值为 -0 V。这样,不管输入是正还是负,均为相应的正电压输入,但在不同的通道输出,可根据不同的通道来判断输入的极性并获得相应的幅值。

8098 单片机使用的晶振为 12 MHz,其机器周期为 0.25 μs,硬件定时器 T_1 是每 8 个机器周期计数一次,故计数周期为 2 μs。采用相对触发方式时利用相邻同步信号上升沿之间的时间差来计算电网周期。设前一个同步基准到来时定时器 T_1 计数值为 t_1,当前同步基准到来时定时器计数值为 t_2,则电网周期 $T = t_2 - t_1$,单位电角度对应的时间为 $T/360°$,α 电角度对应的时间 $T_{1U} = \alpha T/360°$,T_{1U} 即为在同步基准上升沿发生后第一个脉冲的触发时间。改变第一个脉冲产生的时间就意味着脉冲移相。

3. 脉冲形成与输出

利用 8098 软硬件定时器、高速输出通道 HSO 和高速输入通道 HSI 的功能,使用软件定时中断实现触发脉冲的产生和输出。

当同步信号的正跳沿发生时,立即引起 HSI. 0 外中断,它根据 α 计算每周期第一个脉冲对应的时间值 T_{1U},此即触发脉冲的上升沿定时值,脉冲下降沿定时值 T_{1D} 由脉宽决定,设脉宽为 15°,则 $T_{1D} = (\alpha + 15°) T/360°$,将 T_{1U},T_{1D} 恒置入 HSO 的存储区 CAW 中,HSO 通过与定时器 T_1 比较,在 T_{1U} 时刻输出高电平,在 T_{1D} 时刻输出低电平,这样就形成了 1 号触发脉冲。

当 1 号脉冲上升沿到来时,HSO 产生中断,根据当前 α 值,加上两相邻脉冲之间的相位差 $\Delta\alpha$,在三相桥电路中 $\Delta\alpha = 60°$,则 2 号脉冲的定时值为:上升沿定时值 $T_{2U} = (\alpha + 60°) T/360°$;下降沿定时值 $T_{2D} = (\alpha + 75°) T/360°$。

同理,当 2 号触发脉冲至 6 号脉冲的上升沿产生时,也分别引起 HSO 中断,产生 3 号触发脉冲至 6 号触发脉冲。HSI. 0 和 HSO 的中断服务程序分别如图 3 – 52(a)(b)所示。

8098 总片机具有六路高速脉冲输出通道 HSO,因此 HSO 六路输出脉冲可分别送至三相桥电路的相应六只晶闸管,但它必须经过光电隔离、功率放大及变压器隔离输出。

8098 单片机具有 64 KB 寻址空间,除了 256 个内部特殊存储器外,其余空间均需扩展,用来存放系统控制程序、存储实时采样的数据、各种中间结果及地址缓存等,存储器扩展电路为此而设置。

此外,8098 单片机的附属电路应包括复位电路、模拟基准高精度 5 V 电源、12 MHz 晶振等。

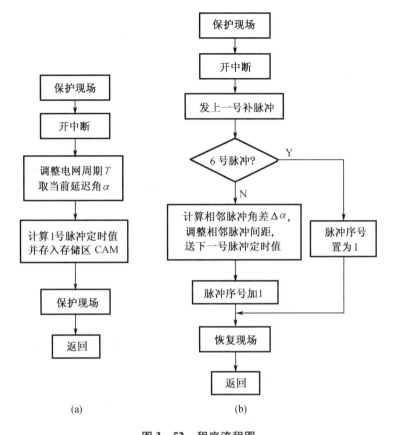

图 3 – 52 程序流程图

（a）HSI.0 中断服务程序；（b）HSO 中断服务程序

3.8 整流电路的仿真

3.8.1 单相可控整流电路的仿真

1. 单相半波可控整流电路电阻性负载仿真

单相半波可控整流电路电阻性负载仿真模型如图 3 – 53 所示。

参数配置如下：交流电源电压 $U_2 = 220$ V，频率 $f = 50$ Hz，电阻 $R = 1$ Ω，触发角 $\alpha = 30°$。

仿真波形如图 3 – 54 所示，波形依次为电源电压 u_2，触发脉冲 u_g，负载电压 u_d，晶闸管两端电压 u_{VT}。

由图可看出，单相半波整流电路带电阻性负载时，负载波形不出现负值，每周期波形脉动一次，晶闸管承受的正反向电压都为 $\sqrt{2}U_2$。

2. 单相半波可控整流电路电感性负载仿真

单相半波可控整流电路阻感性负载并有续

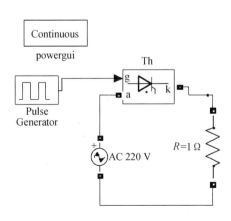

图 3 – 53 单相半波可控整流电路
电阻性负载仿真模型

流二极管仿真模型如图 3 – 55 所示。

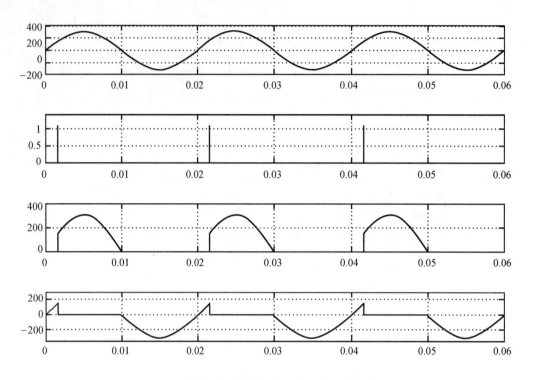

图 3 – 54   单相半波可控整流电路电阻性负载仿真波形图

参数配置如下：交流电源电压 $U_2 = 220$ V，频率 $f = 50$ Hz，电阻 $R = 1$ Ω，电感 $L = 0.005$ H，触发角 $\alpha = 30°$。

仿真波形如图 3 – 56 所示，波形依次为电源电压 u_2，触发脉冲 u_g，负载电压 u_d，负载电流 i_d，流过晶闸管电流 i_T，流过二极管电流 i_D，晶闸管两端电压 u_{VT}。

由图可看出，单相半波可控整流电路阻感性负载并有续流二极管时，负载电压波形不出现负的部分，每周期脉动一次，与电阻负载时相同。负载电流波形连续，二极管起到续流的

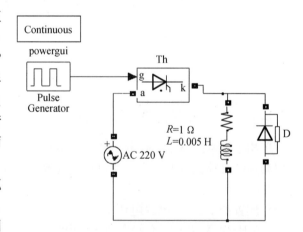

图 3 – 55   单相半波可控整流电路阻感性负载
并有续流二极管仿真模型

作用，给电感提供释放能量通道，晶闸管承受的正反向电压都为 $\sqrt{2}\,U_2$。

3. 单相桥式全控整流电路电阻性负载仿真

单相桥式全控整流电路电阻性负载仿真模型如图 3 – 57 所示。

参数配置如下：交流电源电压 $U_2 = 220$ V，频率 $f = 50$ Hz，电阻 $R = 1$ Ω，触发角 $\alpha = 30°$。

仿真波形如图 3 – 58 所示，波形依次为电源电压 u_2，触发脉冲 u_{g1}，u_{g2}，负载电压 u_d，流过晶闸管电流 i_{T1}，i_{T2}。

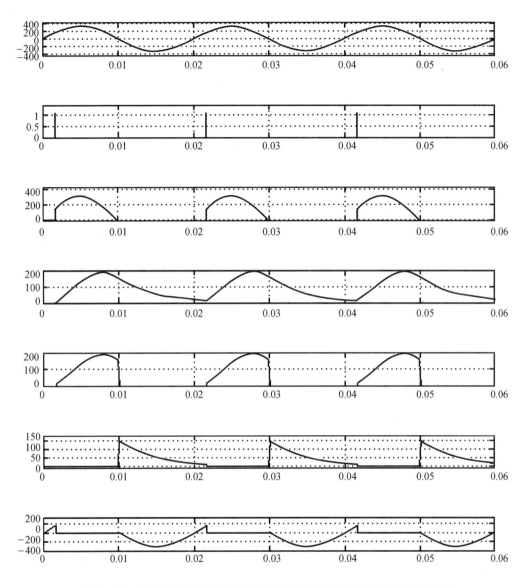

图 3 - 56 单相半波可控整流电路阻感性负载并有续流二极管仿真波形图

4. 单相桥式全控整流电路阻感性负载仿真

单相桥式全控整流电路阻感性负载仿真模型如图 3 - 59 所示。

参数配置如下：变压器变比 $T = 380/220$，电阻 $R = 1$ Ω，电感 $L = 0.01$ H，触发角 $\alpha = 30°$。

仿真波形如图 3 - 60 所示，波形依次为电源电压 u_2，触发脉冲 u_{g1}，u_{g2}，流过晶闸管电流 i_{T1}，i_{T2}，负载电流 i_d，负载电压 u_d。

由图可知，流经负载的电流 $i_d = i_{T1} + i_{T2}$，由于电感的作用，输出电压波形出现负值，并且流经负载的电流与流经晶闸管的电流逐步在抬高，当电感趋于无穷大时，流经晶闸管与负载的电流近似平直。

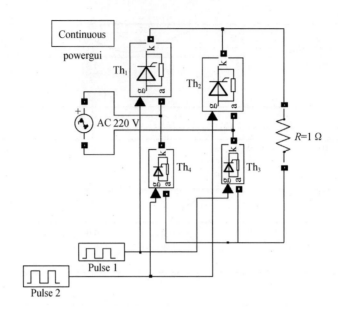

图 3 – 57　单相桥式全控整流电路电阻性负载仿真模型

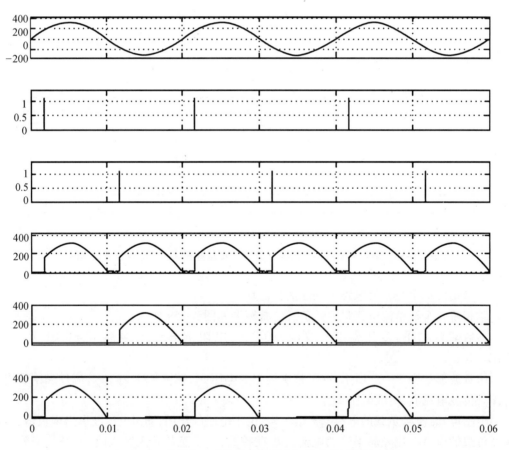

图 3 – 58　单相桥式全控整流电路电阻性负载仿真波形图

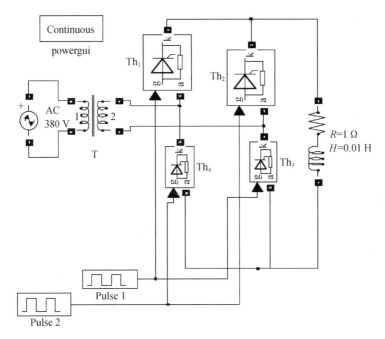

图 3 - 59 单相桥式全控整流电路阻感性负载仿真模型

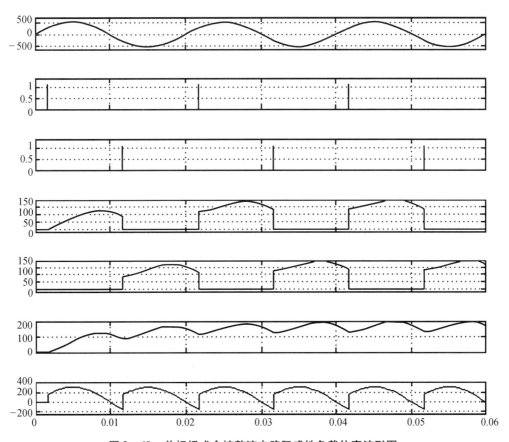

图 3 - 60 单相桥式全控整流电路阻感性负载仿真波形图

5. 单相桥式全控整流电路反电动势负载仿真

单相桥式全控整流电路反电动势负载仿真模型如图 3-61 所示。

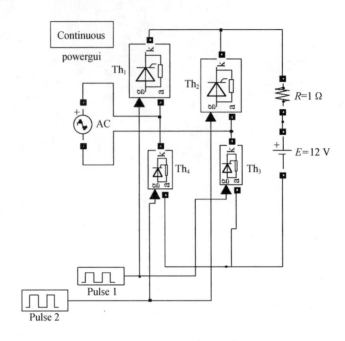

图 3-61　单相桥式全控整流电路反电动势负载仿真模型

参数配置如下:交流电源电压 $U_2 = 220$ V,频率 $f = 50$ Hz,电阻 $R = 1$ Ω,电势 $E = 60$ V,触发角 $\alpha = 30°$。

仿真波形如图 3-62 所示,波形依次为电源电压 u_2,触发脉冲 u_{g1},u_{g2},负载电压 u_d,负载电流 i_d,晶闸管 Th_2 两端电压 u_{VT}。

由图可知,带反电动势负载时,负载电压为电阻压降与反电动势的叠加。

3.8.2　三相可控整流电路的仿真

1. 三相半波可控整流电路电阻性负载仿真

为了实现三相半波整流,必须引出整流电源中心线,即变压器二次绕组要接成星形;根据电机学原理,为了给三次谐波提供通路,减少高次谐波的影响,变压器一次绕组需接成三角形。把三只晶闸管的阴极或者阳极连在一起就构成共阴极或共阳极接法的整流电路,前者较为常用。

三相半波可控整流电路电阻性负载仿真模型如图 3-63 所示。

参数配置如下:变压器变比 $T = 380/100$,负载电阻 $R = 1$ Ω,触发角 $\alpha = 30°$。

仿真波形如图 3-64 所示,波形依次为:负载电压 u_d,负载电流 i_d,流过晶闸管 VT_1 电流 i_{T1},晶闸管 VT_1 两端电压 u_{VT1}。

由图可知,三相晶闸管导通情况是一样的,负载电流与负载电压波形完全相同,晶闸管承受的电压由零及两段线电压组成。

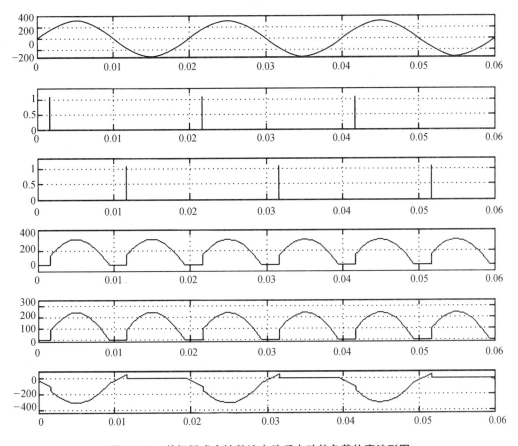

图 3 - 62 单相桥式全控整流电路反电动势负载仿真波形图

2. 三相桥式全控整流电路电阻性负载仿真

在任何瞬间,若同时控制三相电路里共阳极组与共阴极组的两个晶闸管导通,这就成为三相桥式全控整流电路。

三相桥式全控整流电路电阻性负载仿真模型如图 3 - 65 所示。

参数配置如下:频率 $f = 50$ Hz,整流变压器变比 $T = 380/50$,同步变压器变比 $T = 380/5$,电阻 $R = 1$ Ω,触发角 $\alpha = 30°$。

仿真波形如图 3 - 66 所示,波形依次为三相电源电压波形、负载电压波形和三相电源电流波形。由图可见,负载电压一周期脉动 6 次,脉动幅度与三相半波比减小。

3. 三相桥式全控整流电路阻感性负载仿真

将图 3 - 65 中电阻改为电阻电感,即成为三相桥式全控整流电路阻感性负载模型,如图 3 - 67 所示。

参数设置与电阻性负载相同,只是电感 $L = 0.01$ H。

波形如图 3 - 68 所示,依次为三相电源电压波形、负载电压 u_d 和三相电源电流波形。三相桥式全控整流电路阻感性负载时,若 $\alpha \leqslant 60°$,则负载电压波形与带纯电阻性负载时相同;若 $\alpha > 60°$,由于电感续流的原因,电压波形出现负的部分。

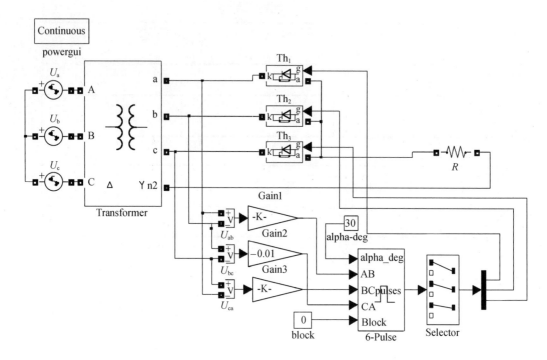

图 3 - 63　三相半波可控整流电路电阻性负载仿真模型

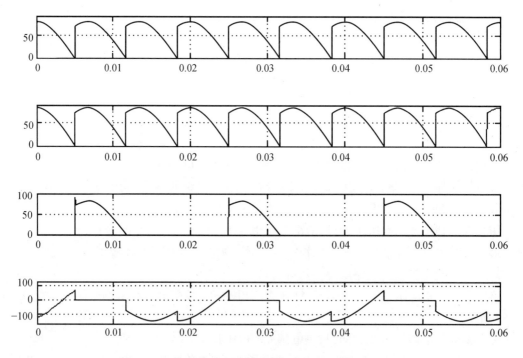

图 3 - 64　三相半波可控整流电路电阻性负载仿真波形图

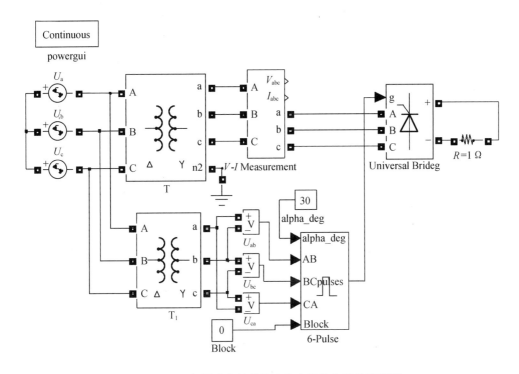

图 3 - 65　三相桥式全控整流电路电阻性负载仿真模型

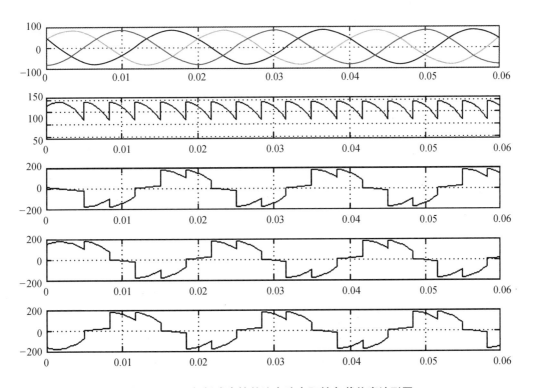

图 3 - 66　三相桥式全控整流电路电阻性负载仿真波形图

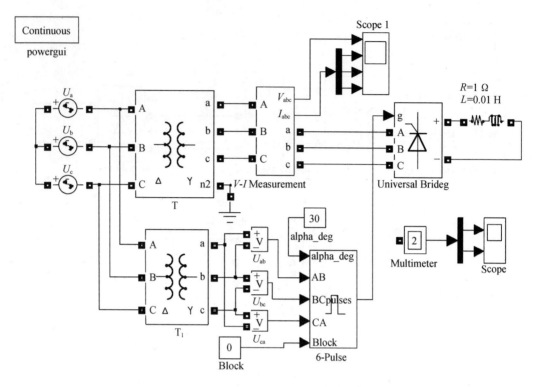

图 3 - 67　三相桥式全控整流电路阻感性负载仿真模型

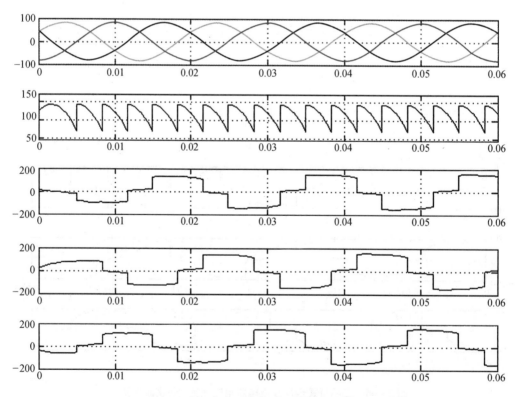

图 3 - 68　三相桥式全控整流电路阻感性负载仿真波形图

本 章 小 结

交流 - 直流变换技术已得到广泛应用,在交流电源与直流负载之间的开关器件导通时,交流电压加至直流负载,开关器件截止时,直流负载与交流电源阻断。

1. 有五类基本的整流电路:单相半波、两相半波、三相半波、单相桥式和三相桥式整流电路。半波整流电路中交流电源仅半个周期中有负载电流,因而交流电源中含有有害的直流分量。单相桥式和三相桥式整流电路是最实用的交流 - 直流整流电路。

2. 单相桥式、三相桥式相控(全控)整流电路在感性负载电流连续时,当相控角 $\alpha < 90°$ 时,可实现将交流电功率变为直流电功率的相控整流;在 $\alpha > 90°$ 时,可实现将直流电返送至交流电网的有源逆变。在有源逆变状态工作时,相控角不应过大,以确保不发生换相(换流)失败事件。

3. 感性负载,当电感足够大,以致可以忽略负载电流的脉动时,单相桥式整流电路中交流电源电流为 180°交流方波,三相整流时,相电流为 120°方波。相控整流时交流电源相电流基波波形滞后于相电压。

思考题与练习题

1. 什么是半波整流、全波整流、半控整流、全控整流、相控整流、高频 PWM 整流?

2. 三相桥式不控整流任何瞬间均有两个二极管导电,整流电压的瞬时值与三相交流相电压、线电压瞬时值有什么关系?

3. 单相桥全控整流和单相桥半控整流特性有哪些区别?

4. 单相桥全控整流有反电动势负载时输出电压波形如何确定?

5. 为什么要限制有源逆变时的触发角? 根据什么原则确定有源逆变时的最大触发角 $\alpha_{\max}$?

6. 使变流器工作于有源逆变状态的条件是什么?

7. 什么是逆变失败? 如何防止逆变失败?

8. 单相桥式全控整流电路、三相桥式全控整流电路中,当负载分别为电阻负载或电感负载时,要求的晶闸管移相范围分别是多少?

9. 单相半波可控整流电路对电感负载供电,$R = 5$ Ω,$U_2 = 100$ V,求当 $\alpha = 0°$ 和 60°时的负载电流 I_d,并画出 u_d 和 i_d 的波形。

10. 图 3 - 7 为具有变压器中心抽头的单相全波可控整流电路,问该变压器还有直流磁化问题吗? 试说明:(1)晶闸管承受的最大正反向电压为 $2\sqrt{2}\,U_2$;(2)当负载为电阻或电感时,其输出电压和电流的波形与单相全控桥时相同。

11. 单相桥式全控整流电路,$U_2 = 100$ V,负载中 $R = 2$ Ω,L 值极大,当 $\alpha = 30°$ 时,要求:

(1)画出 u_d,i_d 和 i_2 的波形;

(2)求整流输出平均电压 U_d、电流 I_d 以及变压器二次电流有效值 I_2;

(3)考虑安全裕量,确定晶闸管的额定电压和额定电流。

12. 单相桥式全控整流电路,$U_2 = 100$ V,负载中 $R = 2$ Ω,L 值极大,反电动势 $E = 60$ V,当 $\alpha = 30°$ 时,要求:

（1）画出 u_d，i_d 和 i_2 的波形；

（2）求整流输出平均电压 U_d，电流 I_d 以及变压器二次电流有效值 I_2；

（3）考虑安全裕量，确定晶闸管的额定电压和额定电流。

13. 在三相半波整流电路中，如果 α 相的触发脉冲消失，试画出在电阻性负载和电感性负载下整流电压 u_d 的波形。

14. 三相半波可控整流电路，$U_2 = 100$ V，带电阻电感负载，$R = 5$ Ω，L 值极大，当 $\alpha = 60°$ 时，要求：

（1）画出 u_d，i_d 和 i_{VT_1} 的波形；

（2）计算 U_d，I_d，I_{dVT} 和 I_{VT}。

15. 三相桥式全控整流电路，$U_2 = 100$ V，带电阻电感负载，$R = 5$ Ω，L 值极大，当 $\alpha = 60°$ 时，要求：

（1）画出 u_d，i_d 和 i_{VT_1} 的波形；

（2）计算 U_d，I_d，I_{dVT} 和 I_{VT}。

16. 什么是有源逆变？有源逆变要满足的条件是什么？是否所有形式的整流电路都能实现有源逆变？

17. 有源逆变电路中晶闸管的换流过程是否与可控整流电路相同？变压器漏感对输出电压的影响是否相同？

18. 单相桥式全控整流电路带电动机 M 和大电感负载工作时，已知电动机 M 感应电动势 E 的极性与晶闸管导通方向相同，当 $\alpha > 90°$ 时，若电动势 $|E| > |U_d|$，电路处于什么状态？若 $|E| < |U_d|$，电路处于什么状态？如果电动势 E 的极性反向，情况如何？如果 $\alpha < 90°$ 时，电动势 E 的极性仍与晶闸管导通方向相同，情况又如何？

19. 晶闸管在有源逆变电路中承受电压的情况有何变化？试画出三相桥式全控整流电路中当 $\alpha = 135°$ 时，与 C 相相连的上下桥臂两晶闸管所承受的电压波形，并分析它们承受电压的最大值是多少？

20. 什么是逆变颠覆？引起逆变颠覆的原因有哪些？

第4章　直流–直流变流电路

直流–直流变流电路(DC – DC Converter)的功能是将一种直流电转换为另一固定电压或可调电压的直流电。按照直流变换电路的输入与输出之间是否有电气隔离可将其分为两大类:没有电气隔离的称为直接直流–直流变换器,通常称为直流斩波电路(DC Chopper),简称为斩波电路;有电气隔离的称为间接直流变换器,也常称为直流–交流–直流电路。

直流–直流变换电路主要有6种基本电路:①降压斩波电路;②升压斩波电路;③升降压斩波电路;④Cuk 斩波电路;⑤Sepic 斩波电路;⑥Zeta 斩波电路。

其中前两种是最基本的电路,本章将重点介绍。利用不同结构的基本斩波电路进行组合可构成复合斩波电路;利用相同结构的基本斩波电路进行组合,可构成多相多重斩波电路。

4.1　基本斩波电路

本节主要讲述降压斩波电路、升压斩波电路、升降压斩波电路、Cuk 斩波电路、Sepic 斩波电路和 Zeta 斩波电路6 种直流–直流变换电路,其中重点介绍降压斩波电路和升压斩波电路两种基本电路。

4.1.1　降压斩波电路

降压斩波电路(Buck Chopper)的原理如图4 –1 所示。该电路的主电路开关采用全控型器件 IGBT,也可使用其他器件,若采用晶闸管,需设置使晶闸管关断的辅助电路。图4 –1中续流二极管 VD 的作用是在 V 关断时给负载中的电感电流提供续流通道。斩波电路主要用于电子电路的供电电源,也可拖动直流电动机或带蓄电池负载,后两种情况下负载中均会出现反电动势,如图中 E_M 所示。若负载中无反电动势时,只需令 $E_M = 0$,以下的分析及表达式均可适用。

如图4 –2 所示,在 $t = 0$ 时刻驱动 V 导通,电源 E_d 向负载供电,负载电压 $u_o = E_d$,负载电流 i_o 按指数曲线上升。

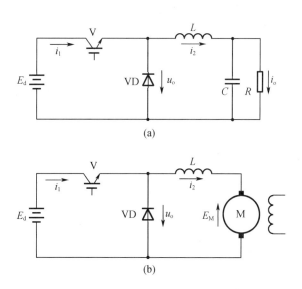

图4 –1　降压斩波电路原理图

(a)基本电路;(b)电机负载

当 $t = t_1$ 时刻,控制 V 关断,负载中电感电流不能突变,其按原方向流经二极管 VD 续流,负载电压 u_o 近似为零,负载电流呈指数曲线下降。为了使负载电流连续且脉动小,通常使串接的电感 L 值较大。

至一个周期 T 结束,再驱动 V 导通,重复上一周期的过程。当电路工作于稳态时,负载电流在一个周期的初值和终值相等,如图 4-2 所示。负载电压的平均值为

$$U_o = \frac{t_{on}}{t_{on} + t_{off}} E_d = \frac{t_{on}}{T} E_d$$
$$= \alpha E_d \qquad (4-1)$$

式中　t_{on}——V 处于通态的时间;

　　　t_{off}——V 处于断态的时间;

　　　T——开关周期;

　　　α——导通占空比,简称占空比或导通比。

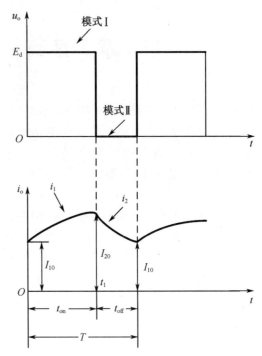

图 4-2　连续动作的电压电流波形图

由式(4-1)可知,输出到负载的电压平均值 U_o 可在 0 和 E_d 之间变化,U_o 随占空比 α 的增大而增大。因此将该电路称为降压斩波电路,也称为 Buck 变换器。

负载电流平均值为

$$I_o = \frac{U_o - E_M}{R} \qquad (4-2)$$

若负载中 L 值较小,在 V 导通时 L 存储的能量不足,在 V 关断后,到了 t_2 时刻,负载电流已衰减为零,即负载中 L 存储的能量已全部释放,出现负载电流断续的情况,如图 4-3 所示。负载电压平均值 U_o 会被抬高,一般不希望出现电流断续的情况。

开关 V 导通时,如图 4-4 模式 I 所示,负载上加有电源电压 E_d,电感电流逐步增大。一旦 V 关断,如图 4-5(a)模式 II 所示,由于积蓄在 L 上的能量要释放出来,电感 L 的电流通过二极管 VD 续流并逐步减小。当 L 积蓄的能量全部放完时,电感电流为 0,如图 4-5 中模式 III

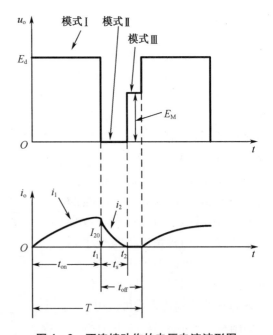

图 4-3　不连续动作的电压电流波形图

所示。该模式分电流连续动作和电流不连续动作两种,前者在电感电流为 0 之前又使 V 开通(重复着模式 I—模式 II),后者是在电感电流为 0 后才使 V 开通(重复着模式 I—模式

Ⅱ—模式Ⅲ）。为了减小负载电流脉动，一般多采用电感电流连续模式。

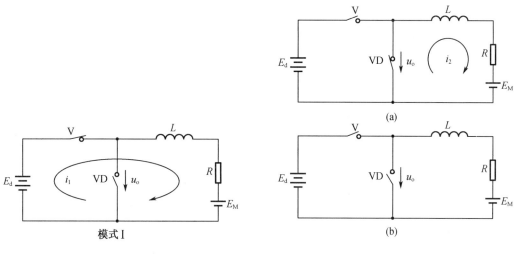

图 4－4　降压斩波电路
（开关 V 导通的等效电路）

图 4－5　降压斩波电路图
（开关 V 关断的等效电路图）

（a）模式Ⅱ；（b）模式Ⅲ

根据对输出电压平均值进行调制的方式不同，斩波电路可有三种控制方式：

（1）保持开关周期 T 不变，调节开关导通时间 t_{on}，称为脉冲宽度调制（Pulse Width Modulation，PWM）或脉冲调宽型；

（2）保持开关导通时间 t_{on} 不变，改变开关周期 T，称为频率调制或调频型；

（3）t_{on} 和 T 都可调，改变占空比，称为混合型。

其中 PWM 方式应用最多。

前面介绍过的电力电子电路实质上是分时段线性电路这一思想，基于这一思想可以对降压斩波电路进行解析。

在器件 V 处于通态期间，设负载电流为 i_1，可列出如下方程

$$L \frac{\mathrm{d}i_1}{\mathrm{d}t} + Ri_1 + E_M = E_d \tag{4-3}$$

设电流初值为 I_{10}，解式（4－3）得

$$i_1 = I_{10}\mathrm{e}^{-\frac{t}{\tau}} + \frac{E_d - E_M}{R}(1 - \mathrm{e}^{-\frac{t}{\tau}}) \tag{4-4}$$

式中，$\tau = L/R$。

在 V 处于断态期间，设负载电流为 i_2，可列出如下方程

$$L \frac{\mathrm{d}i_2}{\mathrm{d}t} + Ri_2 + E_M = 0 \tag{4-5}$$

设电流初值为 I_{20}，解上式得

$$i_2 = I_{20}\mathrm{e}^{-\frac{t}{\tau}} - \frac{E_M}{R}(1 - \mathrm{e}^{-\frac{t}{\tau}}) \tag{4-6}$$

图 4－2 和图 4－3 表示负载上输出电压 u_o 和输出电流 i_o 的波形。在电感电流不连续动作模式下，$I_{10} = 0$。

1. 电感电流连续动作模式

下面分析电感电流连续的情况。由图 4 – 2 可知,当 $t = t_{on}$ 时,$i_1 = I_{20}$;当 $t = t_{off}$ 时,$i_2 = I_{10}$。将上述条件代入式(4 – 4)和式(4 – 5)得

$$I_{10} = I_{20}e^{-t_{off}/\tau} - \frac{E_M}{R}(1 - e^{-t_{off}/\tau}) \tag{4 – 7}$$

$$I_{20} = I_{10}e^{-t_{on}/\tau} + \frac{E_d - E_M}{R}(1 - e^{-t_{on}/\tau}) \tag{4 – 8}$$

解式(4 – 7)和式(4 – 8)得

$$I_{10} = \left(\frac{e^{t_{on}/\tau} - 1}{e^{T/\tau} - 1}\right)\frac{E_d}{R} - \frac{E_M}{R} = \left(\frac{e^{\alpha\rho} - 1}{e^{\rho} - 1} - m\right)\frac{E_d}{R} \tag{4 – 9}$$

$$I_{20} = \left(\frac{1 - e^{-t_{on}/\tau}}{1 - e^{-T/\tau}}\right)\frac{E_d}{R} - \frac{E_M}{R} = \left(\frac{1 - e^{-\alpha\rho}}{1 - e^{-\rho}} - m\right)\frac{E_d}{R} \tag{4 – 10}$$

式中 $\rho = T/\tau$;

$m = E_M/E_d$;

$t_{on}/\tau = \left(\frac{t_{on}}{T}\right)\bigg/\left(\frac{T}{\tau}\right) = \alpha\rho$。

由图 4 – 2 可知,I_{10} 和 I_{20} 分别是负载电流瞬时值的最小值和最大值。

把式(4 – 9)和式(4 – 10)用泰勒级数近似,可得

$$I_{10} = I_{20} \approx (\alpha - m)\frac{E_d}{R} = I_o \tag{4 – 11}$$

上式表示了平波电抗器 L 为无穷大、负载电流完全平滑时的负载电流平均值 I_o,此时负载电流最大值、最小值均等于平均值。

式(4 – 11)的关系也可按下面方法求得。由于 L 为无穷大,故负载电流维持为 I_o 不变。一方面电源在 V 处于通态时提供的能量为 $E_dI_ot_{on}$;另一方面,在整个周期 T 中,负载一直在消耗能量,消耗的能量为 $(RI_o^2T + E_MI_oT)$。因此有

$$E_dI_ot_{on} = RI_o^2T + E_MI_oT \tag{4 – 12}$$

两边除以 I_oT 并整理得

$$I_o = \frac{\alpha E_d - E_M}{R} \tag{4 – 13}$$

结果与式(4 – 11)一样。

在上述情况中,负载电流完全平滑。这种情况下,假设电源电流平均值为 I_1,则有

$$I_1 = \frac{t_{on}}{T}I_o = \alpha I_o \tag{4 – 14}$$

其值小于或等于负载电流 I_o,由上式得

$$E_dI_1 = \alpha E_dI_o = U_oI_o \tag{4 – 15}$$

即输出功率等于输入功率,可将降压斩波器看作直流降压变压器。

2. 电感电流不连续动作模式

电感电流不连续时,其电压电流波形如图 4 – 3 所示,令式(4 – 10)中 $I_{10} = 0$,可得 I_{20}。式(4 – 6)中,当 $t = t_s$ 时,$i_2 = 0$,从而可求得 i_2 的持续时间 t_s 为

$$t_s = \tau\ln\left[\frac{1 - (1 - m)e^{-\alpha\rho}}{m}\right] \tag{4 – 16}$$

在式（4 - 16）中，$t_s = t_{\text{off}}$ 是电感电流连续动作和不连续动作的临界时间，因此有

$$m > \frac{e^{\alpha \rho} - 1}{e^{\rho} - 1} \tag{4 - 17}$$

对于电路的具体工况，可据此式判断负载电流是否连续。

电感电流不连续动作时，一旦电感电流终止，电路的等效电路如图 4 - 5 中的模式 Ⅲ 所示，斩波器的输出电压，即续流二极管 VD 两端的电压为 E_M。因此斩波器输出电压的平均值 U_o 为

$$U_o = \frac{t_{\text{on}} E_d + (T - t_{\text{on}} - t_s) E_M}{T} = \left[\alpha + \left(1 - \frac{t_{\text{on}} + t_s}{T} \right) m \right] E_d \tag{4 - 18}$$

U_o 的大小除了与占空比 α 有关外，还取决于负载电压 E_M。

负载电流的平均值 I_o 为

$$I_o = \frac{1}{T} \left(\int_0^{t_{\text{on}}} i_1 dt + \int_{t_{\text{on}}}^{t_{\text{on}} + t_s} i_2 dt \right) = \left(\alpha - \frac{t_{\text{on}} + t_s}{T} m \right) \frac{E_d}{R} \tag{4 - 19}$$

4.1.2　升压斩波电路

升压斩波电路（Boost Chopper）的原理及工作波形如图 4 - 6 所示。

分析升压斩波电路的工作原理时，首先假设电路中电感 L 值很大，电容 C 值也很大。当开关 V 导通时，电源 E 向电感 L 充电，电感 L 上积蓄能量；当 V 关断时，电感积蓄的能量以及电源来的能量同时提供给负载。假定 L 充分大，流经 L 的电流为恒定值 I_1，C 值很大，输出电压 u_o 基本保持为恒值，记为 U_o。设 V 处于通态的时间为 t_{on}，则 L 上积蓄的能量为 $EI_1 t_{\text{on}}$。然后关断 V，假定 V 的关断时间为 t_{off}，则释放到负载的能量为 $(U_o - E) I_1 t_{\text{off}}$。当电路工作于稳态时，一个周期 T 中 L 积蓄的能量与释放能量必须相等，即

$$EI_1 t_{\text{on}} = (U_o - E) I_1 t_{\text{off}} \tag{4 - 20}$$

化简得

$$U_o = \frac{t_{\text{on}} + t_{\text{off}}}{t_{\text{off}}} E = \frac{T}{t_{\text{off}}} E \tag{4 - 21}$$

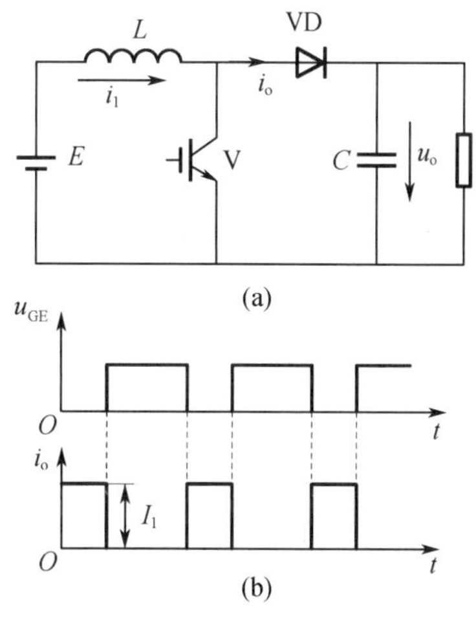

图 4 - 6　升压斩波电路及其工作波形图
(a) 电路图；(b) 波形图

上式中，因为 $T / t_{\text{off}} \geqslant 1$，所以输出电压高于输入电压，即该电路能使输入电压得到提升，故称该电路为升压斩波电路。也有的文献中直接采用其英文名称，称之为 boost 变换器（Boost Converter）。式（4 - 21）中 T / t_{off} 表示升压比，调节其大小，即可改变输出电压 U_o 大小，调节方法与 4.1.1 节中介绍的改变导通比 α 的方法类似。将升压比的倒数记作 β，即 $\beta = \dfrac{t_{\text{off}}}{T}$，则 β 和导通占空比 α 有如下关系：

$$\alpha + \beta = 1 \tag{4 - 22}$$

因此，式（4 - 21）可表示为

$$U_o = \frac{1}{\beta} E = \frac{1}{1 - \alpha} E \tag{4 - 23}$$

升压斩波电路能使输出电压高于电源电压有两个关键原因:一是电感 L 储能之后具有使电压泵升的作用;二是电容 C 可将输出电压保持住。实际中由于 C 值的限制,输出电压会比式(4-23)结果略有降低。

因负载电流 i_2 只在开关关断期间内有效,其值为 I_1 ,此时负载电流的平均值 I_o 为

$$I_o = \frac{t_{off}}{T}I_1 = \beta I_1 \qquad (4-24)$$

输入输出关系为

$$E_1 I_1 = U_o I_o \qquad (4-25)$$

该式表明,与降压斩波电路一样,升压斩波电路也可看成直流变压器。

升压斩波器目前的典型应用:一是用于直流电动机传动;二是用作单相功率因数校正(PFC)电路;三是用于其他交直流电源中。

升压斩波电路的应用如图 4-7(a)所示,在进行直流电动机回馈制动时,为了使能量回馈至直流电源,此时可使用该方式以提高直流电动机的端电压。下面就图 4-7(a)的升压斩波器进行解析。与降压斩波器一样,升压斩波器也分电感电流连续动作模式和不连续动作模式。

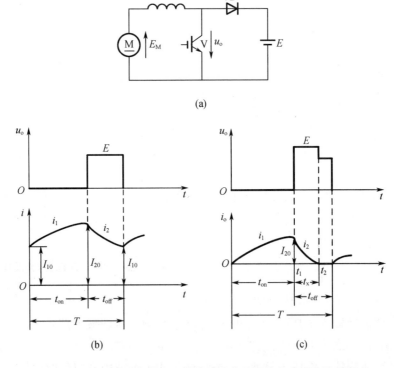

图 4-7　用于直流电动机回馈能量的升压斩波电路及其波形图

(a)电路图;(b)电流连续时;(c)电流断续时

先假定开关 V 导通,此时等效电路如图 4-8 所示,因此有下式成立:

$$L\frac{di_1}{dt} + Ri_1 = E_M \qquad (4-26)$$

式中,R 为电机电枢回路电阻与线路电阻之和。

设 i_1 的初值为 I_{10}，解上式得

$$i_1 = I_{10}\mathrm{e}^{-\frac{t}{\tau}} + \frac{E_M}{R}(1 - \mathrm{e}^{-\frac{t}{\tau}}) \qquad (4-27)$$

然后令 V 关断，由图 4 - 9 的等效电路有

$$L\frac{\mathrm{d}i_2}{\mathrm{d}t} + Ri_2 = E_M - E \qquad (4-28)$$

设 i_2 的初值为 I_{20}，解上式得

$$i_2 = I_{20}\mathrm{e}^{-\frac{t-t_{on}}{\tau}} - \frac{E - E_M}{R}(1 - \mathrm{e}^{-\frac{t-t_{on}}{\tau}}) \qquad (4-29)$$

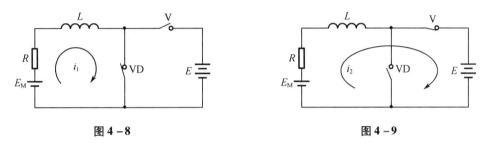

图 4 - 8   图 4 - 9

1. 电感电流连续动作

与降压斩波电路部分所述一样，电感电流连续动作模式时，当 $t = t_{on}$ 时，$i_1 = I_{20}$；当 $t = T$ 时，$i_2 = I_{10}$，由此可得

$$I_{20} = I_{10}\mathrm{e}^{-\frac{t_{on}}{\tau}} + \frac{E_M}{R}(1 - \mathrm{e}^{-\frac{t_{on}}{\tau}}) \qquad (4-30)$$

$$I_{10} = I_{20}\mathrm{e}^{-\frac{t_{off}}{\tau}} - \frac{E - E_M}{R}(1 - \mathrm{e}^{-\frac{t_{off}}{\tau}}) \qquad (4-31)$$

由以上两式求得

$$I_{10} = \frac{E_M}{R} - \left(\frac{1 - \mathrm{e}^{-\frac{t_{off}}{\tau}}}{1 - \mathrm{e}^{-\frac{T}{\tau}}}\right)\frac{E}{R} = \left(m - \frac{1 - \mathrm{e}^{-\beta\rho}}{1 - \mathrm{e}^{-\rho}}\right)\frac{E}{R} \qquad (4-32)$$

$$I_{20} = \frac{E_M}{R} - \left(\frac{\mathrm{e}^{-\frac{t_{on}}{\tau}} - \mathrm{e}^{-\frac{T}{\tau}}}{1 - \mathrm{e}^{-\frac{T}{\tau}}}\right)\frac{E}{R} = \left(m - \frac{\mathrm{e}^{-\alpha\rho} - \mathrm{e}^{-\rho}}{1 - \mathrm{e}^{-\rho}}\right)\frac{E}{R} \qquad (4-33)$$

与降压斩波电路一样，把上面两式用泰勒级数线性近似，得

$$I_{10} = I_{20} = (m - \beta)\frac{E}{R} \qquad (4-34)$$

该式表示了电枢电流的平均值 I_o，即

$$I_o = (m - \beta)\frac{E}{R} = \frac{E_M - \beta E}{R} = \left(E_M - \frac{t_{off}}{T}E\right)\Big/ R \qquad (4-35)$$

由式(4 - 35)得到用平均值表示的升压斩波器的等效电路，如图 4 - 10 所示。这是以直流电机侧为基准观察到的情况，由于斩波，电源 E 减小到 βE。

另一方面，式(4 - 35)的关系也可以按以下方法求得。假设电枢电流很光滑，因为在斩波的一个周期内，直流电机输出的能量为 $E_M I_o T$，电枢电路的电阻上消耗的能量为 $RI_o^2 T$，回馈到电源的能量为 $EI_o t_{off}$，所以有

$$E_M I_o T = R I_o^2 T + E I_o t_{off} \tag{4-36}$$

上式两边除以 $I_o T$ 得

$$E_M = R I_o + \frac{t_{off}}{T} E \tag{4-37}$$

显然结果与式(4-35)一样。

2. 电感电流不连续动作

电感电流不连续动作时的电压电流波形如图4-7(c)所示。由式(4-27),令 $I_{10} = 0$, $t = t_{on}$,可求得 I_{20}。然后令式(4-29)中 $t = t_x$,因为此时 $i_2 = 0$,所以有 i_2 的持续时间 t_x 为

$$\frac{t_x}{\tau} = \ln \frac{1 - m e^{-\frac{t_{on}}{\tau}}}{1 - m} \tag{4-38}$$

由图4-11可知,电感电流不连续动作模式属 $t_x < t_{off}$ 的情况,即 $m < \dfrac{1 - e^{-\beta\rho}}{1 - e^{-\rho}}$,$t_x = t_{off}$ 即

为连续动作和不连续动作的临界条件,由此得临界条件为 $m = \dfrac{1 - e^{-\beta\rho}}{1 - e^{-\rho}}$。

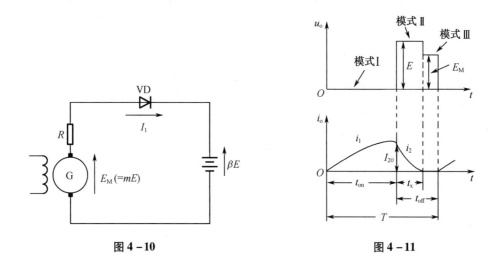

图4-10　　　　　　　　　　　　图4-11

4.1.3　升降压斩波电路和 Cuk 斩波电路

1. 升降压斩波电路

升降压斩波电路的原理如图4-12(a)所示。设电路中电感 L 值很大,电容 C 值也很大,使电感电流 i_L 和电容电压即负载电压 u_o 基本为恒值。

该电路的基本工作原理是:当可控开关 V 处于通态时,电源 E 经 V 向电感 L 供电使其储存能量,此时电流为 i_1,方向如图4-12(a)所示。此后,使 V 关断,电感 L 中储存的能量向负载电容 C 释放,电流为 i_2,方向如图4-12(a)所示。由电流方向可得,负载电压极性为上负下正,与电源电压极性相反,与前面介绍的降压斩波电路和升压斩波电路的情况正好相反,因此该电路也称作反极性斩波电路。

稳态时,一个周期 T 内电感 L 两端电压 u_L 对时间的积分为零,即

$$\int_0^T u_L dt = 0 \tag{4-39}$$

当 V 处于通态 t_{on} 期间，$u_L = E$；而当 V 处于断态 t_{off} 期间，$u_L = -u_o$，于是

$$E \cdot t_{on} - U_o \cdot t_{off} = 0 \qquad (4-40)$$

所以输出电压为

$$U_o = \frac{t_{on}}{t_{off}}E = \frac{t_{on}}{T - t_{on}}E$$
$$= \frac{\alpha}{1-\alpha}E \qquad (4-41)$$

改变导通比 α，可使输出电压比电源电压高，也可使输出电压比电源电压低。当 $0 < \alpha < 1/2$ 时输出电压低于电源电压，为降压；当 $1/2 < \alpha < 1$ 时输出电压高于电源电压，为升压，因此将该电路称作升降压斩波电路。也有文献直接按英文称之为 Buck - Boost 变换器（Buck - Boost Converter）。

图 4 - 12(b) 中给出了电源电流 i_1 和负载电流 i_2 的波形，设两者的平均值分别为 I_1 和 I_2，当电流脉动足够小时，有

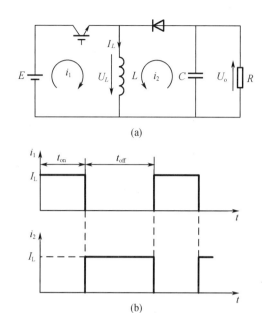

图 4 - 12　升降压斩波电路及其波形图
(a)电路图；(b)波形图

$$\frac{I_1}{I_2} = \frac{t_{on}}{t_{off}} \qquad (4-42)$$

由上式可得

$$I_2 = \frac{t_{off}}{t_{on}}I_1 = \frac{1-\alpha}{\alpha}I_1 \qquad (4-43)$$

如果 V，VD 为理想开关时，则

$$EI_1 = U_oI_2 \qquad (4-44)$$

其输出功率和输入功率相等，可看作直流变压器。

2. Cuk 斩波电路

图 4 - 13 所示为 Cuk 斩波电路的原理图及其等效电路图。设电路已进入稳态，电容已经储能，极性左正右负。

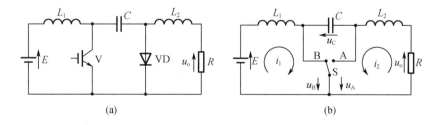

(a)　　　　　　　　　　　　　　(b)

图 4 - 13　Cuk 斩波电路及其等效电路图
(a)电路图；(b)等效电路图

驱动开关管 V 导通，对应开关 S 置于 B 点，此时电路有两个回路。在电源侧，电源电压

U_d 经开关管 V 全部加到电感 L_1 上，L_1 开始储能。在负载侧，二极管 VD 截止，储能电容 C 经开关管 V，负载 R 和滤波电感 L_2 放电，C 将能量提供给负载的同时，一部分转移到 L_2 上。

令开关管 V 截止，二极管导通，对应等效开关置于 A 点，此时电路也有两个回路。在电源侧，电源功率和电感 L_1 的储能向电容 C 转移，C 开始充电。在负载侧，电感 L_2 经二极管 VD 向负载 R 放电，提供负载续流。当开关管 V 再次导通时，开始另一个开关周期。

在该电路中，稳态时电容 C 的电流在一个周期内的平均值应为零，也就是其对时间的积分为零，即

$$\int_0^T i_C \mathrm{d}t = 0 \tag{4-45}$$

在图 4-13(b)的等效电路中，开关 S 合向 B 点时间即 V 处于通态的时间 t_{on}，则电容电流和时间的乘积为 $I_2 t_{on}$。开关 S 合向 A 点的时间为 V 处于断态的时间 t_{off}，则电容电流和时间的乘积为 $I_1 t_{off}$。由此可得

$$I_2 t_{on} = I_1 t_{off} \tag{4-46}$$

从而可得

$$\frac{I_2}{I_1} = \frac{t_{off}}{t_{on}} = \frac{T - t_{on}}{t_{on}} = \frac{1 - \alpha}{\alpha} \tag{4-47}$$

当电容 C 很大使电容电压 u_C 的脉动足够小时，输出电压 U_o 与输入电压 E 的关系可用以下方法求出。

当开关 S 合到 B 点时，B 点电压 $u_B = 0$，A 点电压 $u_A = -u_C$；相反，当 S 合到 A 点时，$u_B = u_C$，$u_A = 0$，因此 B 点电压 u_B 的平均值为 $U_B = \frac{t_{off}}{T} U_C$（$U_C$ 为电容电压 u_C 的平均值），又因电感 L_1 的电压平均值为零，所以 $E = U_B = \frac{t_{off}}{T} U_C$。另一方面，A 点的电压平均值为 $U_A = -\frac{t_{on}}{T} U_C$，且 L_2 的电压平均值为零，按图 4-13(b)中输出电压 U_o 的极性，有 $U_o = \frac{t_{on}}{T} U_C$，于是可得出输出电压 U_o 与电源电压 E 的关系：

$$U_o = \frac{t_{on}}{t_{off}} E = \frac{t_{on}}{T - t_{on}} E = \frac{\alpha}{1 - \alpha} E \tag{4-48}$$

这一输入输出关系与升降压斩波电路时的情况相同。

Cuk 斩波电路有三个基本特点：

(1)相对于输入电压 E，输出电压 U_o 可升可降，并且与输入电压极性相关；

(2)输入电流和输出电流都是连续的，且纹波很小，降低了对滤波器的要求；

(3)开关管 V、二极管 VD 及电容 C 上的电压很高，且流过开关管的电流峰值很大，特别是在占空比较大时，这是 Cuk 电路的弱点。

4.1.4　Sepic 斩波电路和 Zeta 斩波电路

图 4-14 分别给出了 Sepic 斩波电路和 Zeta 斩波电路的原理图。

Sepic 变换器是正输出变换器，其输出电压极性和输入电压极性相同。由于 C_1 的容量很大，稳态时 C_1 的电压 U_{C_1} 基本保持恒定。假设电路已进入稳态，电容 C_1 已经储能，极性左正右负。当驱动开关管 V 导通时，二极管 VD 关断，此时变换器有三个电流回路：第一个是电源 E-L_1-V 回路，在 E 的作用下 L_1 储能；第二个是 C_1-V-L_2 回路，C_1 放电，L_2 储

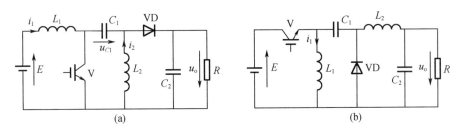

图 4 - 14　Sepic 斩波电路和 Zeta 斩波电路
(a)Sepic 斩波电路;(b)Zeta 斩波电路

能,C_1 将能量转移到 L_2 上;第三个是 C_2 向负载供电回路。当开关管 V 截止时,二极管 VD 导通,此时形成两个电流回路:第一个是电源 $E - L_1 - C_1 - VD -$ 负载回路,E 和 L_1 同时向 C_1 和负载提供能量,C_1 储能增加,C_2 充电,L_1 储能减少;第二个是 L_2 经 VD 至负载的续流回路,L_2 储能释放到 C_2 和负载。

经推导可得 Sepic 电路的输出电压 U_o 与输入电压 E 的关系为

$$U_o = \frac{t_{on}}{t_{off}}E = \frac{t_{on}}{T - t_{on}}E = \frac{\alpha}{1 - \alpha}E \qquad (4-49)$$

Zeta 斩波器也是正输出变换器,其输出电压极性和输入电压极性相同。由于 C_1 的容量很大,稳态时 C_1 的电压 U_{C_1} 基本保持恒定。设电路已进入稳态,电容 C_1 已经储能,极性右正左负。驱动开关管 V 导通,二极管 VD 关断。此时,变换器有两个电流回路:一个是电源 $E - V - L_1$ 回路,在 U_d 的作用下 L_1 储能;另一个是电源 $E - V - C_1 - L_2 -$ 负载回路,E 与 C_1 释放能量,L_2 储能,C_2 充电。L_1 储能减少。当开关管 V 截止时,L_1 和 L_2 通过 VD 续流,形成两个续流回路:一个由 $L_1 - C_1 - VD$ 构成,电感 L_1 储能向 C_1 转移;另一个由 $L_2 - VD - C_2 -$ 负载构成,L_2 和 C_2 的储能释放到负载。

经推导可得 Zeta 电路的输出电压 U_o 与输入电压 E 的关系为

$$U_o = \frac{t_{on}}{t_{off}}E = \frac{\alpha}{1 - \alpha}E \qquad (4-50)$$

两种电路具有相同的输入输出关系。Sepic 电路中,电源电流连续但负载电流断续,有利于输入滤波;反之,Zeta 电路的电源电流断续而负载电流连续。

4.2　复合斩波电路和多相多重斩波电路

由 4.1 节介绍的降压斩波电路和升压斩波电路的不同组合可构成复合斩波电路,达到电流或电压双向工作的目的。

4.2.1　电流可逆斩波电路

当斩波电路用于驱动直流电机时,常常既要使电机电动运行,电机从电源吸收能量;又要使电机工作在制动状态,将能量回馈电源。从电动状态到制动的切换可通过改变电路连接方式来实现,但要求快速响应时,就需要通过对电路本身的控制来实现。4.1 节介绍的降压斩波电路拖动直流电动机时,如图 4 - 1(a)所示,V 和 VD 构成降压斩波电路,由电源向直流电动机供电,电动机为电动运行,工作于第Ⅰ象限;而如图4-6(a)所示的升压斩波电路中,V 和 VD 构成升压斩波电路,把直流电动机的动能转变为电能反馈到电源,电动机做再生制动运行,工作于第Ⅱ象限。两种情况下,电动机的电枢电流的方向不同,但均只能单方向流动。本小节介绍的电流可逆斩波电路是将降压斩波电路与升压斩波电路组合在一起,如图4-15(a)所示,V_1 和 VD_1 构成降压斩波电路,V_2 和 VD_2 构成升压斩波电路。拖动直流电动机时,电动机的电枢电流可正可负,但电压只能是一种极性,故其可工作于第Ⅰ象限和第Ⅱ象限。

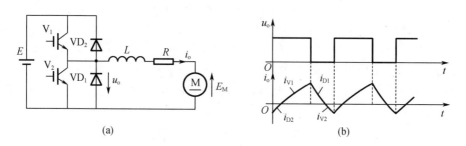

图4-15 电流可逆斩波电路及其波形图
(a)电路图;(b)波形图

图4-15 中需要注意的是,若 V_1 和 V_2 同时导通,将导致电源短路,进而会损坏电路中的开关器件或电源,因此必须防止出现这种情况。

当 V_1 导通时,电源为负载提供正向电流,并逐渐增大;V_1 关断后,电感 L 经 VD_1 续流释放能量,电流下降直至为零。此时使 V_2 导通,电动机的反电动势 E_M 会驱使电枢电流反向流过,并逐渐增大,L 存储能量;V_2 关断后,L 中产生负的感应电动势,与 E_M 串联,经 VD_2 导通,向电源反馈能量。当 L 储能释放完毕,反向电流降为零时,再次使 V_1 导通,又有正向电流流通,如此循环,两个斩波器电路交替工作。这种工作方式下的输出电压、电流波形如图4-15(b)所示。图中在负载电流 i_o 的波形上还标出了流过各器件的电流。这样,在一个周期内,电枢电流沿正、负两个方向流通,电流不断,所以响应很快。

4.2.2 桥式可逆斩波电路

电流可逆斩波电路虽可使电动机的电枢电流可逆,实现电动机的两象限运行,但其所能提供的电压极性是单向的。当需要电动机进行正、反转以及可电动又可制动的场合,就必须将两个电流可逆斩波电路组合起来,分别向电动机提供正向和反向电压,即成为桥式可逆斩波电路。电路结构如图4-16所示。

当使 V_4 保持通态,V_3 保持为关断时,使 V_1,V_2 轮流导通,该电路就等效为图4-15所示的二象限斩波电路,向电动机提供正电压,工作于第Ⅰ,Ⅱ象限,即正转电动和正转再生制动状态。

当使 V_2 保持通态,V_1 保持为关断时,使 V_3,V_4 轮流导通,V_3,VD_3 和 V_4,VD_4 等效为另一组电流可逆斩波电路,向电动机提供负电压,工作于第Ⅲ,Ⅳ象限。其中 V_3 和 VD_3 构成降压斩波电路,向电动机供电,使其工作于第Ⅲ象限,即反转电动状态,而 V_4 和 VD_4 构成升压斩波电路,可使电动机工作于第Ⅳ象限,即反转再生制动状态。

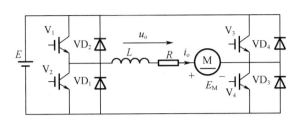

图 4 - 16　桥式可逆斩波电路图

4.2.3　多相多重斩波电路

该方式在电源和负载之间接有多个基本斩波电路,称为多相多重斩波电路。所谓斩波器的相数即电源侧的脉冲数,所谓重数即负载侧的脉冲数。相数为 n 的斩波器称为 n 相斩波器,重数为 m 的斩波器称为 m 重斩波器。它可以看成由 4.1.1 节所述的 m 个降压斩波电路并联起来再接到负载上。每个斩波器相互错开 T/m 相位(T 为周期)进行工作。

多相多重斩波电路比单个斩波电路结构复杂得多,因此控制也复杂。但它有以下优点:因为电流脉动降低,合成频率为相数的倍数,所以滤波的效果提高,通过简单的滤波器就能充分地防止使用中的感应干扰,而且如果有一相斩波器故障,其余的相还能继续工作,提高了可靠性。

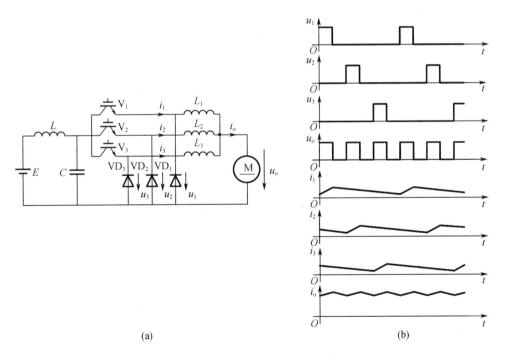

图 4 - 17　多相多重斩波电路及其波形图

(a)电路图;(b)波形图

4.3　直流－直流间接变流电路

直流－直流间接变流电路的结构如图 4－18 所示。直流－直流间接变流电路是通过半导体器件的开关动作将直流电压先变为交流电压,经整流后又变为极性和电压值不同的直流电压的电路。这里要阐述的是中间经过变压器耦合的直流－直流间接变流电路。

图 4－18　直流－直流间接变流电路的结构图

DC/DC 间接变流电路将直流电变换为交流电时频率是任意可选的,因此选择较高的开关频率能使变压器和电感等磁性元件和滤波用电容器小型轻量化。随着功率开关器件的进步,输出功率为 100 W 以下的电源,实际上采用的开关频率都在 200～500 kHz,MHz 级的变换器也在开发研究之中,而且通过变换频率的高频化可以使滤波用电容的容量减小,从而能够使用陶瓷电容等高端性的元件。

由于工作频率较高,逆变电路通常使用全控型器件,如 GTR,MOSFET,IGBT 等。整流电路中通常采用快恢复二极管或通态压降较低的肖特基二极管,在低电压输出的电路中,还采用低导通电阻的 MOSFET 构成同步整流电路(Synchronous Rectifier),以进一步降低损耗。

直流－直流间接变流电路分为单端(Single End)和双端(Double End)电路两大类。在单端电路中,变压器中流过的是直流脉动电流;而双端电路中,变压器中的电流为正负对称的交流电流。下面将要介绍的电路中,正激电路和反激电路属于单端电路,半桥、全桥和推挽电路属于双端电路。

4.3.1　正激电路

单端正激变换电路是一种采用变压器隔离的间接直流变换电路,变压器一、二次绕组同名端方向相同,随着电路主开关的开通或关断,一、二次绕组中同时流过单向脉动电流或同时关断,通过变压器的耦合进行能量的传递。正激(Forward)电路包含多种不同的拓扑,典型的单开关正激电路原理及其工作波形分别如图 4－19 和图 4－20 所示。

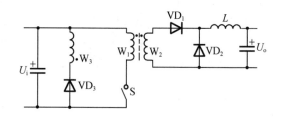

图 4－19　正激电路的原理图

电路的工作过程为:开关 S 开通后,变压器绕组 W_1 两端的电压为上正下负,与其耦合的绕组 W_2 两端的电压也是上正下负。因此 VD_1 处于通态,VD_2 为断态,电感 L 的电流逐渐增长;S 关断后,一、二次绕组中没有电流流过,变压器各绕组感应出同名端为负的电压,电感 L 通过 VD_2 续流,VD_1 关断,维持给负载供电,二次绕组输出电流,L 的电流逐渐下降。S 关断

后变压器的励磁电流经绕组 W_3 和 VD_3 流回电源,进行磁芯复位,所以 S 关断后承受的电压为

$$u_S = \left(1 + \frac{N_1}{N_2}\right)U_i \qquad (4-51)$$

式中 N_1,N_2——变压器绕组 W_1,W_3 的匝数;

U_i——直流电源电压。

开关 S 开通后,变压器的励磁电流由零开始,随着时间的增加而线性地增长,直到 S 关断。为防止变压器的励磁电感饱和,必须设法使励磁电流在 S 关断后到下一次再开通的一段时间内降回零,使变压器磁芯复位。否则,下一个开关周期中,励磁电流将在本周期结束

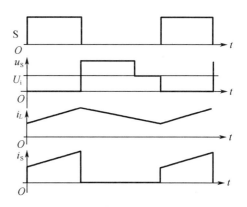

图 4 - 20 正激电路的理想化波形图

时的剩余值基础上继续增加,并在以后的开关周期中依次累积起来,变得越来越大,从而导致变压器的励磁电感饱和。励磁电感饱和后,励磁电流会迅速增长,最终损坏电路中的开关元件。因此在 S 关断后,必须使励磁电流降回零,使磁芯复位。

在正激电路中,变压器绕组 W_3 和二极管 VD_3 组成复位电路。其工作原理为:

开关 S 关断后,变压器励磁电流通过绕组 W_3 和 VD_3 流回电源,并逐渐线性地下降为零。从 S 关断到绕组 W_3 的电流下降到零所需的时间 t_{rst} 为

$$t_{rst} = \frac{N_3}{N_1}t_{on} \qquad (4-52)$$

式中,t_{on} 为 S 处于通态的时间。要保证开关管 S 下次开通前励磁电流能够降为零,V 处于断态的时间 t_{off} 应大于 t_{rst}。

在输出滤波电感电流连续的情况下,即 S 开通时电感 L 的电流不为零,输出电压与输入电压的比为

$$\frac{U_o}{U_i} = \frac{N_2}{N_1}\frac{t_{on}}{T} \qquad (4-53)$$

如果输出电感电流不连续,输出电压 U_o 将高于式(4-53)的计算值,并随负载减小而升高,在负载为零的极限情况下,$U_o = \frac{N_2}{N_1}U_i$。

除了图 4-19 的电路外,正激电路还有其他电路形式,如双正激等。它们的工作原理基本相同,不再一一叙述。

4.3.2 反激电路

单端反激变换电路也是一种采用变压器隔离的间接直流变换电路,变压器一、二次绕组同名端方向相反,在电路主开关处于通态和断态期间,一、二次绕组中的单相脉动电流总是不同时出现,变压器是以一对耦合电感的储能、放能方式进行能量传递的。图 4-21 和图 4-22 是一种典型的单端反激电路及其工作波形。

该电路工作过程为:S 开通后,变压器"·"端电压为正,VD 处于断态,绕组 W_1 的电流线性增长,电感储能增加;S 关断后,绕组 W_1 的电流被切断,"·"端的电压为负,变压器中的磁

场能量通过绕组 W_2 和 VD 向输出端释放。S 关断后的电压为

$$u_S = U_i + \frac{N_1}{N_2}U_o \qquad (4-54)$$

式中,N_1,N_2 分别为变压器绕组 W_1,W_2 的匝数。

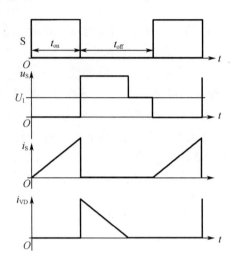

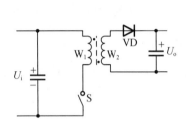

图 4 - 21　反激电路原理图　　　　　图 4 - 22　反激电路工作波形图

反激电路可以工作在电流断续和电流连续两种模式:

(1)如果当 S 开通时,绕组 W_2 中的电流尚未下降到零,则称电路工作于电流连续模式;

(2)如果在 S 开通前,绕组 W_2 中的电流已经下降到零,则称电路工作于电流断续模式。

当工作于电流连续模式时

$$U_o = \frac{N_2}{N_1}\frac{t_{on}}{t_{off}}U_i \qquad (4-55)$$

当电路工作在断续模式时,输出电压高于式(4 - 55)的计算值,并随负载减小而升高,负载为零的极限情况下,$U_o \to \infty$,这将损坏电路中的元件,因此反激电路不应工作于负载开路状态。

4.3.3　半桥电路

半桥电路的原理如图 4 - 23 所示,工作波形如图 4 - 24 所示。

在半桥电路中,变压器一次侧的两端分别连接在电容 C_1,C_2 的中点和开关 S_1,S_2 的中点。电容 C_1,C_2 的中点电压为 $U_i/2$。

当 S_1 导通、S_2 关断时,电源及 C_1 的储能经变压器传递到副边,此时电源经 S_1、变压器向 C_2 充电,C_2 储能增加,二极管 VD_1 处于通态。反之,S_1 关断、S_2 导通时,电源及电容 C_2 上储能经变压器传递到副边,此时电源经 S_2、变压器向 C_1 充电,C_1 储能增加,二极管 VD_2 处于通态。当两个开关都关断时,变压器绕组 W_1 中的电流为零,根据变压器的磁动势平衡方程,绕组 W_2 和 W_3 中的电流大小相等、方向相反,所以 VD_1 和 VD_2 都处于通态,各分担一半的电流。S_1 或 S_2 导通时,电感 L 的电流逐渐上升;两个开关都关断时,电感 L 的电流逐渐下降。S_1 和 S_2 断态时承受的峰值电压均为 U_i。

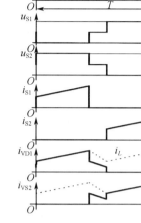

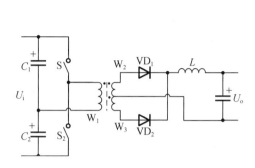

图 4 - 23　半桥电路原理图　　　　　　图 4 - 24　半桥电路的工作波形图

由于电容的隔直作用,半桥电路对由于两个开关导通时间不对称而造成的变压器一次电压的直流分量有自动平衡作用,因此不容易发生变压器的偏磁和直流磁饱和。

当滤波电感 L 的电流连续时

$$U_o = \frac{N_2}{N_1} D U_i \tag{4-56}$$

式中, D 为占空比, $D = \dfrac{t_{on}}{T}$ 。

如果输出电感电流不连续,输出电压将高于上式的计算值,并随负载减小而升高,在负载为零的极限情况下,有

$$U_o = \frac{N_2}{N_1} \frac{U_i}{2} \tag{4-57}$$

4.3.4　全桥电路

全桥电路的原理和工作波形分别如图 4 - 25 和图 4 - 26 所示。

全桥电路中的逆变电路由四个开关组成,互为对角的两个开关同时导通,而同一侧半桥上下两开关交替导通,将直流电压逆变成幅值为 U_i 的交流电压,加在变压器一次侧。改变开关的占空比,就可以改变整流电压 u_d 的平均值,也就改变了输出电压 U_o 。

当 S_1 与 S_4 开通后,二极管 VD_1 和 VD_4 处于通态,电感 L 的电流逐渐上升; S_2 与 S_3 开通后,二极管 VD_2 和 VD_3 处于通态,电感 L 的电流也上升。当四个开关都关断时,四个二极管都处于通态,各分担一半的电感电流,电感 L 的电流逐渐下降。 S_1 和 S_2 断态时承受的峰值电压均为 U_i 。

当滤波电感电流连续时,有

$$U_o = \frac{N_2}{N_1} \frac{2 t_{on}}{T} U_i \tag{4-58}$$

如果输出电感电流不连续,输出电压 U_o 将高于上式的计算值,并随负载减小而升高,

在负载为零的极限情况下，$U_o = \dfrac{N_2}{N_1}U_i$。

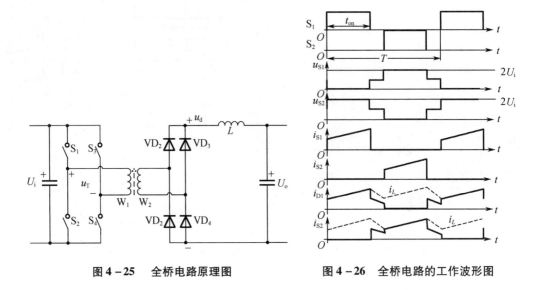

图 4 - 25　全桥电路原理图　　　　　图 4 - 26　全桥电路的工作波形图

4.3.5　推挽电路

推挽电路的原理如图 4 - 27 所示，工作波形如图 4 - 28 所示。

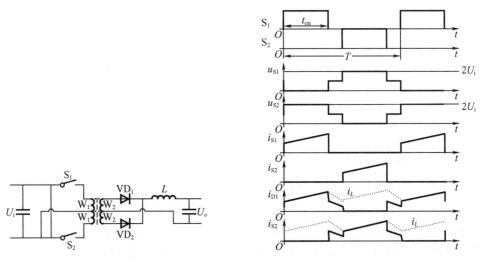

图 4 - 27　推挽电路原理图　　　　　图 4 - 28　推挽电路的理想化波形图

推挽电路中两个开关 S_1 和 S_2 交替导通，在绕组 W_1 和 W_1' 两端分别形成相位相反的交流电压，改变占空比 D 就可以改变输出电压。S_1 导通时，二极管 VD_1 处于通态；S_2 导通时，二极管 VD_2 处于通态；当两个开关都关断时，VD_1 和 VD_2 都处于通态，各分担一半的电流。S_1 或 S_2 导通时，电感 L 的电流逐渐上升；两个开关都关断时，电感 L 的电流逐渐下降。S_1 和 S_2 断态时承受的峰值电压均为 $2U_i$。

如果 S_1 和 S_2 同时导通，就相当于变压器一次绕组短路，因此应避免两个开关同时导通,每个开关各自的占空比不能超过 50%,还要留有死区。

当滤波电感 L 的电流连续时

$$U_{\mathrm{o}} = 2\frac{N_2}{N_1}\frac{t_{\mathrm{on}}}{T}U_{\mathrm{i}} \tag{4 - 59}$$

如果输出电感电流不连续,输出电压 U_{o} 将高于式(4 - 59)的计算值,并随负载减小而升高,在负载为零的极限情况下,$U_{\mathrm{o}} = \dfrac{N_2}{N_1}U_{\mathrm{i}}$。

4.4　直流斩波电路的仿真

4.4.1　直流降压斩波电路仿真

Buck 变换器是一种输出电压小于或等于输入电压的单管非隔离直流变换器,其仿真模型如图 4 - 29 所示。

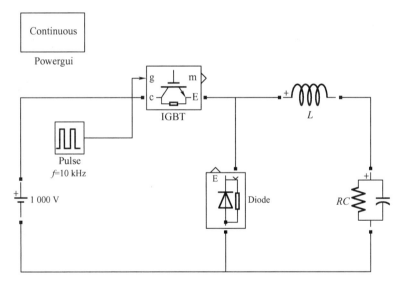

图 4 - 29　Buck 变换器仿真模型

Buck 变换器的主电路由一个 IGBT、一个二极管、负载 R、电感 L 和电容 C 构成。工作过程如下:

(1)IGBT 导通时,电源通过电感 L 向负载 R 供电,电感 L 的储能增加,电感电流不断增长;

(2)IGBT 关断时,电感 L 向负载 R 供电,电感 L 的储能渐渐消耗给负载 R,电感电流下降。

Buck 变换器的参数为:输入电压 $U_{\mathrm{i}} = 1\ 000$ V,输出电压 $U_{\mathrm{o}} = 800$ V,占空比 $D = 0.8$,开关频率 $f_{\mathrm{s}} = 10$ kHz,电感 $L = 50$ mH,电容 $C = 500$ μF,电阻 $R = 10$ Ω。图 4 - 30 为 Buck 变换器输出电压电流波形图。

从图中可以看出,Buck 变换器输出电压电流波形存在超调,稳定时间在 0.05 s。为了使得变换器达到更好的输出效果,对 Buck 电路进行闭环控制。

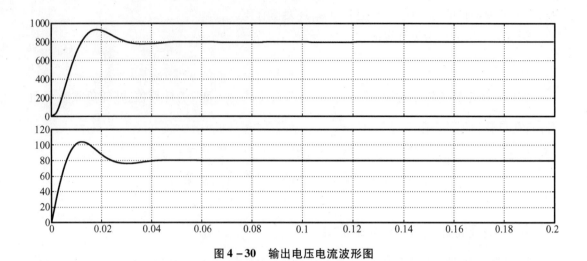

图 4 - 30　输出电压电流波形图

图 4 - 31 为 Buck 变换器闭环仿真模型。通过给定电压与采样输出电压的比较,经过 PID 调节,从而产生脉冲信号控制 IGBT 开关动作,其中 PID 的参数为:$P = 2, I = 15, D = 0.01$。

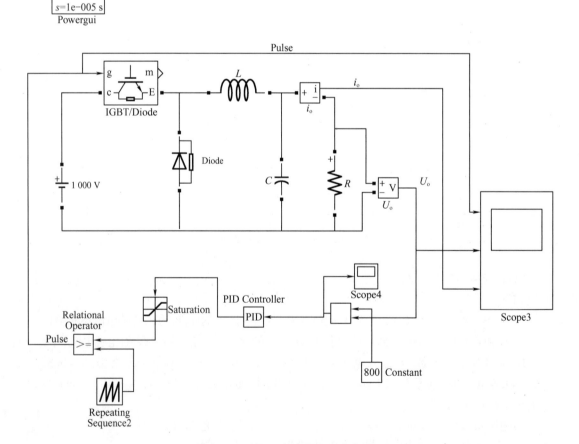

图 4 - 31　Buck 变换器闭环仿真模型

图 4 – 32 为 Buck 变换器闭环输出电压电流波形图。可以看出输出电压电流基本没有超调,并且在 0.02 s 时输出已达到稳定状态。

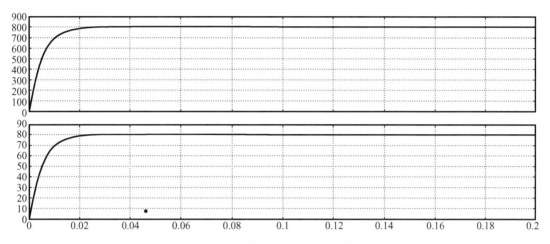

图 4 – 32　Buck 变换器闭环输出电压电流波形图

4.4.2　直流升压斩波器仿真

Boost 变换器是一种输出电压大于或等于输入电压的单管非隔离直流变换器。仿真模型如图 4 – 33 所示。

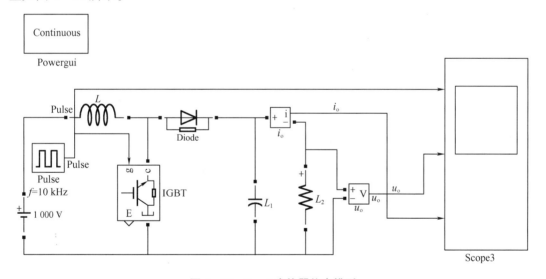

图 4 – 33　Boost 变换器仿真模型

Boost 电路的元器件组成与 Buck 电路相同,其工作过程如下:(1)IGBT 导通时,电源电压全部加在电感 L 上,电感电流不断增长,二极管 D 截止,负载由电容 C 供电;(2)IGBT 关断时,电源与电感同时向负载和电容供电。

Boost 变换器的参数为:输入电压 $U_i = 800$ V,输出电压 $U_o = 1\,000$ V,占空比 $D = 0.2$,开关频率 $f_s = 10$ kHz,电感 $L = 50$ mH,电容 $C = 500$ μF,电阻 $R = 10$ Ω。图 4 – 34 为 Boost 变换器输出电压电流波形图。

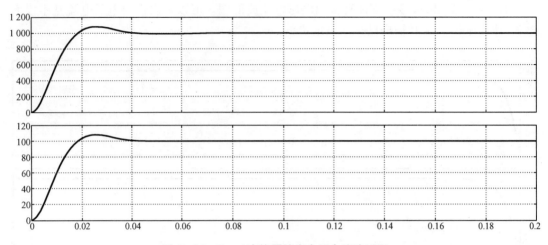

图 4 – 34 **Boost** 变换器输出电压电流波形图

从图中可以看出,Boost 变换器输出电压电流波形存在超调,稳定时间在 0.05 s。为了使变换器达到更好的输出效果,对 Boost 电路进行闭环控制。

图 4 – 35 为 Boost 变换器闭环仿真模型。通过给定电压与采样输出电压的比较,经过 PID 调节,从而产生脉冲信号控制 IGBT 开关动作,其中 PID 的参数为:$P = 0.8, I = 5, D = 0$。

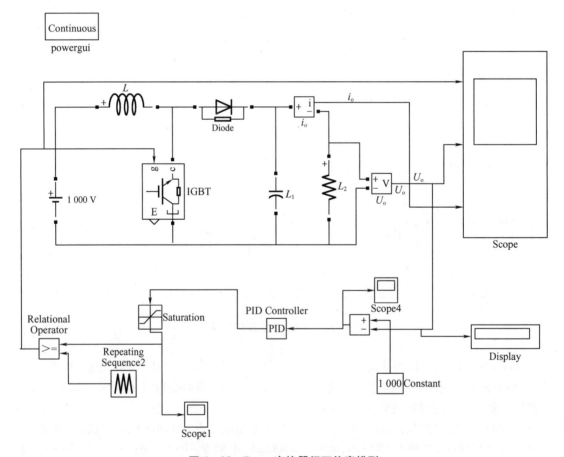

图 4 – 35 **Boost** 变换器闭环仿真模型

图 4 - 36 为 Boost 变换器闭环输出电压电流波形图。可以看出输出电压电流基本没有超调,并且在 0.02 s 时输出已达到稳定状态。

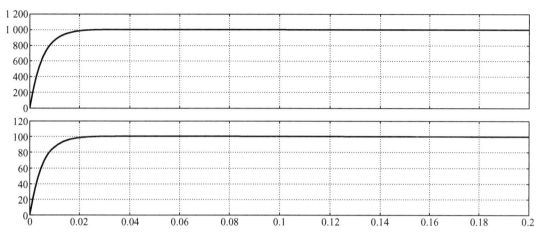

图 4 - 36   Boost 变换器闭环输出电压电流波形图

4.4.3   反激变换器仿真

反激变换器仿真模型如图 4 - 37 所示。取如下参数:电源电压 $U_i = 400$ V,电容 $C = 1$ mF,负载 $R = 10$ Ω,变压器变比 $n = 2:1$,占空比 $D = 0.4$,开关频率 $f = 6$ kHz。输出电流和输出电压波形分别如图 4 - 38、图 4 - 39 所示。

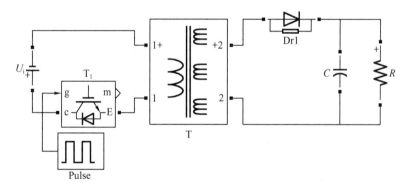

图 4 - 37   反激变换器的仿真模型

4.4.4   正激变换器仿真

正激变换器仿真模型如图 4 - 40 所示。取如下参数:电源电压 $U_i = 400$ V,电感 $L = 0.02$ H,电容 $C = 200$ μF,负载 $R = 10$ Ω,变压器变比 $n = 2:1$,占空比 $D = 0.4$,开关频率 $f = 20$ kHz。输出电流和输出电压波形分别如图 4 - 41、图 4 - 42 所示。

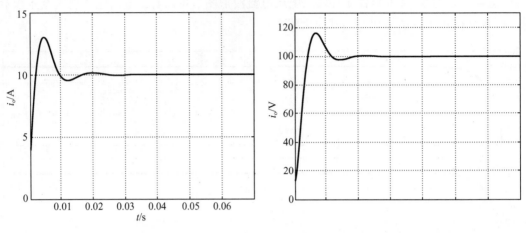

图4-38　输出电流波形图　　　　　　　图4-39　输出电压波形图

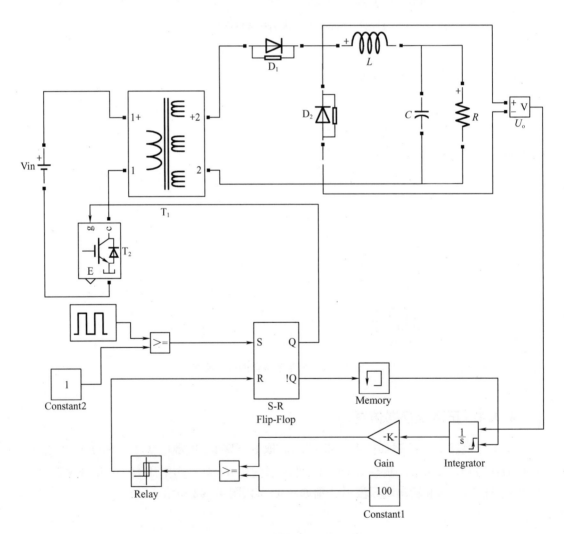

图4-40　正激变换器的仿真模型

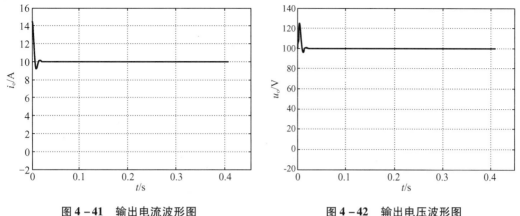

图4－41 输出电流波形图

图4－42 输出电压波形图

本 章 小 结

直流－直流变流电路包括直接直流变流电路和间接直流变流电路。直接直流变流电路也称直流斩波电路,一般是指直接将直流电变为另一电压不同的直流电,这种情况下输入与输出之间不隔离。间接直流变流电路是先将直流电转换成交流电再将交流电转换成直流电,在交流环节中通常采用高频变压器实现输入输出间的隔离,因此也称为直－交－直电路。

直接直流变流电路包括六种基本斩波电路、两种复合斩波电路及多相多重斩波电路,其中最基本的是降压斩波电路和升压斩波电路两种,对这两种电路的理解和掌握是学习本章的关键和核心,也是学习其他斩波电路的基础。

常见的带隔离的直流－直流变换电路可以分为单端和双端电路两大类。单端电路的变压器的励磁电流是单方向的,而双端电路的变压器的励磁电流是两个方向的。单端电路包括正激和反激两类;双端电路包括全桥、半桥和推挽三类。每一类电路都可能有多种不同的拓扑形式或控制方法,本章仅介绍了其中最具代表性的拓扑形式和控制方法。

思考题与练习题

1. 请列举出6种基本斩波电路。

2. 试述降压斩波电路的主要工作原理。

3. 试述升压斩波电路的基本工作原理,并解释其电压升高的原因。

4. 斩波电路用于拖动直流电动机时,常要使电动机既可_____,又可_____。降压斩波电路能使电动机工作于第_____象限。升压斩波电路能使电动机工作于第_____象限。

5. 电流可逆斩波电路:_____电路与_____斩波电路组合。此电路电动机的电枢电流可正可负,但电压只能是一种极性,故其可工作于第_____象限和第_____象限。

6. 桥式可逆斩波电路将两个电流可逆斩波电路组合起来,分别向电动机提供正向和反向电压,提供_____压,可使电动机工作于第_____,_____象限。向电动机提供

_____压,可使电动机工作于第_____,_____象限。

7. 斩波电路时间比控制方式中的三种控制模式是什么?

8. 在图 4 – 1(a)所示的降压斩波电路中,已知 $E = 200$ V,$R = 10$ Ω,L 值极大,$E_M = 30$ V,$T = 50$ μs,$t_{on} = 20$ μs,计算输出电压平均值 U_o 和输出电流平均值 I_o。

9. 在图 4 – 1(a)所示的降压斩波电路中,$E = 100$ V,$L = 1$ mH,$R = 0.5$ Ω,$E_M = 10$ V,采用脉宽调制控制方式,$T = 20$ μs,当 $t_{on} = 5$ μs 时,计算输出电压平均值 U_o。输出电流平均值 I_o,计算输出电流的最大和最小瞬时值,并判断负载电流是否连续。当 $t_{on} = 3$ μs 时,重新进行上述计算。

10. 在图 4 – 6(a)所示的升压斩波电路中,已知 $E = 50$ V,L 值和 C 值极大,$R = 20$ Ω,采用脉宽调制控制方式,当 $T = 40$ μs,$t_{on} = 25$ μs 时,计算输出电压平均值 U_o 和输出电流平均值 I_o。

11. 试分别简述升降压斩波电路和 Cuk 斩波电路的基本原理,并比较其异同点。

12. 试绘制 Speic 斩波电路和 Zeta 斩波电路的原理图,并推导其输入输出关系。

13. 分析图 4 – 15(a)所示的电流可逆斩波电路,并结合图 4 – 15(b)的波形,绘制出各个阶段电流流通的路径并标明电流方向。

14. 对于图 4 – 16 所示的桥式可逆斩波电路,若需使电动机工作于反转电动状态,试分析此时电路的工作情况,并绘制相应的电流流通路径图,同时标明电流流向。

15. 多相多重斩波电路有何优点?

第5章 逆 变 电 路

在实际应用中,经常需要将直流电变换为交流电,这种电能变换过程称为逆变。如果逆变电路的交流侧接在电网上,把直流转换成与电网同频率的交流电,称为有源逆变;当交流侧不接电网,而是与负载直接连接,即把直流电转换成可调频率的交流电,称为无源逆变。一般所说的逆变电路多指无源逆变电路,本章讲述的就是无源逆变电路。

从定义可以看出无源逆变电路可以实现变频,但是二者既有联系,又有区别。变频是将一种频率的交流电变换成另一种频率的交流电。变频电路有交 – 交变频和交 – 直 – 交变频两种形式。其中交 – 直 – 交变频电路由两部分组成,先将交流电转换成直流电,即整流,再将直流电逆变成可调频率的交流电,即无源逆变。由于整流部分经常采用不可控的二极管整流电路,因此交 – 直 – 交变频电路的控制部分即核心部分是无源逆变电路,所以常常把交 – 直 – 交变频器称为逆变器。书中第 6 章将讲述交流 – 交流变流电路,交 – 直 – 交变频电路将在第 9 章讲述。

逆变电路的应用非常广泛。各类直流电源,如蓄电池、干电池、太阳能电池等,当需要它们向交流负载供电时,就需要逆变电路。另外,交流电动机调速用变频器、不间断电源、感应加热电源等电力电子装置使用非常广泛,其电路的核心部分都是逆变电路。可见,逆变电路在电力电子电路中占有十分突出的位置。

本章仅讲述逆变电路的基本原理。而关于如何实现逆变电路输出电压和波形控制的内容将在第 7 章 PWM 控制技术中详细讲述。

5.1 逆变电路的基本概念

5.1.1 逆变器的性能指标

逆变电路也称为逆变器。实际应用中,通常采用以下性能指标来评价逆变器的各项性能。

(1)谐波系数 HF(Harmonic Factor)。第 i 次谐波系数 HF_i 定义为第 i 次谐波分量有效值 U_i 与基波分量有效值 U_1 之比,即

$$HF_i = \frac{U_i}{U_1} \tag{5-1}$$

(2)总谐波系数 THD(Total Harmonic Distortion)。定义为

$$THD = \frac{1}{U_1} \sqrt{\sum_{i=2}^{\infty} U_i^2} \tag{5-2}$$

总谐波系数表征了实际波形同其基波分量差异的程度。当逆变器输出波形为理想正弦波时,THD 为零。

(3)最低次谐波 LOH(Lowest – Order Harmonic)。定义为与基波频率最接近的谐波。

(4)逆变效率。

（5）单位质量（或单位体积）的输出功率。它是衡量逆变器输出功率密度的指标。

（6）电磁干扰 EMI（Electromagnetic Interference）及电磁兼容性 EMC（Electromagnetic Compatibility）。

5.1.2　逆变电路的基本工作原理

图 5 - 1(a)所示为单相桥式逆变电路，下面以该电路为例来说明逆变电路的基本工作原理。图中 $S_1 \sim S_4$ 是桥式电路的 4 个臂，它们由电力电子器件及其辅助电路组成。当开关 S_1，S_4 闭合，S_2，S_3 断开时，负载电压 u_o 为正；当开关 S_1，S_4 断开，S_2，S_3 闭合时，u_o 为负，其波形如图 5 - 1(b)所示。两组开关轮流导通，就把直流电变成了交流电。控制两组开关的切换频率，就可以改变输出交流电的频率；改变直流电压 U_d 的大小，就可以调节输出电压的幅值。输出电流的波形和相位取决于交流负载的性质。

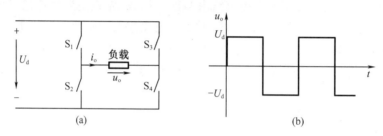

图 5 - 1　逆变电路及其波形举例

图 5 - 1(a)中的开关 $S_1 \sim S_4$，实际上是各种半导体开关器件的一种理想模型。常用的逆变电路开关器件有快速晶闸管、可关断晶闸管（GTO）、功率场效应管（MOSFET）和绝缘栅极双极型晶体管（IGBT）等。

5.1.3　逆变电路的换流方式

在逆变电路工作中，电流从一个支路向另一个支路转移的过程称为换流，也称换相。在换流过程中，有的支路要从通态转移到断态，有的支路要从断态转移到通态。从断态向通态转移时，无论支路是由全控型还是半控型电力电子器件组成，只要给门极适当的驱动信号，就可以使其开通，但从通态向断态转移的情况就不同。全控型器件可以通过对门极的控制使其关断，而对于半控型器件的晶闸管来说，要在其电流过零后再施加一定时间的反向电压，才能使其关断。逆变电路中，晶闸管承受正向电压时，要想使其关断，必须利用外部条件或采取其他措施才行。因此，要使逆变电路稳定工作，必须解决如何使器件可靠关断的技术问题，即换流方式。

实际上，换流并不是逆变电路中才有的概念，在本书所讲的各种电力电子变流电路中都存在换流问题。

一般来说，换流方式可分为以下几种：

1. 器件换流

利用全控型器件的自关断能力进行换流称为器件换流。在采用 IGBT、电力 MOSFET、GTO 等全控型器件的电路中，其换流方式即为器件换流。

2. 电网换流

由电网提供换流电压称为电网换流。在换流时,只要把负值的电网电压施加在欲关断的晶闸管上即可使其关断。这种方式常用于可控整流电路、有源逆变电路、交流调压电路和相控交-交变频电路中。电网换流不需要器件具有门极可关断能力,也不需要为换流附加任何元件,但是不适用于没有交流电网的无源逆变电路。

3. 负载换流

由负载提供换流电压称为负载换流。凡是负载电流的相位超前于负载电压的场合,都可以实现负载换流。当负载为电容性负载时,就可实现负载换流。另外,当负载为同步电动机时,由于可以控制励磁电流使负载呈现为容性,因而也可以实现负载换流。

图 5-2(a)是基本的负载换流逆变电路,$VT_1 \sim VT_4$ 均由晶闸管组成。负载是先由电阻电感串联后再和电容并联组成的谐振回路,整个负载工作在接近并联谐振状态而略呈容性。在实际电路中,电容往往是为改善负载功率因数,使其略呈容性而接入的。

电路的工作波形如图 5-2(b)所示。由于在直流侧串入了足够大的电感 L_d,因而可认为直流侧电流 i_d 基本没有脉动。晶闸管的切换只是改变了电流的流通路径,因此负载电流基本呈现为矩形波。因为负载工作在对基波电流接近并联谐振的状态,故对基波的阻抗很大,而对谐波的阻抗很小,因此负载电压 u_o 波形接近正弦波。设 $t = 0$ 时刻触发 VT_1,VT_4 导通,而 VT_2,VT_3 截止,此时 u_o,i_o 均为正,VT_2,VT_3 所承受的电压为 u_o。$t = t_1$ 时刻,触发 VT_2,VT_3,由于电容 C 两端电压不能突变,当 VT_2,VT_3 导通时,相当于将 u_o 反向加到 VT_4,VT_1 上,使其承受反压而关断,电流从 VT_1,VT_4 转移到 VT_3,VT_2。从流过晶闸管的电流为零(t_1 时刻)到 $u_o = 0$(t_2 时刻)这段时间是晶闸管承受反压的时间,必须使这段时间大于晶闸管的关断时间,晶闸管才能可靠关断,顺利换流。从 VT_2,VT_3 到 VT_4,VT_1 的换流过程和上述情况类似。

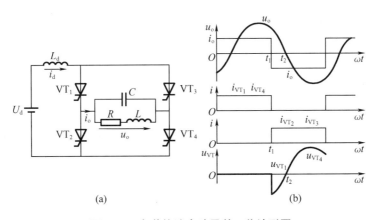

(a)　　　　　　　　　　(b)

图 5-2　负载换流电路及其工作波形图

4. 强迫换流

通过设置附加换流电路,给欲关断的晶闸管强迫施加反向电压或反向电流的换流方式称为强迫换流。强迫换流通常利用附加换流电路电容上所储存的能量来实现,因此也称为电容换流。强迫换流可以使变流器在任意时刻换流,这是电网换流和负载换流方式所不能比拟的。

在强迫换流方式中,由换流电路内电容直接提供换流电压的方式称为直接耦合式强迫换流,原理图如图 5-3 所示。图中,在晶闸管 VT 处于通态时,预先给电容 C 按图中所示极性充电。如果合上开关 S,就可以使晶闸管被施加反向电压而关断。

如果通过换流电路内的电容和电感的耦合来提供换流电压或换流电流,则称为电感耦合式强迫换流。电感耦合式强迫换流原理如图 5-4 所示,其中图(a)和(b)中换流电容两端电压 u_c 极性不同,导致两种不同的换流过程。图 5-4(a)中,u_c 正向加在 VT 的阴极,当开关 S 闭合后,LC 振荡电流将反向流过晶闸管 VT,使流过 VT 的电流迅速减小。在 LC 振荡第一个半周期内就可使 VT 中的电流减小到零而关断。当 VT 中的电流下降到零后,LC 振荡电流改为流经二极管 VD,VD 上的管压降就是加在 VT 两端的反向电压。图 5-4(b)中 u_c 负向加在 VT 的阴极,当开关 S 闭合后,LC 振荡电流先正向流过 VT,使 VT 中电流增大,经半个振荡周期 $\pi\sqrt{LC}$ 后,即在第二个半周期内振荡电流反向流过 VT,使 VT 中合成正向电流衰减至零而关断。VT 中电流为零后,LC 振荡电流流经二极管 VD。可以看出,两种情况下,晶闸管都是在正向电流衰减至零且二极管开始流过电流时关断。二极管上的管压降就是加在晶闸管上的反向电压。

图 5-3 中给晶闸管加上反向电压而使其关断的换流叫作电压换流,而图 5-4 那种先使晶闸管电流减为零,然后通过反并联二极管使其加上反向电压的换流叫作电流换流。

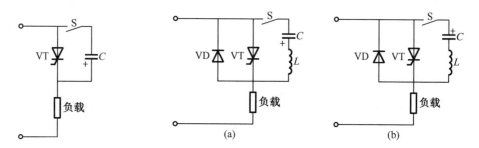

图 5-3 直接耦合式强迫换流原理图　　　　图 5-4 电感耦合式强迫换流原理图

上述四种换流方式中,器件换流只适用于全控型器件,其余三种方式主要是针对晶闸管而言的。

5.1.4 逆变电路的分类

逆变电路的分类方法有许多种,主要概括如下:

(1)按照输入直流电源性质,逆变电路可分为电压型逆变电路和电流型逆变电路。直流侧是电压源的称为电压型逆变电路;直流侧是电流源的称为电流型逆变电路。它们也分别被称为电压源型逆变电路(Voltage Source Inverter,VSI)和电流源型逆变电路(Current Source Inverter,CSI)。

(2)按照电路的结构特点,逆变电路可分为半桥式、全桥式、推挽式及其他形式。

(3)根据输出电压相数,逆变电路可分为单相、三相和多相逆变电路。

(4)根据使用的功率开关元件,逆变电路可分为半控型(晶闸管)器件和全控型器件逆变电路。

诸多分类方式中,我们重点介绍电压型逆变电路和电流型逆变电路。

1. 电压型逆变电路

以图 5-5 中的单相全桥电压型逆变电路为例来说明电压型逆变电路的主要特点:

（1）直流侧为电压源，或并联有大电容，相当于电压源。直流侧电压基本无脉动，直流回路呈现低阻抗。

（2）由于直流电压源的钳位作用，交流侧输出电压波形为矩形波，并且与负载阻抗角无关。而交流侧输出电流波形和相位因负载阻抗情况的不同而不同。

（3）当交流侧为阻感负载时需要提供无功功率，直流侧电容起缓冲无功能量的作用。为了给交流侧向直流侧反馈的无功能量提供通道，逆变桥各臂都并联了反馈二极管。

2. 电流型逆变电路

以图 5-6 中的三相桥式电流型逆变电路为例来说明电流型逆变电路的主要特点。图中的 GTO 使用反向阻断型器件。假如使用反向导电型 GTO，必须给每个 GTO 串联二极管以承受反向电压。图中的交流侧电容器是为吸收换流时负载电感中储存的能量而设置的，是电流型逆变电路的必要组成部分。

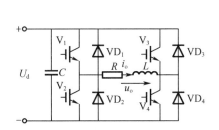

图 5-5　单相全桥电压型逆变电路图

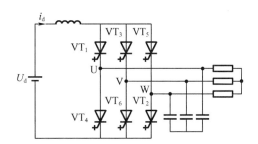

图 5-6　三相桥式电流型逆变电路图

电流型逆变电路有以下主要特点：

（1）直流侧串联大电感，相当于电流源。直流侧电流基本无脉动，直流回路呈现高阻抗。

（2）电路中开关器件的作用仅是改变直流电流的流通路径，因此交流侧输出电流为矩形波，并且与负载阻抗角无关。而交流侧输出电压波形和相位则因负载阻抗情况的不同而不同。

（3）当交流侧为阻感负载时需要提供无功功率，直流侧电感起缓冲无功能量的作用。因为反馈无功能量时直流电流并不反向，因此开关器件不需要反并联二极管，带电动机负载工作时很容易实现四象限运行。

5.2　电压型逆变电路

本节主要介绍单相和三相电压型逆变电路的基本构成、工作原理和特性。其中单相半桥逆变电路结构最为简单，且单相全桥逆变电路、三相桥式逆变电路都可看成由若干个半桥逆变电路组合而成，因此先介绍单相半桥逆变电路。

5.2.1　单相电压型逆变电路

1. 半桥逆变电路

单相半桥电压型逆变电路原理如图 5-7(a) 所示，它由两个桥臂构成，每个桥臂由一个可控器件和一个反并联二极管组成，图中的可控器件采用 IGBT。在直流侧接有两个相互串联的电容,这两个电容值足够大,可以使得在可控器件通断变化时,电容电压仍保持为 $U_d/2$ 不变,两个电容的连接点便成为直流电源的中点。负载连接在直流电源中点和两个桥臂连接点之间。

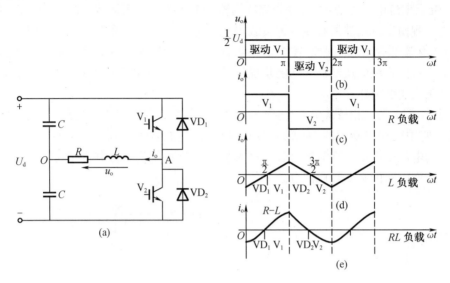

图 5 - 7 单相半桥电压型逆变电路及其工作波形图

(a)电路图;(b)电压波形图;(c)电阻负载电流波形图;

(d)电感负载电流波形图;(e)RL 负载电流波形图

在一个周期内,IGBT 管 V_1 和 V_2 的栅极信号各有半周正偏,半周反偏,且互补。

负载输出电压 u_o 波形如图 5 - 7(b)所示。在 $0 \leqslant \omega t < \pi$ 期间,V_1 导通,V_2 截止,负载电压 $u_o = U_d/2$;在 $\pi \leqslant \omega t < 2\pi$ 期间,V_2 导通,V_1 截止,负载电压 $u_o = -U_d/2$。显然,负载输出电压 u_o 为矩形波,其幅值为 $U_d/2$。

输出负载电流 i_o 波形随负载情况而异。当负载为纯阻性时,i_o 的形状与 u_o 相同,如图 5 - 7(c)所示。

当负载为纯感性负载时,电流 i_o 波形为三角波,如图 5 - 7(d)所示,在 $0 \leqslant \omega t < \pi$ 期间,$u_o = L di_o/dt = U_d/2$,i_o 线性上升;在 $\pi \leqslant \omega t < 2\pi$ 期间,$u_o = L di_o/dt = -U_d/2$,i_o 线性下降。设 $\omega t = \pi$ 时刻以前 V_1 导通,V_2 截止。$\omega t = \pi$ 时刻给 V_1 关断信号,给 V_2 开通信号,则 V_1 关断,但感性负载中的电流 i_o 不能立即改变方向,于是 VD_2 先导通续流。$\omega t = 3\pi/2$ 时刻,i_o 下降为零时,VD_2 截止,V_2 开通,i_o 开始反向。同样,在 $\omega t = 2\pi$ 时刻给 V_2 关断信号,给 V_1 开通信号后,V_2 关断,VD_1 先导通续流,$\omega t = 5\pi/2$ 时刻 V_1 才开通。IGBT 开关管和二极管轮流导通,各导通一半时间,各段时间内导通器件的名称标于图形下部。

若负载为阻感性负载,则输出电流 i_o 的波形如图 5 - 7(e)所示,因为负载呈感性,所以在一个周期内也需要 VD_1 和 VD_2 续流,只是由于存在电阻,阻抗角减小,IGBT 开关管的导通时间要大于二极管的续流时间,时间的分配随阻抗角大小不同而异。各段时间内导通器件的名称标于图形下部。

当 V_1 或 V_2 导通时,负载电流和电压同方向,直流侧向负载提供能量;而当 VD_1 或 VD_2 导通时,负载电流和电压反向,负载电感中储存的能量向直流侧反馈,即负载电感将其吸收的无功能量反馈回直流侧。反馈回的能量暂时储存在直流侧电容器中,直流侧电容器起着缓冲该无功能量的作用。因为二极管 VD_1,VD_2 既可以为负载向直流侧反馈能量提供通道,又起着使负载电流连续的作用,因此称为反馈二极管或续流二极管。

当可控器件是晶闸管时,必须附加强迫换流电路才能正常工作。

从波形图可知,逆变器输出电压有效值为

$$U_o = \sqrt{\frac{2}{2\pi}\int_0^\pi \left(\frac{U_d}{2}\right)^2 d(\omega t)} = \frac{U_d}{2} \qquad (5-3)$$

式中,$\omega = 2\pi f$ 为输出电压角频率。

由傅里叶分析,输出电压瞬时值表达式为

$$u_o = \frac{2U_d}{\pi}\left(\sin\omega t + \frac{1}{3}\sin3\omega t + \frac{1}{5}\sin5\omega t + \cdots\right) \qquad (5-4)$$

其基波分量的有效值为

$$U_{o1} = \frac{2U_d}{\sqrt{2}\,\pi} = 0.45U_d \qquad (5-5)$$

改变开关器件驱动信号的频率,输出电压的频率随之改变。电路工作时 V_1,V_2 同时导通会发生短路,必须杜绝这种情况。实际使用时,遵循"先断后通"的原则,即每个开关管的开通信号应略滞后于另一开关管的关断信号。但这样在该关断信号与开通信号之间会产生死区时间,在死区时间内,V_1 和 V_2 均无驱动信号。

半桥逆变电路的优点是简单,使用器件少;其缺点是输出交流电压的幅值仅为 $U_d/2$,且直流侧需要两个电容器串联,工作时还要控制两个电容器电压的均衡。因此半桥电路常用于几千瓦以下的小功率逆变电源。

2. 全桥逆变电路

电压型全桥逆变电路的原理如图 5-8(a)所示。它共有四个桥臂,可以看成由两个半桥电路组合而成。把桥臂 1 和 4 作为一对,桥臂 2 和 3 作为另一对,成对的两个桥臂同时导通,两对交替各导通 180。其输出电压 u_o 的波形与图 5-7(b)中 u_o 的波形相同,都是矩形波,但是幅值高出一倍,变为 U_d。负载分别为纯阻性、纯感性和阻感性情况下的负载电流波形图分别如图 5-7(c)(d)(e)所示。虽然单相全桥逆变电路的波形与半桥逆变电路相似,但是由于结构不同,所以电路开关管和二极管的导通有所区别。例如,图 5-7 中 V_1,V_2 导通的区间分别对应于图 5-8 中 V_1 和 V_4,V_2 和 V_3 导通的区间,当负载中有电感,使得主开关管关断时,电流不能立刻改变方向需要二极管续流的情况;图 5-7 中 VD_1,VD_2 导通的区间分别对应于图 5-8 中 VD_1 和 VD_4,VD_2 和 VD_3 导通的区间。关于无功能量的交换,对于半桥逆变电路的分析也完全适用于全桥逆变电路。

全桥逆变电路在单相逆变电路中应用最多。下面对其电压波形做定量分析。把幅值为 U_d 的矩形波 u_o 展开成傅里叶级数得

$$u_o = \frac{4U_d}{\pi}\left(\sin\omega t + \frac{1}{3}\sin3\omega t + \frac{1}{5}\sin5\omega t + \cdots\right) \qquad (5-6)$$

其中,基波的幅值 U_{o1m} 和基波有效值 U_{o1} 分别为

$$U_{o1m} = \frac{4U_d}{\pi} = 1.27U_d \qquad (5-7)$$

$$U_{o1} = \frac{2\sqrt{2}U_d}{\pi} = 0.9U_d \qquad (5-8)$$

　　从式(5-6)至式(5-8)可以看出,要想改变输出电压的幅值只能通过改变直流电压来实现。

　　以上分析的是 V_1 和 V_4 , V_2 和 V_3 同时导通的情况,此时输出的负载电压为正负半周各为180°的矩形波。其实在阻感负载情况下,还可以通过移相的方式来调节逆变电路的输出电压,这种调压方式在实际的电路中使用非常广泛,称为移相调压。

　　移相调压的波形如图5-8(b)所示,在图5-8(a)所示的单相全桥逆变电路中,同一支路上下桥臂两个开关管的驱动信号仍然是互补的,即 V_1 和 V_2 栅极信号互补, V_3 和 V_4 栅极信号互补。不过 V_4 不再与 V_1 同时导通,其驱动信号要超前于 V_1 的驱动信号 $180-\theta$, $0<\theta<180°$,而与 V_4 栅极信号互补的 V_3 驱动信号要落后于 V_1 θ ,而不是原来的180°了。这样,输出电压不再是宽度各为180°的正负脉冲,而是各为 θ 的正负脉冲。电路输出电压、输出电流及各 IGBT 开关管栅极信号的波形如图5-8(b)所示。下面分析该移相全桥电路的工作过程。

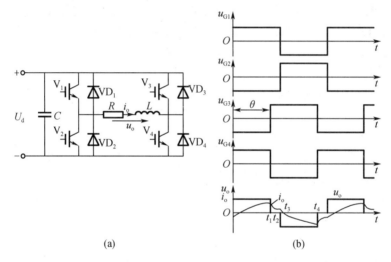

图5-8　单相全桥逆变电路及移相调压方式的波形图

　　假设 t_1 时刻之前, V_1 和 V_4 导通,输出电压 $u_o=U_d$ 。 t_1 时刻, u_{G4} 变负, u_{G3} 变正, V_4 截止, V_3 要导通,但是由于此时电流 i_o ,在电感作用下,需要继续维持原来的电流方向,因此实际上 VD_3 导通,与 V_1 共同构成续流通路,此时输出电压 $u_o=0$ 。直到 t_2 时刻, u_{G1} 变负, u_{G2} 变正, V_1 截止, V_2 要导通,但是由于此时仍有电流 $i_o>0$,所以 V_2 不能导通,而是 VD_2 导通,与 VD_3 共同构成续流通路,此时 $u_o=-U_d$ 。直到 t_3 时刻, $i_o=0$, VD_2 和 VD_3 截止,之后 V_2 和 V_3 导通,输出电压 $u_o=-U_d$,电流 $i_o<0$ 。 t_4 时刻, u_{G3} 变负, u_{G4} 变正, V_3 截止, V_4 由于电感电流 $i_o<0$ 不能立刻导通,而是 VD_4 导通,与 $V2$ 共同续流,输出电压 $u_o=0$ 。之后的过程与前面的分析类似。这样,在一个周期中,输出电压正负脉冲的宽度各为 θ 。改变 θ ,即可调节输出电压。因此移相调压实际上就是调节输出电压脉冲的宽度。

　　纯电阻负载情况下,也可以使用移相调压方式,输出电压 u_o 的波形与图5-8(b)相同,只是工作过程中二极管不导通,不需要续流。当 $u_o=0$ 时,四个桥臂都不导通, $i_o=0$ 。

　　显然,上述移相调压方式并不适用于半桥逆变电路。不过在纯电阻负载时,仍可采用改变正负脉冲宽度的方法来调节半桥逆变电路的输出电压。此时,上下两桥臂的开关管驱动信号不再是互补且各正偏 180°、反偏 180° 的脉冲,而是正偏宽度为 θ、反偏宽度为 180° − θ 的脉冲,二者的相位相差 180°。对应的输出电压 u_o 也是宽度各为的正负脉冲。

3. 带中心抽头变压器的推挽式(Push – Pull)单相逆变电路

图 5 – 9 所示的逆变电路输出变压器一次绕组有中心抽头,二次绕组输出接负载。交替驱动两个 IGBT,通过变压器的耦合给负载加上矩形波交流电压。两个二极管的作用也是给负载电感中储存的无功能量提供反馈通道。在 U_d 和负载参数相同,且变压器一次侧两个绕组和二次侧绕组的匝比为 1∶1∶1 的情况下,该电路的输出电压 u_o 和输出电流的波形及幅值与全桥逆变电路完全相同,因此式(5 – 6)至式(5 – 8)也适用于该电路。

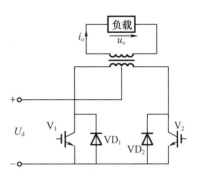

**图 5 – 9　带中心抽头变压器
的推挽式单相逆变电路图**

图 5 – 9 的电路虽然比全桥逆变电路少用了一半开关器件,但器件承受的电压却为 $2U_d$,比全桥电路高一倍,且必须有一个带中心抽头的变压器。这种带中心抽头变压器的推挽式单相逆变电路适用于低压小功率而又必须将直流电源与负载电气隔离的应用领域。

5.2.2　三相电压型逆变电路

三相电压型逆变电路有两种电路结构,一种是由三个单相逆变器组成的三相逆变电路,如图 5 – 10 所示,其中单相逆变器可以是半桥电路,也可以是全桥电路。三个单相逆变器开关管的驱动信号之间互差 120°,三相输出电压 u_{UN},u_{VN} 和 u_{WN} 幅值相等,相位互差 120°,构成一个对称的三相交流电源,通常变压器二次绕组都接成星形,以便消除负载侧 3 的倍数频率的谐波。这种结构所用元器件较多,一般用于高压大容量的逆变电路。

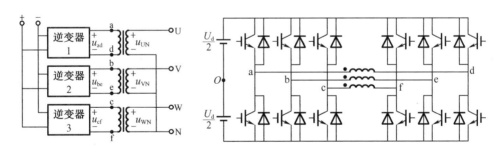

图 5 – 10　三个单相逆变器组成的三相逆变电路图
(a)原理框图;(b)电路图

另一种电路结构是如图 5 – 11 所示的三相电压型桥式逆变电路,它是应用最广泛的三相逆变电路。该电路可以看成由三个半桥逆变电路所组成。逆变电路的三相负载 Z_U,Z_V 和 Z_W 可以是星形连接或三角形连接。图 5 – 11 中采用星形连接。

三相电压型桥式逆变电路采用 180° 导电方式,即每个桥臂的导电角度为 180°,同一相(即同一半桥)上下两个臂交替导电,各相开始导电的角度依次相差 120°。在任何时刻,均有三个桥臂同时导通。因为每次换流都是在同一相上下两个桥臂之间进行,因此也称为纵向换流。

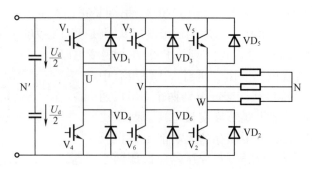

图 5 –11 三相电压型桥式逆变电路图

在工作时,每一相上下两桥臂的换流与半桥电路相似。上桥臂 1 中的 V_1 从通态转换到断态时,因负载电感中的电流不能突变,下桥臂 4 中的 VD_4 先导通续流,待负载电流降到零,桥臂 4 中电流反向时,V_4 才开始导通。VD_4 的导通时间与负载阻抗角 φ 有关,φ 越大,VD_4 导通时间就越长。

下面来分析三相电压型桥式逆变电路的电压波形。

设一周期内各 IGBT 的导通情况为:

$0 \leqslant \omega t < \pi/3$ 期间,	V_5,V_6,V_1 导通;
$\pi/3 \leqslant \omega t < 2\pi/3$ 期间,	V_6,V_1,V_2 导通;
$2\pi/3 \leqslant \omega t < \pi$ 期间,	V_1,V_2,V_3 导通;
$\pi \leqslant \omega t < 4\pi/3$ 期间,	V_2,V_3,V_4 导通;
$4\pi/3 \leqslant \omega t < 5\pi/3$ 期间,	V_3,V_4,V_5 导通;
$5\pi/3 \leqslant \omega t < 2\pi$ 期间,	V_4,V_5,V_6 导通。

可以看出,每隔 $\pi/3$ 需要触发一个开关管,一周期内,IGBT 的触发顺序为 $V_1 \to V_2 \to V_3 \to V_4 \to V_5 \to V_6$。

现在以 $0 \leqslant \omega t < \pi/3$ 期间为例,分析三相负载相电压的数值。在此期间,V_5,V_6,V_1 导通,等值电路如图 5 – 12 所示。假定三相负载平衡,$Z_U = Z_V = Z_W = Z$,则各相的相电压为

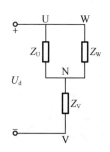

图 5 – 12 $0 \leqslant \omega t < \pi/3$ 区间的等值电路图

$$u_{UN} = u_{WN} = \frac{Z_U \mathbin{/\mkern-5mu/} Z_W}{Z_U \mathbin{/\mkern-5mu/} Z_W + Z_V} U_d = \frac{Z/2}{Z/2 + Z} U_d = \frac{U_d}{3}$$

$$u_{VN} = \frac{Z_V}{Z_U \mathbin{/\mkern-5mu/} Z_W + Z_V}(-U_d) = -\frac{Z}{Z/2 + Z} U_d = -\frac{2U_d}{3}$$

用类似的方法可画出其他区间的等值电路,求出各相相电压的数值。线电压的数值可根据下式求得

$$\left.\begin{aligned} u_{UV} &= u_{UN} - u_{VN} \\ u_{VW} &= u_{VN} - u_{WN} \\ u_{WU} &= u_{WN} - u_{UN} \end{aligned}\right\} \tag{5-9}$$

将一个周期内的相电压与线电压的数值列入表 5 –1。由表 5 –1 中的数值可以画出相电压与线电压的波形,如图 5 –13 所示。

表 5-1　三相电压型桥式逆变电路输出电压值

ωt		$0\sim\dfrac{\pi}{3}$	$\dfrac{\pi}{3}\sim\dfrac{2\pi}{3}$	$\dfrac{2\pi}{3}\sim\pi$	$\pi\sim\dfrac{4\pi}{3}$	$\dfrac{4\pi}{3}\sim\dfrac{5\pi}{3}$	$\dfrac{5\pi}{3}\sim2\pi$
导通 IGBT		561	612	123	234	345	456
相电压	u_{UN}	$\dfrac{U_d}{3}$	$\dfrac{2U_d}{3}$	$\dfrac{U_d}{3}$	$-\dfrac{U_d}{3}$	$-\dfrac{2U_d}{3}$	$-\dfrac{U_d}{3}$
	u_{VN}	$-\dfrac{2U_d}{3}$	$-\dfrac{U_d}{3}$	$\dfrac{U_d}{3}$	$\dfrac{2U_d}{3}$	$\dfrac{U_d}{3}$	$-\dfrac{U_d}{3}$
	u_{WN}	$\dfrac{U_d}{3}$	$-\dfrac{U_d}{3}$	$-\dfrac{2U_d}{3}$	$-\dfrac{U_d}{3}$	$\dfrac{U_d}{3}$	$\dfrac{2U_d}{3}$
线电压	u_{UV}	U_d		0	$-U_d$		0
	u_{VW}	$-U_d$	0	U_d		0	$-U_d$
	u_{WU}	0	$-U_d$		0	U_d	

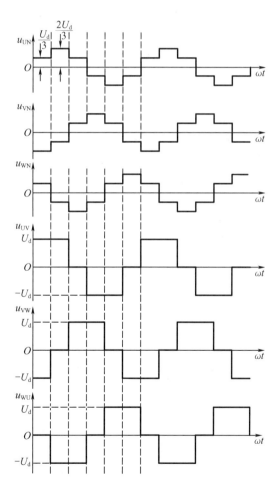

图 5-13　三相电压型桥式逆变电路的工作波形图

下面对三相桥式逆变电路的输出电压进行定量分析。输出线电压的有效值 U_{UV} 为

$$U_{UV} = \sqrt{\frac{1}{2\pi}\int_0^{2\pi} u_{UV}^2 \mathrm{d}(\omega t)} = \sqrt{\frac{1}{2\pi}\Big[\frac{2\pi}{3}U_d^2 + \frac{2\pi}{3}(-U_d)^2\Big]} = \sqrt{\frac{2}{3}}U_d = 0.816U_d$$

$$(5-10)$$

同理,可求得输出相电压的有效值 U_{UN}

$$U_{UN} = \sqrt{\frac{1}{2\pi}\int_0^{2\pi} u_{UN}^2 \mathrm{d}(\omega t)} = \sqrt{\frac{2}{9}}U_d = 0.471U_d \qquad (5-11)$$

由式(5-10)和式(5-11)可得线电压与相电压的有效值之比为

$$\frac{U_{UV}}{U_{UN}} = \sqrt{3} \qquad (5-12)$$

可见,逆变器输出的交流电压波形符合一般三相交流电的规律,但是显然逆变器输出的电压波形是矩形波,相对于正弦波电压而言,存在着严重的畸变。下面通过傅里叶分解,分别将线电压 u_{UV} 和相电压 u_{UN} 展开成级数形式,来看看电压波形中含有哪些谐波成分。

把输出线电压 u_{UV} 展开成傅里叶级数得

$$u_{UV} = \frac{2\sqrt{3}U_d}{\pi}\Big(\sin\omega t - \frac{1}{5}\sin5\omega t - \frac{1}{7}\sin7\omega t + \frac{1}{11}\sin11\omega t + \frac{1}{13}\sin13\omega t - \cdots\Big)$$

$$= \frac{2\sqrt{3}U_d}{\pi}\Big[\sin\omega t + \sum_n \frac{1}{n}(-1)^k\sin n\omega t\Big] \qquad (5-13)$$

式中, $n = 6k \pm 1$, k 为自然数。可见,电压中无 3 次谐波,只含 5,7,11,13 等高阶奇次谐波, n 次谐波幅值为基波幅值的 $1/n$ 。

基波幅值 U_{UV1m} 和基波有效值 U_{UV1} 分别为

$$U_{UV1m} = \frac{2\sqrt{3}U_d}{\pi} = 1.1U_d \qquad (5-14)$$

$$U_{UV1} = \frac{U_{UV1m}}{\sqrt{2}} = \frac{\sqrt{6}}{\pi}U_d = 0.78U_d \qquad (5-15)$$

把输出相电压 u_{UN} 展开成傅里叶级数得

$$u_{UN} = \frac{2U_d}{\pi}\Big(\sin\omega t + \frac{1}{5}\sin5\omega t + \frac{1}{7}\sin7\omega t + \frac{1}{11}\sin11\omega t + \frac{1}{13}\sin13\omega t + \cdots\Big)$$

$$= \frac{2U_d}{\pi}\Big(\sin\omega t + \sum_n \frac{1}{n}\sin n\omega t\Big) \qquad (5-16)$$

式中, $n = 6k \pm 1$, k 为自然数。可见,与线电压相同,相电压中无 3 次谐波,只含 5,7,11,13 等高阶奇次谐波, n 次谐波幅值为基波幅值的 $1/n$ 。

基波幅值 U_{UN1m} 和基波有效值 U_{UN1} 分别为

$$U_{UN1m} = \frac{2U_d}{\pi} = 0.637U_d \qquad (5-17)$$

$$U_{UN1} = \frac{U_{UN1m}}{\sqrt{2}} = 0.45U_d \qquad (5-18)$$

5.3 电流型逆变电路

前面讲述的各种电压型逆变电路都采用全控型器件,换流方式为器件换流。采用半控型器件的电压型逆变电路已很少应用。而电流型逆变电路中,采用半控型器件的电路仍有较多应用,就其换流方式而言,有的采用负载换流,有的采用强迫换流,学习时应予以注意。下面分别就单相和三相电流型逆变电路进行讨论。

5.3.1 单相电流型逆变电路

1. 电路结构

图 5 - 14 是一种单相电流型桥式逆变电路的原理图,其中补偿电容 C 与负载(RL)并联,故这种逆变器也称为并联谐振式逆变器。电路由四个桥臂构成,每个桥臂的晶闸管各串联一个电感量很小的电抗器 L_T。L_T 用来限制晶闸管开通时的 $\mathrm{d}i/\mathrm{d}t$,各桥臂的 L_T 之间不存在互感。使桥臂 1,4 和桥臂 2,3 以 1 000 ~ 2 500 Hz 的中频轮流导通,就可以在负载上得到中频交流电。

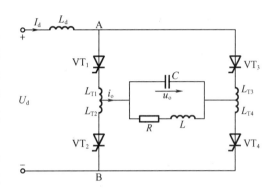

图 5 - 14 单相电流型桥式(并联谐振式)逆变电路图

直流电源 U_d 可以是直流电源,也可以用工频交流电经整流后得到。直流侧串有大滤波电感 L_d,从而构成电流型逆变电路。L_d 的作用有:(1)减小电流脉动使电流连续;(2)隔离高频电流进入电网;(3)事故时限制短路电流。这与其他电流型逆变电路直流侧电感的作用相同。

该电路多用作中频感应加热炉的电源,实际负载一般是电磁感应线圈,用来加热置于线圈内的钢料。图 5 - 14 中 R 和 L 串联其实是感应线圈的等效电路,因为功率因数低,所以使用时需要并联补偿电容 C,一起构成并联谐振回路。但是该电路采用半控器件晶闸管,换相时需要采用负载换相,也就是需要负载电流略超前于负载电压,即负载略呈容性。因此补偿电容 C 应使负载过补偿,使负载电路总体工作在容性并略失谐的情况下。

总结起来,补偿电容 C 的作用有:

(1)与负载 RL 构成并联谐振回路,并工作在谐振状态附近,以期获得较高的功率因数和效率;

(2)利用谐振电流过零的特性来关断晶闸管;

(3)向负载提供无功功率形成超前的负载电流,以便使刚关断的晶闸管获得足够的反压时间可靠关断,完成换流。

2. 工作原理

由于直流侧串接大电感 L_d,相当于电流源,负载电流 i_o 的波形接近矩形波,其中包含基波和各奇次谐波,且谐波幅值远小于基波。工作时晶闸管交替触发的频率应接近负载电路的谐振频率,故负载电路对基波呈现高阻抗,而对谐波呈现低阻抗,谐波在负载电路上产生的压降很小,因此负载电压的波形接近正弦波。

逆变电路的工作过程如图 5 - 15 所示,工作波形如图 5 - 16 所示。在交流电流的一个周期内,有两个稳定导通阶段和两个换流阶段。

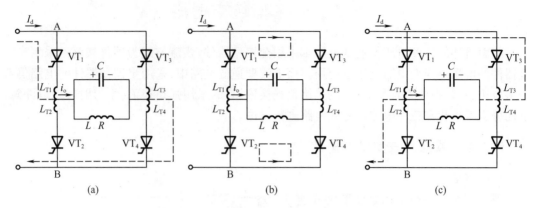

图 5 – 15   并联谐振式逆变电路的工作过程图

$t_1 \sim t_2$ 之间为晶闸管 VT_1 和 VT_4 稳定导通阶段,电流流动方向如图 5 – 15(a)所示。t_2 时刻之前,电容 C 已被充电,极性为左正右负。负载电流 $i_o = I_d$,近似为恒值。

在 t_2 时刻触发晶闸管 VT_2 和 VT_3,电容 C 放电,给 VT_1 和 VT_4 加反压,开始进入换流阶段。由于每个桥臂都串有电抗器 L_T,故流过晶闸管的电流不能突变。即 VT_1 和 VT_4 不能立刻关断,VT_2 和 VT_3 的电流也要从零开始增大。这意味着 t_2 时刻后,四个晶闸管全部导通,电容 C 经两个并联的放电回路同时放电,电流的流向如图 5 – 15(b)所示。由于放电电流与晶闸管 VT_1 和 VT_4 中的电流方向相反,因此流过晶闸管的电流迅速下降,而 VT_2,VT_3 中的电流得到增强而迅速上升。当 $t = t_4$ 时,VT_1,VT_4 电流减至零而关断,直流侧电流 I_d 全部从 VT_1,VT_4 转移到 VT_2,VT_3,换流阶段结束。

在换流阶段有几个时间定义需要理解和掌握:

(1)换流时间 t_γ

t_γ 指从给出触发信号到需关断的晶闸管中电流下降至零的这段时间,即 $t_\gamma = t_4 - t_2$。因为负载电流 $i_o = i_{VT1} - i_{VT2}$,所以 i_o 在 t_3 时刻,即 $i_{VT1} = i_{VT2}$ 时刻过零,t_3 时刻大体位于 t_2 和 t_4 的中点。

(2)反压时间 t_β

t_β 指从晶闸管中的电流下降为零到负载电压 u_o 过零的这段时间,即 $t_\beta = t_5 - t_4$。晶闸管在电流减小到零后,尚需一段时间才能恢复正向阻断能力,所以为了保证 VT_1,VT_4 可靠关断,t_β 应大于晶闸管的关断时间 t_q。

(3)触发引前时间 t_δ

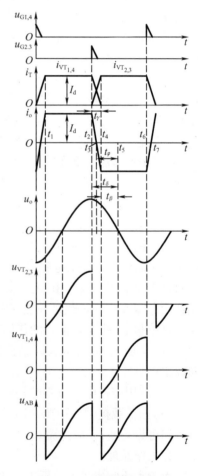

图 5 – 16   并联谐振式逆变电路工作波形图

t_δ 指从给出触发脉冲到负载电压 u_o 过零的这段时间,即 $t_\delta = t_5 - t_2$。从图 5 - 16 可看出

$$t_\delta = t_\gamma + t_\beta \tag{5-19}$$

(4)负载阻抗角时间 t_φ

t_φ 指从负载电流 i_o 过零到负载电压 u_o 过零的这段时间,即与负载阻抗角所对应的时间,$t_\varphi = t_5 - t_3$。从图 5 - 16 可得

$$t_\varphi = \frac{t_\gamma}{2} + t_\beta \tag{5-20}$$

把 t_φ 表示为电角度 φ(弧度)可得

$$\varphi = \omega\left(\frac{t_\gamma}{2} + t_\beta\right) = \frac{\gamma}{2} + \beta \tag{5-21}$$

式中　ω——电路工作角频率;

　　　γ,β——t_γ,t_β 对应的电角度;

　　　φ——负载阻抗角。

$t_4 \sim t_6$ 之间是 VT_2,VT_3 的稳定导通阶段,电流的流向如图 5 - 15(c)所示。t_6 以后又进入从 VT_2,VT_3 导通向 VT_1,VT_4 导通的换流阶段,其过程和前面的分析类似。

晶闸管的触发脉冲 $u_{G1} \sim u_{G4}$、晶闸管承受的电压 $u_{VT1} \sim u_{VT4}$ 以及 A,B 间的电压 u_{AB} 也都绘于图 5 - 16 中。在换流过程中,上下桥臂的 L_T 的电压极性相反,如果不考虑晶闸管压降,则 $u_{AB} = 0$。可以看出,u_{AB} 的脉动频率为交流输出电压频率的两倍。在 u_{AB} 为负的部分,逆变电路从直流电源吸收的能量为负,即补偿电容 C 的能量向直流电源反馈。这实际上反映了负载和直流电源之间无功能量的交换。在直流侧,L_d 起到缓冲这种无功能量的作用。

3. 逆变器的输出电压、电流及功率

(1)负载电压 U_o

忽略电抗器 L_d 的损耗,则 U_d 应等于电压 u_{AB} 的平均值。忽略晶闸管压降,参照图 5 - 16 中的 u_{AB} 波形可得

$$U_d = \frac{1}{\pi}\int_{-\beta}^{\pi-(\gamma+\beta)} u_{AB}\mathrm{d}(\omega t) = \frac{1}{\pi}\int_{-\beta}^{\pi-(\gamma+\beta)} \sqrt{2}U_o\sin\omega t\mathrm{d}(\omega t)$$

$$= \frac{\sqrt{2}U_o}{\pi}\left[\cos(\beta+\gamma) + \cos\beta\right] = \frac{2\sqrt{2}U_o}{\pi}\cos\left(\beta+\frac{\gamma}{2}\right)\cos\frac{\gamma}{2}$$

一般情况下,γ 值较小,可近似认为 $\cos(\gamma/2) \approx 1$,再考虑到式(5 - 21)可得

$$U_d = \frac{2\sqrt{2}}{\pi}U_o\cos\varphi$$

则

$$U_o = \frac{\pi U_d}{2\sqrt{2}\cos\varphi} = 1.11\frac{U_d}{\cos\varphi} \tag{5-22}$$

(2)负载电流 I_{o1}(基波电流有效值)

如果忽略换流过程,i_o 可近似看成矩形波,展开成傅里叶级数可得

$$i_o = \frac{4I_d}{\pi}\left(\sin\omega t + \frac{1}{3}\sin3\omega t + \frac{1}{5}\sin5\omega t + \cdots\right) \tag{5-23}$$

其基波电流有效值 I_{o1} 为

$$I_{o1} = \frac{4I_d}{\sqrt{2}\pi} = 0.9I_d \tag{5-24}$$

（3）逆变器输出功率

逆变器输出的有功功率可近似地用基波计算，即

$$P = U_o I_{o1} \cos\varphi \tag{5-25}$$

将式（5-22）和式（5-24）代入可得

$$P = U_d I_d \tag{5-26}$$

通过上述推导，可得到关于并联谐振式逆变器基本数量关系的几点结论：

①并联谐振式逆变器输出的交流电压和电流均与输入的直流量有关，其中 I_{o1}（其他次谐波也类同）正比于直流电流 I_d；电压 U_o 正比于直流电压 U_d，反比于功率因数 $\cos\varphi$。

②并联谐振式逆变器的功率因数受到限制。$\cos\varphi$ 不能太大，否则 φ 角太小，有可能发生换流失败，但 $\cos\varphi$ 也不能太小，这样对电网不利。一般取 $\cos\varphi = 0.96 \sim 0.97$。

③负载需要的有功功率全部由直流电源提供，逆变器要求的无功功率则由电容器供给，因此对于并联谐振式逆变器来说，电容 C 必不可少。

以上讨论的单相并联谐振式逆变器，具有体积小、质量轻、操作方便及效率高等优点。该逆变器输出功率的改变可通过调节直流电压 U_d 来实现，所以其输入端的直流电源通常采用整流电路。逆变器的工作频率由控制电路中的触发脉冲频率决定，触发脉冲的频率有固定和可变两种方式，对应于逆变器有他励和自励两种控制方式。他励式指固定工作频率的控制方式。上述分析为了简便起见，认为负载参数不变，逆变电路的工作频率也是固定的，即他励式的。实际上在中频加热和钢料熔化过程中，感应线圈的参数是随时间变化而变化的，固定的工作频率无法保证晶闸管的反压时间 t_β 大于关断时间 t_q，可能导致逆变失败。为了保证电路正常工作，必须使工作频率能适应负载的变化而自动调整。这种控制方式称为自励方式，即逆变电路的触发信号取自负载端，其工作频率受负载谐振频率的控制而比后者高一个适当的值。自励方式存在着启动的问题，因为在系统未投入运行时，负载端没有输出，无法取出信号。解决这一问题的方法之一是先用他励方式，系统开始工作后再转入自励方式；另一种方法是附加预充电启动电路，即预先给电容器充电，启动时将电容能量释放到负载上，形成衰减振荡，检测出振荡信号实现自励。

5.3.2　三相电流型逆变电路

典型的电流型三相桥式逆变电路如 5.1 节中的图 5-6 所示，这种电路的基本工作方式是 120° 导电方式，即 $VT_1 \sim VT_6$ 分为共阴极和共阳极两组，任意时刻每组各有一个开关管导通，各组的三个开关管在一个周期内轮流换流，每个开关管一周期内导电 120°，换流按照 VT_1 到 VT_6 的顺序每隔 60° 依次进行。这种换流方式是在组内进行的，称为横向换流。

图 5-17 给出了逆变电路的三相输出交流电流波形及线电压 u_{UV} 的波形，由于直流侧大电感的作用，输出交流电流波形和负载性质无关，是正负脉冲宽度各为 120° 的矩形波，与三相桥式可控整流电路在大电感负载下的交流输入电流波形形状相同，因此它们的谐波分析表达式也相同。输出线电压波形和负载性质有关，带电动机负载时大体为正弦波，由于换流时 di/dt 的影响，换流瞬间在电压波形上会出现尖峰和缺口，如图 5-17 所示。

输出交流电流的基波有效值 I_{U1} 和直流电流 I_d 的关系为

$$I_{U1} = \frac{\sqrt{6}}{\pi} I_d = 0.78 I_d \tag{5-27}$$

下面介绍一种常用的晶闸管电流型逆变电路，即串联二极管式晶闸管逆变电路，如图

5-18 所示,主要用于中大功率交流电动机调速系统。

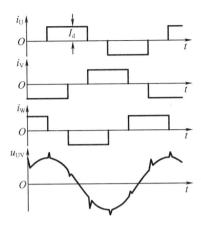

图 5-17 电流型三相桥式逆变
电路的输出波形图

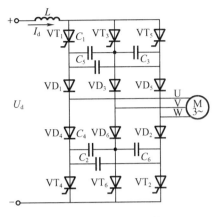

图 5-18 串联二极管式
晶闸管逆变电路图

$VT_1 \sim VT_6$ 构成三相逆变桥,它们每隔 60° 依次触发工作,任意时刻有两只分别来自于共阴极和共阳极组的晶闸管同时导通,即 VT_1VT_2,VT_2VT_3,VT_3VT_4,VT_4VT_5,VT_5VT_6,VT_6VT_1,VT_1VT_2,…每个晶闸管一个周期导通 120°,属于 120° 导电工作方式。该电路采用强迫换流方式,$C_1 \sim C_6$ 为换流电容,其作用是在晶闸管换流时提供反向电压,使要关断的晶闸管能够迅速可靠关断。$VD_1 \sim VD_6$ 是串联的隔离二极管,作用是把电容的放电回路与负载隔开,防止换流电容上的电荷通过负载放电,从而保证了可靠换流所必需的电容量,避免了因电容电压下降过快而导致的换流失败。该电路的换流方式属于强迫换流,下面简述该电路的换流过程,共分为恒流放电和二极管换流两个阶段。

设负载为感性,逆变电路已进入稳定工作状态,换流电容已充上电压。电容所充电压的规律是:对于共阳极晶闸管来说,电容器与导通晶闸管相连接的一端极性为正,另一端极性为负,不与导通晶闸管相连接的另一电容器电压为零;共阴极晶闸管与共阳极晶闸管情况类似,只是电容电压极性相反。在分析换流过程时,常用等效换流电容的概念。例如在分析从晶闸管 VT_1 向 VT_3 换流时,换流电容 C_{13} 就是 C_3 与 C_5 串联后再与 C_1 并联的等效电容。设 $C_1 \sim C_6$ 的电容量均为 C,则 $C_{13} = 3C/2$。

下面以 VT_1 向 VT_3 换流为例来分析电路的工作过程。假设换流前 VT_1 和 VT_2 导通,等效换流电容 C_{13} 已经充好左正右负的电压 U_{C_0},如图 5-19(a)所示。

t_1 时刻触发 VT_3,C_{13} 上的电压被反向施加在 VT_1 两端,VT_1 被迫关断。电流 I_d 经 VT_3、C_{13}、VD_1、U 相负载、W 相负载、VD_2、VT_2 继续流动,同时也为 C_{13} 放电提供通路,如图 5-19(b)所示。因放电电流恒为 I_d,故称恒流放电阶段。到 t_2 时刻,$u_{C_{13}}$ 下降到零,该阶段结束。在整个恒流放电阶段,VT_1 一直承受反压,为保证晶闸管可靠关断,必须使反压时间大于晶闸管关断时间 t_q。

t_2 时刻,C_{13} 放电到零,由于负载为感性,因此电流沿原来的放电电路给 C_{13} 反向充电。同时 $u_{C_{13}} = 0$ 后,二极管 VD_3 受到正向偏置而导通,开始流过电流 i_V,此时两个二极管 VD_1 和 VD_3 同时导通,与其串联的 U、V 两相负载上所流过的电流和为 I_d,即 $i_U + i_V = I_d$,如图 5-19(c)所示。随着 C_{13} 充电电压不断增高,i_U 逐渐减小,i_V 逐渐增大,到 t_3 时刻,i_U 下降到零,

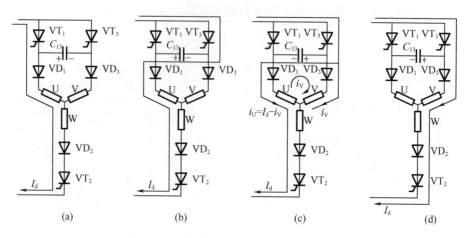

图 5 – 19　换流过程各阶段的电流路径图

$i_V = I_d$，VD_1 承受反压而关断，二极管换流阶段结束。

　　t_3 时刻以后，VT_2，VT_3 稳定导通，电流流通路径如图 5 – 19（d）所示。

　　假如负载为交流电动机，恒流放电阶段结束时，$u_{C_{13}}$ 下降到零，此时只有当电动机 V 相的反电动势 e_V 低于 U 相的反电动势 e_U 时，VD_3 才能导通，否则会因承受反压无法导通。当 $e_{VU} > 0$ 时，VD_3 要等到 $u_{C_{13}} \geq e_{VU}$ 后才能导通，进入二极管换流阶段。

　　图 5 – 20 给出了电感负载时 $u_{C_{13}}$，u_{C_1}，u_{C_3}，u_{C_5}，i_U 和 i_V 的波形。u_{C_1} 的波形和等效换流电容 $u_{C_{13}}$ 完全相同，C_3 和 C_5 是串联后再和 C_1 并联，因此它们的充放电电流均为 C_1 的一半，换相过程电压变化的幅度也是 C_1 的一半。换流过程中，u_{C_3} 从 0 变到 $-U_{C_0}$，u_{C_5} 从 U_{C_0} 变到 0。这些电压恰好符合相隔 120° 后从 VT_3 到 VT_5 换流时的要求，即为下次换流做好了准备。

　　采用电流型三相桥式逆变器还可以驱动同步电动机。图 5 – 21 所示是无换向器电动机的基本电路，由电流型晶闸管逆变电路、同步电动机及转子位置检测器 BQ 三部分组成。该电路不像直流电动机那样需要机械换向器，而是利用滞后于电流相位的反电动势实现换流。因为同步电动机是逆变器的负载，所以这种换流方式也属于负载换流。

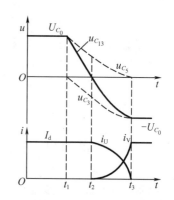

图 5 – 20　串联二极管式晶闸管逆变电路换流过程波形图

　　图 5 – 22 给出了无换向器电动机电路的工作波形，三相同步电动机的电动势是幅值相等、互差 120° 的对称交流电压。当需要从 VT_1 向 VT_3 换流时，如果在 U，V 两相的自然换相点之前触发 VT_3，则 U 相的电压高于 V 相的电压，晶闸管 VT_1 承受反压关断，只要保证 VT_1 承受反压的时间大于晶闸管的关断时间 t_q，就可以顺利换流。图 5 – 21 中的转子位置检测器 BQ 用来检测转子磁极的位置，从而决定什么时候应该触发哪个晶闸管，来保证电路的顺利运行。

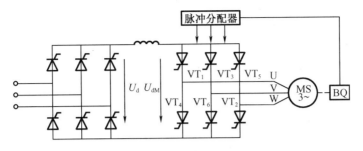

图 5 – 21 无换向器电动机的基本电路图

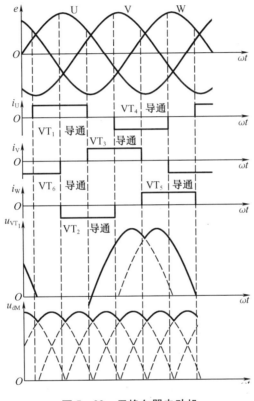

图 5 – 22 无换向器电动机
电路工作波形图

5.4 逆变电路的多重化

在本章所介绍的逆变电路中,对电压型电路来说,输出电压是矩形波;对电流型电路来说,输出电流是矩形波。矩形波中含有较多的谐波,对负载会产生不利影响。为了减少矩形波中所含的谐波,常常将多组基本逆变电路输出的矩形波组合起来,合理调整它们的幅值和相位,使得输出电压成为接近正弦波的波形,从而有效消除某些低次谐波,这就是逆变电路的多重化。

按照组成单元的电路类型分类,多重化逆变电路可分为电压型和电流型两种。这里仅以电压型多重逆变电路为例来分析多重化电路的工作原理。

图 5-23 所示为一个单相电压型二重逆变电路,它由两个单相全桥逆变电路组成,二者共用一个直流电源,它们的输出电压 u_1 和 u_2 通过两个变压器 T_1 和 T_2 串联起来作为二重逆变电路的输出电压 u_o。如果把两个单相逆变电路导通的相位错开 $\varphi = 60°$,则对于 u_1 和 u_2 中的 3 次谐波而言,它们的相位会错开 $3 \times 60° = 180°$,叠加时相互抵消,这样在输出电压 u_o 中就不会含有 3 次谐波。图 5-24 给出了各输出电压的波形,可以看出,u_o 的波形是宽度为 120° 的矩形波,与电压型三相桥式逆变电路 180° 导通方式下的线电压输出波形相同。其中只含 $6k \pm 1 (k = 1,2,3,\cdots)$ 次谐波,$3k(k = 1,2,3,\cdots)$ 次谐波都被抵消了。

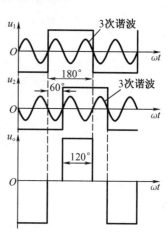

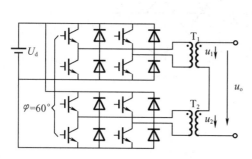

图 5-23　单相电压型二重
逆变电路图

图 5-24　二重逆变电路的
工作波形图

把几个逆变电路的输出串联起来作为合成输出的多重化电路称为串联多重化电路;而把几个逆变电路的输出并联起来作为合成输出的多重化电路称为并联多重化电路。电压型逆变电路多采用串联多重方式,电流型逆变电路多采用并联多重方式。

图 5-25 所示为三相电压型二重逆变电路,该电路每相输出电压一周期脉动 12 次,有 12 级阶梯波,故也称为 12 脉波逆变电路或 12 阶梯波逆变电路。从图中可以看出,该电路由两个三相桥式逆变电路构成,二者公用直流电源,均采用 180° 导通方式,因此它们的输出电压都是 120° 矩形波。通过变压器 T_1 和 T_2 将两电路的输出以一定方式串联合成为总的输出电压。两变压器一次侧都采用三角形接法,二次侧都采用星形接法,其中 T_2 有两个二次侧绕组,采用曲折星形连接。变压器 T_1 和 T_2 在同一水平上面的绕组是

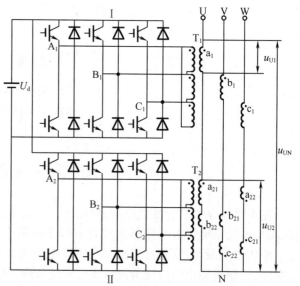

图 5-25　三相电压型二重逆变电路图

绕在同一铁芯柱上的,即二次侧电压 $\dot{U}_{a1}$ 与一次侧电压 $\dot{U}_{A1B1}$ 同相, $\dot{U}_{a21}$ 与 $\dot{U}_{A2B2}$ 同相, $\dot{U}_{b22}$ 与 $\dot{U}_{A2B2}$ 反相,其他可类似得到,因此可以写出各相的输出电压关系式

$$
\left.\begin{array}{l}
\dot{U}_{UN} = \dot{U}_{a1} + \dot{U}_{a21} - \dot{U}_{b22} = \dot{U}_{U1} + \dot{U}_{U2} \\
\dot{U}_{VN} = \dot{U}_{b1} + \dot{U}_{b21} - \dot{U}_{c22} = \dot{U}_{V1} + \dot{U}_{V2} \\
\dot{U}_{WN} = \dot{U}_{c1} + \dot{U}_{c21} - \dot{U}_{a22} = \dot{U}_{W1} + \dot{U}_{W2}
\end{array}\right\}
\tag{5-28}
$$

工作时,控制逆变电路 II 中各开关器件的触发脉冲的相位比逆变电路 I 中延迟 30°。假如变压器 T_1 的变比为 1,变压器 T_1 和 T_2 的一次侧绕组匝数相同,则令变压器 T_2 的变比为 $\sqrt{3}$,即 T_2 二次侧的绕组匝数是 T_1 二次侧绕组匝数的 $1/\sqrt{3}$,这样可以使 u_{U2} 和 u_{U1} 的基波相位和幅值都相同,如图 5 – 26 所示。图中 $\dot{U}_{a1}$, $\dot{U}_{a21}$ 和 $\dot{U}_{b22}$ 分别是变压器二次侧绕组 a_1 , a_{21} 和 b_{22} 上的基波电压相量。三相电压型二重逆变电路 U 相的各电压波形如图 5 – 27 所示,显然,输出电压 u_{UN} 一周期脉动 12 次,比基本三相逆变电路的输出电压 u_{U1} 更接近正弦波。

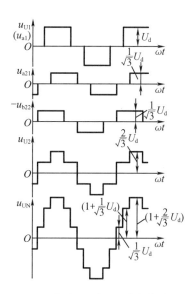

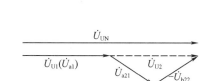

图 5 – 26　二次侧基波电压合成相量图　　　　图 5 – 27　三相电压型二重逆变电路波形图

实际上,可以将 u_{U1} 和 u_{UN} 展开成傅里叶级数

$$
u_{U1} = \frac{2\sqrt{3}\,U_d}{\pi}\left(\sin\omega t - \frac{1}{5}\sin5\omega t - \frac{1}{7}\sin7\omega t + \cdots\right)
\tag{5-29}
$$

$$
u_{UN} = \frac{4\sqrt{3}\,U_d}{\pi}\left(\sin\omega t - \frac{1}{11}\sin11\omega t - \frac{1}{13}\sin13\omega t + \cdots\right)
\tag{5-30}
$$

可见,采用二重化的电路后 5 次谐波和 7 次谐波同时被消除了,最低次的谐波为 11 次。

由式(5 – 29)可得到 u_{U1} 的基波电压有效值为

$$
U_{U11} = \frac{\sqrt{6}\,U_d}{\pi} = 0.78U_d
\tag{5-31}
$$

由式(5 – 30)可得输出电压 u_{UN} 的基波电压有效值为

$$
U_{UN1} = \frac{2\sqrt{6}\,U_d}{\pi} = 1.56U_d
\tag{5-32}
$$

u_{UN}的 n 次谐波有效值为

$$U_{UNn} = \frac{2\sqrt{6}\,U_d}{n\pi} = \frac{1}{n}U_{UN1} \qquad (5-33)$$

式中，$n = 12k \pm 1$，k 为自然数。

可见，逆变电路的多重化不但可以消除危害大的低次谐波，改善波形，而且扩大了逆变器的输出容量，使其更适合大容量化的需求。对于大功率的逆变电路，当逆变功率超过最大开关器件所能实现的三相桥式逆变电路容量的 $3\sim5$ 倍时，最好采用多重化结构。一般来说，使 m 个三相桥式逆变电路的相位依次错开 $\pi/(3m)$ 运行，连同使它们输出电压合成并抵消上述相位差的变压器，就可以构成脉波数为 $6m$ 的逆变电路。

5.5　多电平逆变电路

前面 5.2.2 节中图 5-11 所示的三相电压型桥式逆变电路属于两电平逆变电路。以直流侧中点 N′ 为参考点，对于 U 相输出来说，上桥臂导通时，$u_{UN'} = U_d/2$，下桥臂导通时，$u_{UN'} = -U_d/2$。V，W 两相也是如此。可以看出，电路的输出相电压有 $U_d/2$ 和 $-U_d/2$ 两种电平。

在交流大功率变换领域，存在着器件耐压与功率变换电压等级之间的矛盾，即使是最先进的器件，也难以胜任一般大功率场合的直接变换。为解决这一问题，一般采用功率器件的串并联、多重化功率变换电路（如上节所讲的多重化逆变电路）以及多电平变换等措施。近年来，多电平逆变器的研究越来越多地受到关注，并成功应用于新能源发电、电能变换、交流电力传动等许多领域。多电平逆变器的输出电压更接近于正弦，谐波含量小，逆变器性能更好，更适用于高电压大容量的电力电子变换，但它的缺点是电路结构复杂，所需开关器件多，控制也比较困难。

多电平逆变电路主要有三种拓扑类型：二极管钳位式、飞跨电容式以及单元串联式（或 H 桥串联式）。

图 5-28 所示为常见的三相三电平中点钳位式（Neutral Point Clamped）逆变电路。下面简要分析其工作原理。

该电路的每一相桥臂都由四个全控型器件构成，每个全控器件都反并联了二极管。每个上桥臂和下桥臂两个器件的中点通过钳位二极管和直流侧电容的中点相连接，实现中点钳位。

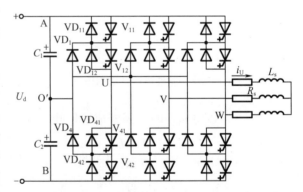

图 5-28　中点钳位型三电平逆变电路图

例如，U 相的上下桥臂分别通过钳位二极管 VD_1 和 VD_4 与 O′ 点相连接。该电路的特点是每个功率开关器件的理论耐压要求都只有母线电压的一半，单相桥臂可以输出三个电平。与之对比，两电平电路的开关器件耐压要求与直流母线电压相当，单相桥臂输出两个电平。所以三电平逆变器更适合应用于大功率、高电压的场合。

以 U 相为例，用变量 S_a 表示 U 相桥臂的开关状态：当上桥臂 V_{11} 和 V_{12} 导通，下桥臂 V_{41} 和 V_{42} 关断时，定义 $S_a = 1$；当上桥臂 V_{11} 和 V_{12} 关断，下桥臂 V_{41} 和 V_{42} 导通时，定义 $S_a = 2$；当 V_{12} 和 V_{41} 导通，V_{11} 和 V_{42} 关断时，定义 $S_a = 0$。

$S_a = 1$ 的情况：如图 5 – 28 所示，以图中电流 i_U 的方向作为正方向，当 $i_U > 0$ 时，电流由电源正端 A 点经 V_{11}，V_{12} 流至负载 U 点；当 $i_U < 0$ 时，电流从 U 点经 VD_{11}，VD_{12} 流至 A 点。因此不论 i_U 为何值，U 点都与 A 点连接，即 $u_{UO'} = u_{AO'} = +U_d/2$，$VD_1$ 防止了电容 C_1 被 V_{11}（VD_{11}）短接。

$S_a = 2$ 的情况：当 $i_U > 0$ 时，电流由电源负端 B 点经 VD_{41}，VD_{42} 流至负载 U 点；当 $i_U < 0$ 时，电流从 U 点经 V_{41}，V_{42} 流至 B 点。不论 i_U 为何值，U 点都与 B 点连接，即 $u_{UO'} = u_{BO'} = -U_d/2$，$VD_4$ 防止了电容 C_2 被 V_{42}（VD_{42}）短接。

$S_a = 0$ 的情况：当 $i_U > 0$ 时，电流由 O′ 点经 VD_1，V_{12} 流至负载 U 点；当 $i_U < 0$ 时，电流从 U 点经 V_{41}，VD_4 流至 O′ 点。不论 i_U 为何值，U 点都与 O′ 点连接，即 $u_{UO'} = 0$。钳位二极管 VD_1 或 VD_4 的导通把 U 点电位钳位在 O′ 点电位上。

通过相电压之间的相减可得到线电压。两电平逆变电路的输出线电压共有 $\pm U_d$ 和 0 三种电平，而三电平逆变电路的输出线电压则有 $\pm U_d$，$\pm U_d/2$ 和 0 五种电平，因此通过适当的控制，三电平逆变电路输出电压谐波可大大少于两电平逆变电路。这个结论不但适用于中点钳位型三电平逆变电路，也适用于其他三电平逆变电路。

用与三电平电路类似的方法，还可构成五电平（图 5 – 29）等更多电平的中点钳位型逆变电路。当然随着电平数的增加，所需钳位二极管的数目也急剧增加。

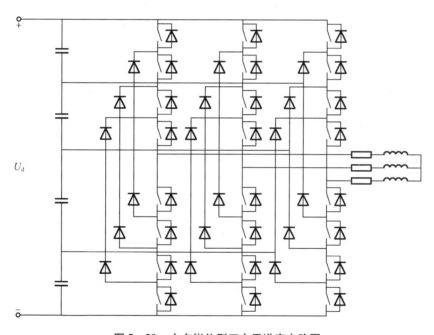

图 5 – 29 中点钳位型五电平逆变电路图

飞跨电容型逆变电路需要使用较多的电容，而且要控制电容上的电压，因此使用较少。图 5 – 30 给出了飞跨电容型三电平逆变电路原理图，如要构成更多电平的电路，则需要的电容数目会急剧增加。

采用单元串联的方法，也可以构成多电平电路。图 5 – 31 给出了三单元串联七电平逆变电路原理图，该电路相电压可以产生 $\pm 3U_d$，$\pm 2U_d$，$\pm U_d$ 和 0 共七种电平。图中虚线所包围的电路是一个基本"单元"，也就是一个单相电压型全桥逆变电路（又称 H 桥电路），因此

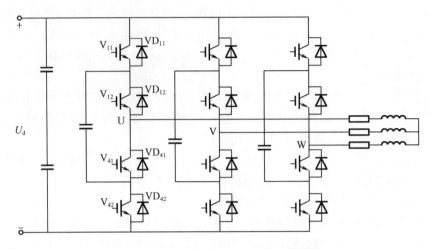

图 5 – 30　飞跨电容型三电平逆变电路图

这种电路也称为 H 桥串联式多电平逆变电路。图中每一相电路都是由三个基本单元电路串联,输出电压也是由各单元电路的输出电压叠加产生,并且可以通过不同单元输出电压之间错开一定的相位来减小总输出电压的谐波。如果每相采用更多单元串联,则可以输出更高的电压、更多的电平,其波形也更接近正弦波。该电路的显著缺点在于所需直流电源及功率开关元件数目多。

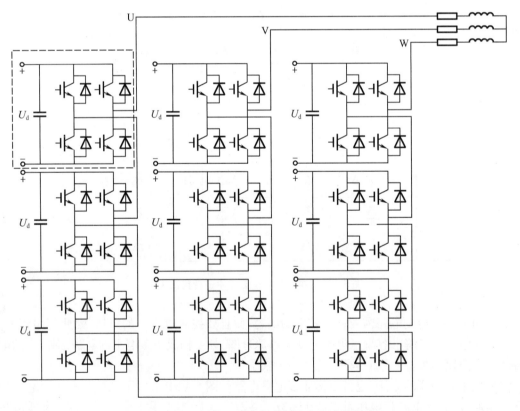

图 5 – 31　三单元串联多电平逆变电路原理图

本　章　小　结

本章主要讲述了各种基本逆变电路的结构及其工作原理。逆变电路的应用非常广泛,不但作为交流电源给各种变压变频的电动机或恒压恒频的交流负载供电,而且作为重要的电能变换环节大量应用于风力发电、潮流能发电、太阳能电池、燃料电池、超导磁体储能等新能源系统中以及直流输电系统中。在本书所讲述的各类型电路中,整流电路和逆变电路是最重要的电路,因此本章的内容在全书中占有很重要的地位。

本章首先介绍了换流方式。实际上,换流并不是逆变电路特有的概念,各种变流电路中都有换流的问题,但在逆变电路中换流的概念表现得最为集中,故放在本章讲述。换流方式分为外部换流和自换流两大类,其中外部换流包括电网换流和负载换流两种,自换流包括器件换流和强迫换流两种。对于晶闸管电路来说,换流很重要,不论采用哪种换流方式,都要确保加在晶闸管上的反压时间大于晶闸管的关断时间。而对于采用全控器件的电路来说,只采用器件换流即可。

逆变电路的输出可以做成任意多相,但最常用的还是单相和三相桥式逆变电路,所以在本章重点介绍。逆变电路的分类有不同的方法。为了更能体现电路的基本特性,本章主要采用了按直流侧电源性质分类的方法,即把逆变电路首先分为电压型和电流型两大类。两种电路各有其特点,其中电流型逆变电路中的直流输入电感数值很大才能构成电流源,电感器的质量和体积都很大,这是电流型逆变电路不如电压型逆变电路应用广泛的一个原因。

值得指出的是,电压型和电流型电路也不是逆变电路中特有的概念。把这一概念用于整流电路等其他电路,也会使我们对这些电路有更为深刻的认识。例如,负载为大电感的整流电路可看作电流型整流电路,电容滤波的整流电路可看作电压型整流电路。对电压型和电流型电路的认识,源于对电压源和电流源本质和特性的理解。深刻地认识和理解电压源和电流源的概念和特性,对正确理解和分析各种电力电子电路都有十分重要的意义。

严格说来,本章所讲的基本电压型和电流型逆变电路都属于方波电路,也就是输出的电压或电流波形是方波,谐波含量高,其中的低次谐波如果采用 LC 滤波电路去衰减,需要 LC 的值很大,增加了质量、体积和成本,还会引起其他问题。实际应用中,一般采用对逆变电路内部开关器件的脉冲宽度调制(PWM)技术,来调控输出电压中基波电压的大小,减小谐波尤其是增大最低次谐波 LOH 的次数。PWM 控制技术将在第 7 章讲述,它是一项非常重要的技术,它广泛用于各种变流电路,特别在逆变电路中应用最多。把 PWM 技术用于逆变电路,就构成 PWM 逆变电路。在当今应用的逆变电路中,可以说绝大部分电路都是 PWM 逆变电路(如现代低压和中压变频器中的逆变电路),因此学完第 7 章 PWM 控制技术后,读者才能对逆变电路有一个较为完整的认识。

思考题与练习题

1. 逆变电路的性能指标主要有哪些?
2. 无源逆变电路和有源逆变电路有何不同?
3. 换流方式有哪几种,各有什么特点?

4. 什么是电压型和电流型逆变电路,它们各有何特点?

5. 电压型逆变电路中反馈二极管的作用是什么,为什么电流型逆变电路中没有反馈二极管?

6. 三相桥式电压型逆变电路,180°导电方式,$U_d = 200$ V。试求输出相电压和线电压的基波有效值,以及输出线电压中 5 次谐波的有效值。如果两个这样的电路组成如图 5 – 25 中的 12 脉波逆变电路,请求出输出相电压的基波有效值及 7 次、11 次谐波的有效值。

7. 并联谐振式逆变电路中电容 C 和各桥臂中串联的电抗器 L_T 所起的作用是什么? 电路采用何种换流方式,为保证顺利换流应满足什么条件?

8. 串联二极管式电流型逆变电路采用何种换相方式? 任一时刻有几只晶闸管同时导通,每个晶闸管一周期导通多少度? 试述其换相过程,并说明二极管的作用。

9. 逆变电路多重化有什么优点,如何实现? 如果要实现 24 脉波逆变电路,需要几个三相桥式电压型逆变电路,它们之间的相位应互差多少度?

10. 简述电压型三电平逆变电路的工作原理。与两电平逆变电路相比,它有什么优点?

第6章 交流－交流变流电路

交流－交流变流电路是把一种形式的交流电能转换成另一种形式的交流电能的电路,可以通过这一类电路实现电压、电流、频率和相数等参数的转换。根据转换参数的不同,交流－交流变流电路可分为交流电力控制电路(包括交流调压电路和交流调功电路等)和交－交变频电路。维持频率不变,只改变电压、电流的幅值或实现开关的通断控制,而不改变频率的交流－交流变流电路称为交流电力控制电路。改变频率的交流－交流变流电路称为交－交变频电路。交－交变频电路是变频电路的一种形式,它直接把一种频率的交流变成另一种频率或可变频率的交流,也称为直接变频电路(周波变流器)。还有一种形式的变频电路为交－直－交变频电路,先把交流整流成直流,再把直流逆变成另一种频率或可变频率的交流,这种通过直流中间环节的变频电路也称间接变频电路。

间接变频电路不属于本章的范围,将在第9章的变频器和UPS中加以介绍。

6.1　交流调压电路

交流调压电路是用来变换交流电压幅值(或有效值)的交流变换电路。当把两个晶闸管反并联后串联在交流电路中,在每半个周波内通过对晶闸管开通相位的控制,可以方便地调节输出电压的幅值(有效值)。这种电路不改变交流电的频率,属于交流电力控制电路。

交流调压电路广泛应用于工业加热、灯光调节、异步电动机调压调速以及电焊、电解、电镀交流侧调压等场合。交流调压电路可分为单相交流调压电路和三相交流调压电路。单相交流调压用于小功率调节,广泛用于民用电气控制。单相交流调压电路是三相交流调压电路的基础,也是本节的重点。此外,对采用全控型器件的斩控式交流调压电路,本节也做简单的介绍。

6.1.1　单相交流调压电路

图6－1给出了单相交流调压电路的主电路原理图,在负载和交流电源之间用两个反并联晶闸管 VT_1 和 VT_2 相连,图中的晶闸管 VT_1 和 VT_2 也可以用一个双向晶闸管代替。当电源电压 u_1 处于正半周时,触发 VT_1 导通,电源电压 u_1 的正半周施加到负载上;当电源电压 u_1 处于负半周时,触发 VT_2 导通,电源电压 u_1 负半周便加到负载上。显然,可以通过控制晶闸管在每一个电源电压周期内的导通角来调节输出电压的大小。

和整流电路一样,交流调压电路的工作情况依然与它的负载性质有关,下面分别从电阻性负载和阻感性负载两种情况进行讨论。

1. 电阻性负载

VT_1 和 VT_2 的触发延迟角 α 的起始时刻($\alpha = 0$)均为电压过零的时刻。在稳态情况下,应使正负半周的 α 相等。当图6－1中的负载为电阻性负载时,采用相控调压,波形如图

6-1 所示。在电源电压 u_1 的正半周，VT_1 承受正向电压，当 $\omega t = \alpha$ 时，触发 VT_1 使其导通，则负载上获得了缺失 α 角的正弦正半波电压。当电源电压过零时，VT_1 管电流下降为零而关断。在电源电压 u_1 的负半周，VT_2 承受正向电压，当 $\omega t = \pi + \alpha$ 时，触发 VT_2 使其导通，则负载上获得了缺失 α 角的正弦负半波电压。保持该控制规律，则在负载电阻上获得缺失 α 角的正弦波电压，负载电压波形是电源电压波形的一部分。改变 α 角的大小，便改变了输出电压有效值的大小。对于电阻性负载，负载电流(也即电源电流)和负载电压的波形相同。

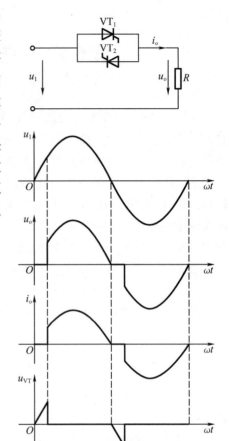

图 6-1　电阻负载单相交流调压
电路及其波形图

当电路的触发延迟角为 α 时，负载电压有效值

$$U_o = \sqrt{\frac{1}{\pi}\int_\alpha^\pi (\sqrt{2}U_1\sin\omega t)^2 d(\omega t)}$$

$$= U_1\sqrt{\frac{1}{2\pi}\sin 2\alpha + \frac{\pi-\alpha}{\pi}} \qquad (6-1)$$

负载电流有效值

$$I_o = \frac{U_o}{R} \qquad (6-2)$$

晶闸管电流有效值

$$I_{VT} = \sqrt{\frac{1}{2\pi}\int_\alpha^\pi \left(\frac{\sqrt{2}U_1\sin\omega t}{R}\right)^2 d(\omega t)}$$

$$= \frac{U_1}{R}\sqrt{\frac{1}{2}\left(1 - \frac{\alpha}{\pi} + \frac{\sin 2\alpha}{2\pi}\right)} \qquad (6-3)$$

功率因数

$$\lambda = \frac{P}{S} = \frac{U_o I_o}{U_1 I_1} = \frac{U_o}{U_1} = \sqrt{\frac{1}{2\pi}\sin 2\alpha + \frac{\pi-\alpha}{\pi}} \qquad (6-4)$$

根据图 6-1 及式(6-1)至式(6-4)，对于电阻性负载，单相交流调压电路 α 的移相范围为 0 ~ π，电压有效值调节范围为 0 ~ U_1。当 $\alpha = 0$ 时，相当于晶闸管一直接通，输出电压为最大值，$U_o = U_1$。随着 α 的增大，U_o 逐渐降低。当 $\alpha = \pi$ 时，$U_o = 0$。此外，$\alpha = 0$ 时，功率因数 $\lambda = 1$，随着 α 的增大，由于输入电流滞后于电压且发生畸变，λ 也将逐渐降低。

从图 6-1 的波形可以看出，负载电压和负载电流(即电源电流)均不是正弦波，含有大量谐波，下面对负载电压 u_o 进行谐波分析。由于波形正负半波对称，所以不含直流分量和偶次谐波，可用傅里叶级数表示：

$$u_o(\omega t) = \sum_{n=1,3,5,\cdots}^{\infty} (a_n\cos n\omega t + b_n\sin n\omega t) \qquad (6-5)$$

式中

$$a_1 = \frac{\sqrt{2}U_1}{2\pi}(\cos 2\alpha - 1)$$

$$b_1 = \frac{\sqrt{2}\,U_1}{2\pi}\left[\sin 2\alpha + 2(\pi - \alpha)\right]$$

$$a_n = \frac{\sqrt{2}\,U_1}{\pi}\left\{\frac{1}{n+1}\left[\cos(n+1)\alpha - 1\right] - \frac{1}{n-1}\left[\cos(n-1)\alpha - 1\right]\right\} \quad (n = 3,5,7,\cdots)$$

$$b_n = \frac{\sqrt{2}\,U_1}{\pi}\left[\frac{1}{n+1}\sin(n+1)\alpha - \frac{1}{n-1}\sin(n-1)\alpha\right] \quad (n = 3,5,7,\cdots)$$

基波和各次谐波的有效值可按下式求出：

$$U_{on} = \frac{1}{\sqrt{2}}\sqrt{a_n^2 + b_n^2} \quad (n = 1,3,5,7,\cdots) \tag{6-6}$$

负载电流基波和各次谐波的有效值为

$$I_{on} = \frac{U_{on}}{R} \tag{6-7}$$

根据式(6-5)至式(6-7)，对基波 $n = 1$ 和 $n = 3 \sim 15$ 次奇次谐波在 $\alpha = 0° \sim 180°$ 范围的计算结果如表 6-1 和表 6-2 所示。表中所列数值均为标幺值，其基值为电源电压幅值。对于高次谐波，$\alpha = 90° \sim 180°$ 和 $\alpha = 90° \sim 0°$ 的数值对称。表 6-2 中同时给出了 $3 \sim 15$ 次谐波幅值的均方根值。

表 6-1　电阻负载、不同触发延迟角 α 时基波电压(电流)的相对值

α	基波相对值	α	基波相对值	α	基波相对值
10°	0.999	70°	0.767	130°	0.223
20°	0.992	80°	0.684	140°	0.147
30°	0.974	90°	0.593	150°	0.085
40°	0.944	100°	0.497	160°	0.038
50°	0.899	110°	0.401	170°	0.01
60°	0.839	120°	0.309	180°	0

表 6-2　电阻负载、不同触发延迟角 α 时 $3 \sim 15$ 次谐波电压(电流)的相对值

α	V_{nm}							
	V_{3m}	V_{5m}	V_{7m}	V_{9m}	V_{11m}	V_{13m}	V_{15m}	V_{Hm}
10°	0.96	0.95	0.93	0.9	0.87	0.84	0.8	2.4
20°	3.7	3.5	3.2	2.9	2.5	2.1	1.71	7.63
30°	8	7	5.8	4.4	3.2	2.27	1.86	13.6
40°	13.2	10.5	7.3	4.6	3.2	3.1	3	19.7
50°	18.7	12.9	7.4	4.7	4.6	4.13	3.12	25.3
60°	23.9	13.8	6.9	6.3	5.5	3.93	3.72	30.4
70°	28.1	13	7.5	7.5	5.1	4.72	4.15	33.8
80°	30.9	11.5	9.7	7.1	5.6	5.1	3.96	26.1
90°	31.8	10.6	10.6	6.4	6.4	4.55	4.55	36.9

2. 阻感性负载

阻感性负载是交流调压器的最一般负载,其工作情况同可控整流电路带阻感性负载相似。当电源电压反向过零时,由于负载电感产生的感应电动势阻止电流的变化,故电流不能立即为零。也就是晶闸管的导通角 θ 不仅与触发延迟角 α 有关,还与负载阻抗角 φ 有关。单相交流调压电路带阻感性负载的电路原理及其波形如图 6-2 所示。

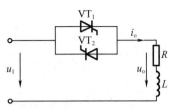

设负载的阻抗角为 $\varphi = \arctan(\omega L/R)$。为了方便,把 $\alpha = 0$ 的时刻仍定在电源电压过零的时刻。下面分别以 $\alpha > \varphi$,$\alpha = \varphi$ 和 $\alpha < \varphi$ 三种情况来讨论调压电路的工作情况。

(1)触发延迟角 $\alpha > \varphi$

如果晶闸管触发延迟角 α 从 $\omega t = \varphi$ 推迟,如图 6-2 所示,在 $\omega t = \varphi$ 时电流已为零,VT_2 关断,而 VT_1 触发脉冲尚未到达,也处于关断状态。因此在 VT_2 被触发开通之前一段时间中,电流始终为零,出现电流断续。当 $\omega t = \alpha(\alpha > \varphi)$ 时,VT_1 被触发开通,电流从零上升到最大值,并逐渐减小,在 $\omega t = \pi + \alpha$ 之前就衰减到零,即导通角 $\theta < \pi$。

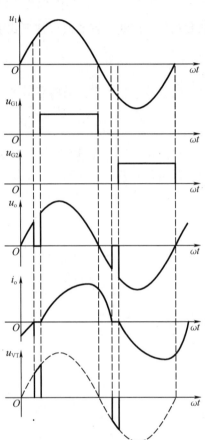

当在 $\omega t = \alpha$ 时刻开通晶闸管 VT_1,负载电流应满足如下微分方程式和初始条件:

$$L\frac{\mathrm{d}i_o}{\mathrm{d}t} + Ri_o = \sqrt{2}\,U_1\sin\omega t \tag{6-8}$$

$$i_o\big|_{\omega t = \alpha} = 0$$

解该方程得

$$i_o = \frac{\sqrt{2}\,U_1}{Z}\Big[\sin(\omega t - \varphi) - \sin(\alpha - \varphi)\mathrm{e}^{\frac{\alpha - \omega t}{\tan\varphi}}\Big]$$

$$(\alpha \leqslant \omega t \leqslant \alpha + \theta) \tag{6-9}$$

式中 $Z = \sqrt{R^2 + (\omega L)^2}$;

θ——晶闸管导通角。

图 6-2 阻感负载单相交流调压电路及其波形图

利用边界条件:$\omega t = \alpha + \theta$ 时,$i_o = 0$,将其代入式(6-9),可求得导通角 θ 的表达式为

$$\sin(\alpha + \theta - \varphi) = \sin(\alpha - \varphi)\mathrm{e}^{\frac{-\theta}{\tan\varphi}} \tag{6-10}$$

针对交流调压电路,其导通角 $\theta \leqslant \pi$。根据式(6-10),可以绘制 $\theta = f(\alpha, \varphi)$ 曲线,如图 6-3 所示。

VT_2 导通时,上述关系完全相同,只是 i_o 的极性相反,且相位相差 180°。

上述电路在触发延迟角为 α 时,负载电压有效值 U_o 为

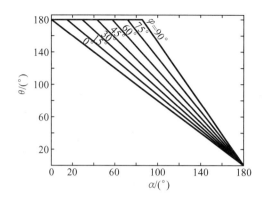

图 6 – 3　单相交流调压电路以阻抗角为参变量的

导通角和触发延迟角关系曲线图

$$U_{\text{o}} = \sqrt{\frac{1}{\pi}\int_{\alpha}^{\alpha+\theta}\left(\sqrt{2}\,U_1\sin\omega t\right)^2\mathrm{d}(\omega t)} = U_1\sqrt{\frac{\theta}{\pi} + \frac{1}{\pi}\left[\sin2\alpha - \sin(2\alpha+2\theta)\right]}$$

$$(6-11)$$

晶闸管电流有效值 I_{VT} 为

$$I_{\text{VT}} = \sqrt{\frac{1}{2\pi}\int_{\alpha}^{\alpha+\theta}\left\{\frac{\sqrt{2}\,U_1}{Z}\left[\sin(\omega t - \varphi) - \sin(\alpha - \varphi)\mathrm{e}^{\frac{\alpha-\omega t}{\tan\varphi}}\right]\right\}^2\mathrm{d}(\omega t)}$$

$$= \frac{U_1}{\sqrt{2\pi}\,Z}\sqrt{\theta - \frac{\sin\theta\cos(2\alpha+\varphi+\theta)}{\cos\varphi}} \qquad (6-12)$$

负载电流有效值 I_{o} 为

$$I_{\text{o}} = \sqrt{2}\,I_{\text{VT}} \qquad (6-13)$$

设晶闸管电流 I_{VT} 的标幺值为

$$I_{\text{VTN}} = I_{\text{VT}}\frac{Z}{\sqrt{2}\,U_1} \qquad (6-14)$$

则可绘出 I_{VTN} 和 α 的关系曲线,如图 6 – 4 所示。

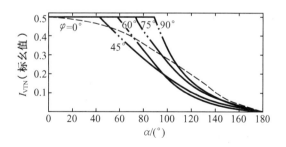

图 6 – 4　单相交流调压电路阻抗角为参变量时 I_{VTN} 和

触发延迟角 α 关系曲线图

(2)触发延迟角 $\alpha = \varphi$

当 $\alpha = \varphi$ 时,将其代入式(6 – 10)可得 $\sin\theta = 0$,即每个晶闸管导通角为 180°,相当于用导线把晶闸管完全短接,稳态时负载电流应是正弦波,其相位滞后于电源电压 U_1 的角度

为 φ。

(3)触发延迟角 $\alpha < \varphi$

当 $\varphi < \alpha < \pi$ 时，VT_1 和 VT_2 的导通角 θ 均小于 π，且如图 6-3 所示，α 越小，θ 越大；$\alpha = \varphi < \pi$ 时，$\theta = \pi$。当 α 继续减小，例如在 $0 \leqslant \alpha < \varphi$ 的某一时刻触发 VT_1，则 VT_1 的导通时间将超过 π。到 $\omega t = \pi + \alpha$ 时刻触发 VT_2 时，负载电流 i_o 尚未过零，VT_1 仍在导通，VT_2 不会立即开通。直到 i_o 过零后，如 VT_2 的触发脉冲有足够的宽度而尚未消失（图 6-5），VT_2 就会开通。因为 $\alpha < \varphi$，VT_1 提前开通，负载 L 被过充电，其放电时间也将延长，使得 VT_1 结束导电时刻大于 $\pi + \varphi$，并使 VT_2 推迟开通，VT_2 的导通角当然小于 π。

在这种情况下，方程式(6-8)和式(6-9)所解得的 i_o 表达式仍是适用的，只是 ωt 的适用范围不再是 $\alpha \leqslant \omega t \leqslant \alpha + \theta$，而是扩展到 $\alpha \leqslant \omega t < \infty$，因为这种情况下 i_o 已不存在断流区，其过渡过程和带 $R-L$ 负载的单相交流电路在 $\omega t = \alpha (\alpha < \varphi)$ 时合闸所发生的过渡过程完全相同。可以看出，i_o 由两个分量组成，第一项为正弦稳态分量，第二项为指数衰减分量。在指数分量的衰减过程中，VT_1 的导通时间逐渐缩短，VT_2 的导通时间逐渐延长。当指数分量衰减到零后，VT_1 和 VT_2 的导通时间都趋近于 π，其稳态的工作情况和 $\alpha = \varphi$ 时完全相同。整个过程的工作波形如图 6-5 所示。

综上所述，从电路实现交流调压的作用来看，阻感负载下稳态时 α 的移相范围应为 $\varphi \sim \pi$。

类似于交流调压器带电阻性负载，交流调压器带阻感性负载时，负载电压和负载电流均不是正弦波，含有大量谐波。在阻感负载的情况下，可以采用与电阻性负载分析时相同的方法进行分析，只是公式将复杂得多，本书将不做进一步的论述。这时电源电流中的谐波次数和电阻负载时相同，也是只含有 3，5，7，… 次谐波，同样是随着次数的增加，谐波含量减少。和

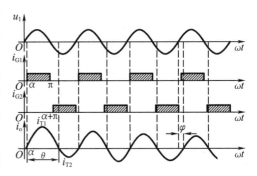

图 6-5 触发延迟角小于阻抗角时阻感负载交流调压电路工作波形图

电阻负载时相比，阻感负载时的谐波电流含量要少一些，而且 α 角相同时，随着阻抗角 φ 的增大，谐波含量有所减少。

例 6-1 某单相交流调压器，输入交流电压 230 V，50 Hz，负载电路的电阻为 2.3 Ω、感抗为 2.3 Ω，求：

(1)控制范围（即对应于电流、功率从零变化到可能的最大值所需的 α 变化范围）；

(2)最大电流有效值；

(3)最大功率和功率因数；

(4)在 $\alpha = \pi/2$ 时，导通角、晶闸管电流有效值和交流电源侧的功率因数。

解 (1)控制范围

当 $\alpha \leqslant \varphi$ 时，导电角 $\theta = 180°$，负载电压是完整的正弦波，负载功率等于 $230^2/2R$，因此 α 从零变化到 φ 时不能调控功率。当 α 从 φ 增大到 $180°$ 时，导电角 θ 从 $180°$ 降为零，输出功率也降为零，因此 α 的有效控制范围是 $\varphi \leqslant \alpha \leqslant 180°$。$\alpha$ 的最小触发延迟角 α_{min} 是负载阻抗角 φ：

$$\alpha_{\min} = \varphi = \arctan\frac{\omega L}{R} = \arctan\frac{2.3}{2.3} = \frac{\pi}{4}$$

所以其控制范围为 $\pi/4 \leqslant \alpha \leqslant 180°$。

（2）最大电流

当 $\alpha = \alpha_{\min}$ 时，负载电流和负载电压的波形是相位移为 φ 的纯正弦波，电源和负载之间的关系就像两个晶闸管被短接时一样。于是最大负载电流有效值为

$$I_{\text{o}} = \frac{V}{[R^2 + (\omega L)^2]^{1/2}} = \frac{230}{[2.3^2 + (2.3)^2]^{1/2}} = 70.7 \text{ (A)}$$

（3）最大功率

最大输出电流时，功率达到最大值：

$$P_{\max} = RI_{\text{o}}^2 = 2.3 \times 70.7^2 = 11.5 \times 10^3 \text{ (W)} = 11.5 \text{ (kW)}$$

功率因数：

$$\lambda = \frac{P_{\text{i}}}{U_1 I_{\text{o}}} = \frac{11.5 \times 10^3}{230 \times 70.7} = 0.707$$

（4）当 $\alpha = \pi/2$ 时，根据式（6 – 10）

$$\sin(\alpha + \theta - \varphi) = \sin(\alpha - \varphi)\text{e}^{\frac{-\theta}{\tan\varphi}}$$

即

$$\sin\left(\frac{\pi}{2} + \theta - \frac{\pi}{4}\right) = \sin\left(\frac{\pi}{2} - \frac{\pi}{4}\right)\text{e}^{\frac{-\theta}{\tan\frac{\pi}{4}}}$$

解得 $\theta = 130°$。

由式（6 – 12）可得晶闸管电流有效值为

$$\begin{aligned} I_{\text{VT}} &= \frac{U_1}{\sqrt{2\pi}Z}\sqrt{\theta - \frac{\sin\theta\cos(2\alpha + \varphi + \theta)}{\cos\varphi}} \\ &= \frac{230}{\sqrt{2\pi} \times 3.25}\sqrt{2.268 - \frac{\sin 2.268 \times \cos(2 \times \pi/2 + \pi/4 + 2.268)}{\cos\pi/4}} \\ &= 30.79 \text{ (A)} \end{aligned}$$

输出负载电流有效值为

$$I_{\text{o}} = \sqrt{2}I_{\text{VT}} = \sqrt{2} \times 30.79 = 43.54 \text{ (A)}$$

输出功率为

$$P_{\text{o}} = RI_{\text{o}}^2 = 2.3 \times 43.54^2 = 4.36 \times 10^3 \text{ (W)} = 4.36 \text{ (kW)}$$
$$P_{\text{i}} = P_{\text{o}} = 4.36 \text{ (kW)}$$

功率因数为

$$\lambda = \frac{P_{\text{i}}}{U_1 I_{\text{o}}} = \frac{14.36 \times 10^3}{230 \times 43.54} = 0.435$$

3. 斩控式交流调压电路

以上介绍的相控型单相交流电压控制器中，交流电源每半个周期（$T/2$）中开关器件晶闸管仅通断一次。负载电压 u_{o} 中和负载电流（即电源电流）i_{o} 中除了基波外含有大量低次谐波。为了改善 u_{o} 和 i_{o} 的波形，可采用如图 6 – 6 所示的斩控式交流调压电路。

图中 V_1，V_2，VD_1，VD_2 构成一双向可控开关。其基本原理和直流斩波电路有类似之处，只是直流斩波电路的输入是直流电压，而斩控式交流调压电路的输入是正弦交流电压。在

交流电源 u_1 的正半周,用 V_1 进行斩波控制,用 V_3 给负载电流提供续流通道;在 u_1 的负半周,用 V_2 进行斩波控制,用 V_4 给负载电流提供续流通道。设斩波器件(V_1 或 V_2)导通时间为 t_{on},开关周期为 T,则导通比 $\alpha = t_{on}/T$。和直流斩波电路一样,也可以通过改变 α 来调节输出电压。

图 6-7 给出了电阻负载时负载电压 u_o 和电源电流 i_1(也就是负载电流)的波形。可以看出,电源电流 i_1 的基波分量和电源电压 u_1 是同相位的,即位移因数为 1。另外,通过傅里叶分析可知,电源电流中不含低次谐波,只含和开关周期 T 有关的高次谐波。这些高次谐波用很小的滤波器即可滤除。这时电路的功率因数接近 1。

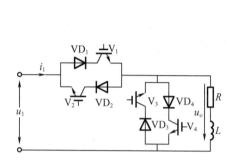

图 6-6　斩控式交流调压电路图

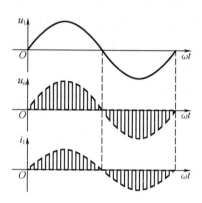

图 6-7　电阻负载斩控式交流
调压电路波形图

6.1.2　三相交流调压电路

三相交流调压电路可以通过三个单相交流调压电路直接构成,根据三相连接形式的不同,三相交流调压电路具有多种形式。图 6-8(a)是星形连接,(b)是线路控制三角形连接,(c)是支路控制三角形连接,(d)是中点控制三角形连接。其中图 6-8(a)和(c)两种电路最常用。下面分别以主要的接线形式进行介绍。

1. 星形连接电路

如图 6-8(a)所示,这种电路又可分为三相四线和三相三线两种情况。

(1)三相四线制调压电路

实际上为三个单相交流调压电路的组合,同相间两个晶闸管的门极触发脉冲信号互差 180°,三相间互相错开 120°。单相交流调压电路的工作原理和分析方法均适用于这种电路。由于存在零线,只需要一个晶闸管导通,负载就有电流流进,故可以采用窄脉冲触发。在单相交流调压电路中,电流中含有基波和各奇次谐波。组成三相电路后,基波和 3 的整数倍次以外的谐波在三相之间流动,不流过零线。而三相的 3 的整数倍次谐波是同相位的,不能在各相之间流动,全部流过零线,因此零线中会有很大的 3 次谐波电流及其他 3 的整数倍次谐波电流。当 $\alpha = 90°$ 时,零线电流甚至和各相电流的有效值接近。在选择线径和变压器时必须注意这一问题。若变压器采用三相心式结构,则三次谐波磁通不能在铁芯中形成通路,产生较大的漏磁通,引起发热和噪音。该电路中晶闸管上承受的峰值电压为 $\sqrt{2/3}\,U_1$(U_1 为线电压)。

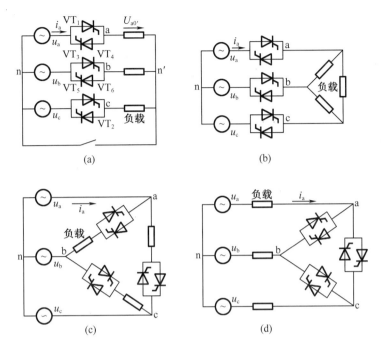

图 6 – 8　三相交流调压电路图

(a)星形连接；(b)线路控制三角形连接；

(c)支路控制三角形连接；(d)中点控制三角形连接

(2)三相三线制交流调压电路

电路如图 6 – 8(a)所示，中性点不引出。下面分析三相三线时点的工作原理，主要分析电阻负载时的情况。由于没有零线，必须保证两相的晶闸管同时导通，负载中才会有电流流过，即任一相在导通时必须和另一相构成回路，因此和三相桥式全控整流电路一样，电流流通路径中有两个晶闸管，所以应采用双脉冲或宽脉冲触发。三相的触发脉冲应依次相差120°，同一相的两个反并联晶闸管触发脉冲应相差180°，因此也和三相桥式全控整流电路一样，触发脉冲顺序是 $VT_1 \sim VT_6$，依次相差60°。

该电路相位控制时，电源相电压过零处便是对应的晶闸管触发延迟角的起点（$\alpha = 0$）。三相三线电路中，两相间导通时是靠线电压导通的，而线电压超前相电压30°，因此 α 角的移相范围是 0°～150°。

在任一时刻，可能是三相中各有一个晶闸管导通，这时负载相电压就是电源相电压；也可能两相中各有一个晶闸管导通，另一相不导通，这时导通相的负载相电压是电源线电压的一半。根据任一时刻导通晶闸管的个数以及半个周波内电流是否连续，可将 0°～150°的移相范围分为如下三段：

①0°≤ α < 60° 范围内，电路处于三个晶闸管导通与两个晶闸管导通的交替状态，每个晶闸管导通角度为180° – α。但 $\alpha = 0$ 时是一种特殊情况，一直是三个晶闸管导通。

②60°≤ α < 90° 范围内，任一时刻都是两个晶闸管导通，每个晶闸管的导通角度为120°。

③90°≤ α < 150° 范围内，电路处于两个晶闸管导通与无晶闸管导通的交替状态，每个晶闸管导通角度为300° – 2α，而且这个导通角度被分割为不连续的两部分，在半周波内形成

两个断续的波头,各占 $150° - \alpha$。

图 6 - 9 给出了 α 分别为 $30°,60°$ 和 $120°$ 时 a 相负载上的电压波形及晶闸管导通区间示意图,分别作为这三段移相范围的典型示例。因为是电阻负载,所以负载电流(即电源电流)波形与负载相电压波形一致。

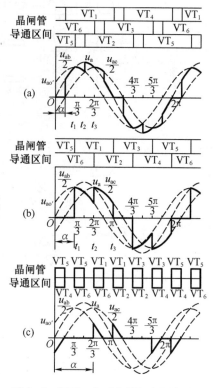

图 6 - 9　不同 α 角时负载相电压波形图

$(a)\alpha = 30°;(b)\alpha = 60°;(c)\alpha = 120°$

从波形上可以看出,电流中也含有很多谐波。进行傅里叶分析后可知,其中所含谐波的次数为 $6k \pm 1(k = 1,2,3,\cdots)$,这和三相桥式全控整流电路交流侧电流所含谐波的次数完全相同,而且也是谐波的次数越低,其含量越大。和三相四线制电路相比,这里没有 3 的整数倍次谐波,因为在三相对称时,它们不能流过三相三线电路(没有零线)。所以该电路的优点是输出谐波含量低,对邻近的通信线路干扰小,因此相对于三相四线制的电路应用较为广泛。

在阻感负载的情况下,可参照电阻负载和前述单相阻感负载时的分析方法,只是情况更复杂一些。$\alpha = \varphi$ 时,负载电流最大且为正弦波,相当于晶闸管全部被短接时的情况。一般来说,电感大时,谐波电流的含量要小一些。

2. 支路控制三角形连接电路

电路如图 6 - 8(c)所示。这种电路由三个单相交流调压电路组成,三个单相电路分别在不同的线电压的作用下单独工作,因此单相交流调压电路的分析方法和结论完全适用于支路控制三角形连接三相交流调压电路。在求取输入线电流(即电源电流)时,只要把与该线相连的两个负载相电流求和就可以了。

由于三相对称负载相电流中 3 的整数倍次谐波的相位和大小都相同,所以它们在三角形回路中流动,而不出现在线电流中,因此和三相三线星形电路相同,线电流中所含谐波的次数也是 $6k \pm 1(k$ 为正整数)。通过定量分析可以发现,在相同负载和相同 α 角的情况下,支路控制三角形连接电路线电流中谐波含量要少于三相三线星形电路。

支路控制三角形连接方式的典型应用为晶闸管控制电抗器(Thyristor Controlled Reactor,TCR),其电路和工作原理将在第 9 章中介绍。

图 6 - 8(b)所示线路控制三角形连接的工作原理与三相三线制星型连接一致,只是将负载接成了三角形连接而已,本书不再赘述。图 6 - 8(d)所示中点控制三角形连接调压电路是将控制器接成三角形连接,负载连在电源与控制器之间,此时即使只有一个晶闸管导通,电流也可以在两根相线上流动,所以每个晶闸管每周期只需要一个脉冲,晶闸管的额定电压与额定电流几乎和图 6 - 8(c)支路控制三角形连接方式的电路相同。对该电路的分析本书也不再赘述。

6.2　其他交流电力控制电路

除相位控制和斩波控制的交流电力控制电路外,还有以交流电源周波数为控制单位的交流调功电路以及对电路通断进行控制的交流电力电子开关。本节分别简单介绍这两种电路。

6.2.1　交流调功电路

交流调功电路和交流调压电路的电路形式完全相同,只是控制方式不同。交流调功电路不是在每个交流电源周期都对输出电压波形进行控制,而是将负载与交流电源接通几个整周波,再断开几个整周波,通过改变接通周波数与断开周波数的比值来调节负载所消耗的平均功率。这种电路常用于电炉的温度控制,因其直接调节对象是电路的平均输出功率,所以又称为交流调功电路。像电炉温度这样的控制对象,其时间常数往往很大,没有必要对交流电源的每个周期进行频繁的控制,只要以周波数为单位进行控制就足够了。通常控制晶闸管导通的时刻都是在电源电压过零的时刻,这样,在交流电源接通期间,负载电压、电流都是正弦波,不对电网电压、电流造成通常意义的谐波污染。

设控制周期为 M 倍电源周期,其中晶闸管在前 N 个周期导通,后 $M-N$ 个周期关断。当 $M=3$, $N=2$ 时的电路波形如图 6-10 所示。

可以看出,负载电压和负载电流(也即电源电流)的重复周期为 M 倍电源周期。在负载为电阻时,负载电流波形和负载电压波形相同。以控制周期为基准,对图 6-10 的波形进行傅里叶分析,可以得到图 6-11 的频谱图。图 6-11 中 I_n 为 n 次谐波有效值,I_{om} 为导通时电路电流幅值。

从图 6-11 的电流频谱图可以看出,如果以电源周期为基准,电流中不含整数倍频率的谐波,但含有非整数倍频率的谐波,而且在电源频率附近,非整数倍频率谐波的含量较大。

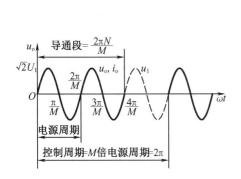

图 6-10　交流调功电路典型波形图
($M=3$, $N=2$)

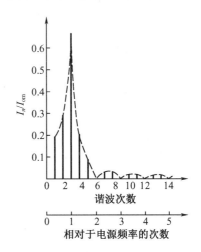

图 6-11　交流调功电路的电流频谱图
($M=3$, $N=2$)

6.2.2　交流电力电子开关

把晶闸管反并联后串入交流电路中,代替电路中的机械开关,起接通和断开电路的作用,这就是交流电力电子开关。和机械开关相比,这种开关响应速度快,没有触点,寿命长,可以频繁控制通断。

实际上,交流调功电路也是在控制电路的接通和断开,但它是以控制电路的平均输出功率为目的的,其控制手段是改变控制周期内电路导通周波数和断开周波数的比。而交流电力电子开关并不去控制电路的平均输出功率,通常也没有明确的控制周期,而只是根据需要控制电路的接通和断开。另外,交流电力电子开关的控制频度通常比交流调功电路低得多。

在公用电网中,交流电力电容器的投入与切断是控制无功功率的重要手段。通过对无功功率的控制可以提高功率因数,稳定电网电压,改善供电质量。和用机械开关投切电容器的方式相比,晶闸管投切电容器(Thyristor Switched Capacitor,TSC)是一种性能优良的无功补偿方式。TSC 的工作原理将在第 9 章中详细介绍。

6.3　交 – 交变频电路

采用晶闸管的交 – 交变频电路也称为周波变流器(Cycloconvertor)。与 6.1 节介绍过的交流电压控制器的恒频调压控制相比,交 – 交变频电路是把电网频率的交流电直接变换成可调频率的交流电的变流电路。因为没有中间直流环节,所以属于直接变频电路。

随着大功率晶闸管和基于微处理器控制技术的发展,交 – 交变频已发展成为非常成熟的实用的变流器,并广泛应用于水泥业、钢铁采矿业、船舶运输业的大功率低频变压变频(Variable Voltage and Variable Frequency,VVVF)交流传动系统中,除部分船舶电力推进等特殊场合之外,实际使用的主要是三相输出交 – 交变频电路。单相输出交 – 交变频电路是三相输出交 – 交变频电路的基础,因此本节首先介绍单相输出交 – 交变频电路的构成、工作原理、控制方法及输入输出特性,然后再介绍三相输出交 – 交变频电路。

6.3.1　单相输出交 – 交变频电路

1. 电路构成和基本工作原理

单相输出交 – 交变频电路原理和输出电压波形如图 6 – 12 所示。电路由具有相同特征的两组(P 组和 N 组)晶闸管整流电路反并联构成。整流器 P 和 N 都是相控整流电路,P 组整流器工作时,N 组整流器被封锁,负载电流 i_o 为正;N 组整流器工作时,P 组整流器被封锁,i_o 为负。让两组整流器按一定频率交替工作,负载就得到该频率的交流电。改变两组整流器的切换频率,就可以改变输出频率 ω_o。通过改变整流电路工作时的触发延迟角 α,就可以改变交流输出电压的幅值。

由于通过两个整流装置构成变频电路,所以当交流输出一个周期内整流器触发延迟角 α 是固定不变的,则输出的交流电压 u_o 的波形接近于矩形波。为了使输出电压 u_o 的波形接近正弦波,可以按正弦规律对 α 角进行调制。如图 6 – 12 波形所示,可在半个周期内让正组变流器 P 的 α 角按正弦规律从 90°逐渐减小到 0°或某个值,然后再逐渐增大到 90°。这样,每个控制间隔内的平均输出电压就按正弦规律从零逐渐增至最高,再逐渐减低到零,如图

中虚线所示。另外半个周期对变流器 N
进行同样的控制,就可以得到接近正弦波
的输出电压。

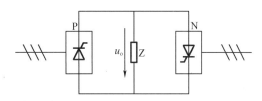

正反两组整流器切换时,原来工作的
整流器封锁时,不能立即开通原来封锁的
整流器。因为已开通的晶闸管并不能在
触发脉冲取消的那一瞬间立即被关断,必
须待晶闸管承受反压时才能关断。如果
两组整流器切换时,封锁与开放是同时进
行的,则原来导通的整流器不能立即被关
断,而原来封锁的整流器又被开通,导致
两组桥同时导通出现很大的环流而损坏
晶闸管。为了防止这个环流,可以在两个
整流器的切换过程中保留出一定的死区
时间,保证原来导通的整流器可靠关断

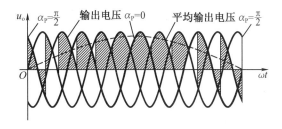

图 6－12　单相交交变频电路原理图和
输出电压波形图

后,再将原来封锁的整流器开通。也就是保证任何时刻只有一组桥工作而不存在环流,该
控制方式称为无环流控制方式,即后续课程"电力拖动自动控制系统"中介绍的直流可逆调
速系统的无环流工作方式。和直流可逆调速系统一样,交－交变频电路也可采用有环流控
制方式,这时正反两组整流器之间须设置环流电抗器。本课程只针对主要应用的无环流控
制方式的交－交变频电路进行研究。

图 6－12 的波形是变流器 P 和 N 都是三相半波相控电路时的波形。输出电压 u_o 是由
若干段电源电压拼接而成的,并不是平滑的正弦波。显然,如果输出电压的一个周期内包
含的电源电压段数越多,则输出电压波形就越接近正弦波,因此图 6－12 中的交－交变频电
路通常采用 6 脉波变流电路或 12 脉波变流电路。本节在后面的论述中均以最常用的三相
桥式 6 脉波电路为例进行分析。

2. 单相输出交－交变频电路的工作过程

交－交变频电路的负载可以是电感性负载、电阻性负载、电容性负载或交流电动机负
载。下面以使用较多的阻感性负载为例,说明组成变频电路的两组可控整流电路是如何工
作的。各组整流电路都涉及前面章节所介绍的整流工作状态与逆变工作状态。对于阻感
性负载的分析也适用于交流电动机负载。

忽略变流电路换相时输出电压的脉动分量,就可把交－交变频电路理想化,则电路等
效成图 6－13(a)所示的正弦波交流电源和二极管的串联,其中交流电源表示变流电路可输
出交流正弦电压,二极管体现了变流电路的电流的单向导电性。

假设负载阻抗角为 φ,即输出电流滞后输出电压 φ 角,两组变流电路在工作时采取无环
流控制方式,即一组变流电路工作时,封锁另一组变流电路的触发脉冲。

图 6－13(b)给出了不考虑死区时间时一个周期内负载电压、电流波形及正反两组变流
电路的电压、电流波形。由图可见,在一个周期内,交－交变频电路的两组变流电路将分别
工作,呈现四种状态。

在 $t_1 \sim t_3$ 期间的负载电流正半周,只能是正组变流电路工作,反组变流电路被封锁。在
此半周呈现了两个工作状态:

（1）在 $t_1 \sim t_2$ 阶段，输出电压和电流均为正，故正组变流电路工作在整流状态，输出功率为正。

（2）在 $t_2 \sim t_3$ 阶段，输出电压已反向，但输出电流仍为正，正组变流电路工作在有源逆变状态，输出功率为负。

在 $t_3 \sim t_5$ 阶段，负载电流负半周，反组变流电路工作，正组变流电路被封锁。在此半周也有两个工作状态：

（3）在 $t_3 \sim t_4$ 阶段，输出电压和电流均为负，反组变流电路工作在整流状态。

（4）在 $t_4 \sim t_5$ 阶段，输出电流为负，而电压为正，反组变流电路工作在有源逆变状态。

在阻感负载的情况下，一个输出电压周期内交 - 交变频电路哪组变流电路工作是由输出电流的方向决定的，与输出电压极性无关。变流电路工作在整流状态还是逆变状态，则是根据输出电压方向与输出电流方向是否相同来确定的。

如果考虑到无环流工作方式下负载电流过零的死区时间，则单相交 - 交变频电路输出电压和电流的波形如图 6 - 14 所示，此时一个周期内的波形就可分为 6 个阶段：

第 1 阶段，输出电压过零为正，$u_o > 0$，由于电流滞后，$i_o < 0$。由于变流器的输出电流具有单向导电性，负载负向电流必须由反组变流器输出，反组变流器工作于有源逆变状态，此阶段为反组逆变阶段。

第 2 阶段，电流过零，为无环流死区。

第 3 阶段，输出电流过零为正，$i_o > 0$，且 $u_o > 0$，正组变流器工作于整流状态，为正组整流阶段。

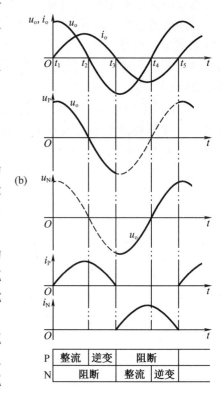

图 6 - 13　理想化交 - 交变频电路的
整流和逆变工作状态

第 4 阶段，输出电压过零为负，$u_o < 0$，类似于第 1 阶段，$i_o > 0$，为正组逆变阶段。

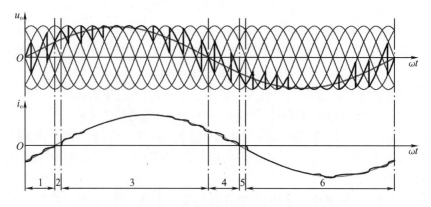

图 6 - 14　单相交 - 交变频电路输出电压和电流波形图

第5阶段,类似于第2阶段,也是无环流死区。

第6阶段,输出电流过零为负,$i_o < 0$,且 $u_o < 0$,类似于第3阶段,为反组整流阶段。

对于电动机负载,当输出电压和电流的相位差小于90°时,一个周期内电网向负载提供能量的平均值为正,电动机工作在电动状态;当二者相位差大于90°时,一个周期内电网向负载提供能量的平均值为负,电动机工作在回馈制动状态。

3. 输出正弦波电压的调制方法

如前所述,要获得正弦波形的电压输出,需要在一个控制周期内不断改变触发延迟角 α。交－交变频电路的输出电压波形基本为正弦波的调制方法有多种。最基本且最常用的方法是"余弦交点法"。

设 U_{d0} 为 $\alpha = 0$ 时整流电路的理想空载电压,则触发延迟角为 α 时整流电路的输出电压为

$$\bar{u}_o = U_{d0}\cos\alpha \tag{6-15}$$

对于交－交变频电路来说,每次控制时 α 角都是不同的,式(6-15)中的 $\bar{u}_o$ 表示每次控制间隔内输出电压的平均值。

设希望输出的正弦波电压为

$$u_o = U_{om}\sin\omega_o t \tag{6-16}$$

整流电路每个控制间隔输出的平均电压应与按正弦规律变化的电压一致,所以比较式(6-15)和式(6-16),有

$$U_{d0}\cos\alpha = U_{om}\sin\omega_o t$$

即

$$\cos\alpha = \frac{U_{om}}{U_{d0}}\sin\omega_o t = \gamma\sin\omega_o t \tag{6-17}$$

式中,γ 为输出电压比,$\gamma = \dfrac{U_{om}}{U_{d0}}(0 \leq \gamma \leq 1)$。

因此

$$\alpha = \arccos(\gamma\sin\omega_o t) \tag{6-18}$$

式(6-18)就是用"余弦交点法"求交－交变频电路 α 角的基本公式。

下面再用图6-15对余弦交点法做进一步的说明。在图6-15中,电网线电压 u_{ab},u_{ac},u_{bc},u_{ba},u_{ca} 和 u_{cb} 依次用 $u_1 \sim u_6$ 表示,相邻两个线电压的交点对应于 $\alpha = 0$。$u_1 \sim u_6$ 所对应的同步余弦信号分别用 $u_{s1} \sim u_{s6}$ 表示。$u_{s1} \sim u_{s6}$ 比相应的 $u_1 \sim u_6$ 超前30°。也就是说,$u_{s1} \sim u_{s6}$ 的最大值正好和相应线电压 $\alpha = 0$ 的时刻相对应,如以 $\alpha = 0$ 为零时刻,则 $u_{s1} \sim u_{s6}$ 为余弦信号。设希望输出的电压为 u_o,则各晶闸管的触发时刻由相应的同步电压 $u_{s1} \sim u_{s6}$ 的下降段和 u_o 的交点来决定。

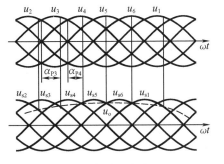

图6-15 余弦交点法原理图

图6-16给出了在不同输出电压比 γ 的情况下,在输出电压的一个周期内,触发延迟角 α 随 $\omega_o t$ 变化的情况。图中,$\alpha = \arccos(\gamma\sin\omega_o t) = \pi/2 - \arcsin(\gamma\sin\omega_o t)$。可以看出,当 γ 较小,即输出电压较低时,α 只在离90°很近的范围内变化,电路的输入功率因数非常低。

上述余弦交点法可以用模拟电路来实现,但线路复杂,且不易实现准确的控制。采用计算机控制时可方便地实现准确的运算,而且除计算 α 角外,还可以实现各种复杂的控制运算,使整个系统获得很好的性能。

4. 输入输出特性

（1）输出上限频率

交 - 交变频电路在输出电压一个脉波周期中只能调控得到一个输出电压平均值。对于三相全控桥整流电路,输入电压频率为 50 Hz 时,若输出电压频率为 5 Hz,则在输出电压一个周期里,将有 6×10 个脉波周期,也就是说输出电压所希望的正弦波是由 60 个相控电网电压拼接

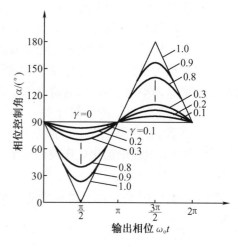

图 6 - 16　不同 γ 时 α 和 $\omega_o t$ 的关系

而成的。显然,输出电压一个周期内拼接的电网电压段数越多,就可使输出电压波形越接近正弦波。因此,当输出频率增高时,输出电压一周期所含电网电压的段数就减少,波形畸变就严重。电压波形畸变以及由此产生的电流波形畸变和转矩脉动是限制输出频率提高的主要因素。就输出波形畸变和输出上限频率的关系而言,很难确定一个明确的界限。当然,构成交 - 交变频电路的两组整流电路的脉波数越多,输出上限频率就越高。就常用的 6 脉波三相桥式电路而言,一般认为,无环流控制方式的输出上限频率不高于电网频率的 1/3,有环流控制方式的输出上限频率不高于电网频率的 1/2。比如说,电网频率为 50 Hz 时,交 - 交变频电路的输出上限频率约为 20 Hz。

（2）输入功率因数

交 - 交变频电路采用的是相位控制方式,因此其输入电流的相位总是滞后于输入电压,需要电网提供无功功率。从图 6 - 16 可以看出,在输出电压的一个周期内,α 角是以 90° 为中心而前后变化的。输出电压比 γ 越小,半周期内 α 的平均值越靠近 90°,位移因数越低。另外,负载的功率因数越低,输入功率因数也越低,而且不论负载功率因数是滞后的还是超前的,输入的无功电流总是滞后的。

图 6 - 17 给出了以输出电压比 γ 为参变量时输入位移因数和负载功率因数的关系。输入位移因数也就是输入的基波功率因数,其值通常略大于输入功率因数,因此图 6 - 17 也大体反映了输入功率因数和负载功率因数的关系。可以看出,即使负载功率因数为 1,且输出电压比 γ 也为 1,输入功率因数仍小于 1,随着负载功率因数的降低和 γ 的减小,输入功率因数也随之降低。

（3）输出电压谐波

交 - 交变频电路输出电压的谐波频谱是非常复杂的,它既和电网频率 f_1 以及变流电路

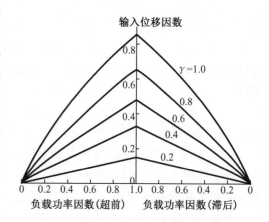

图 6 - 17　交 - 交变频电路的输入位移因数

的脉波数有关,也和输出频率f_o有关。

对于采用三相桥式电路的交－交变频电路来说,输出电压中所含主要谐波的频率为

$$6f_i \pm f_o, 6f_i \pm 3f_o, 6f_i \pm 5f_o, \cdots$$

$$12f_i \pm f_o, 12f_i \pm 3f_o, 12f_i \pm 5f_o, \cdots$$

另外,采用无环流控制方式时,由于电流方向改变时死区的影响,输出电压中将增加$5f_o$,$7f_o$等次谐波。

(4)输入电流谐波

单相输出交－交变频电路的输入电流波形和可控整流电路的输入波形类似,但是其幅值和相位均按正弦规律被调制。采用三相桥式电路的交－交变频电路输入电流谐波频率为

$$f_{in} = \left| (6k \pm 1)f_i \pm 2lf_o \right| \tag{6-19}$$

和

$$f_{in} = \left| f_i \pm 2kf_o \right| \tag{6-20}$$

式中,$k = 1, 2, 3, \cdots$;$l = 0, 1, 2, \cdots$。

和可控整流电路输入电流的谐波相比,交－交变频电路输入电流的频谱要复杂得多,但各次谐波的幅值要比可控整流电路的谐波幅值小。

在无环流控制方式下,由于负载电流反向时为保证无环流而必须留一定的死区时间,就使得输出电压的波形畸变增大。另外,在负载电流断续时,输出电压被负载电动机反电动势抬高,这也造成输出波形畸变。电流死区和电流断续的影响也限制了输出频率的提高。采用有环流控制方式可以避免电流断续并消除电流死区,改善输出波形,还可提高交－交变频电路的输出上限频率,同时控制也比无环流方式简单。但是设置环流电抗器使设备成本增加,运行效率也因环流而有所降低,因此目前应用较多的还是无环流方式。

6.3.2　三相输出交－交变频电路

交－交变频电路主要应用于大功率交流电动机调速系统中,因此实际使用的主要是三相输出交－交变频电路。三相输出交－交变频电路是由三组输出电压相位各差120°的单相输出交－交变频电路组成,因此对于单相输出交－交变频电路中的许多分析和结论对三相输出交－交变频电路都是适用的。

1.电路接线方式

三相输出交－交变频电路主要有两种接线方式,即公共交流母线进线方式和输出星形连接方式。

(1)公共交流母线进线方式

图6－18是公共交流母线进线方式的三相输出交－交变频电路简图。它由三组彼此独立的、输出电压相位相互错开120°的单相交－交变频电路构成。它们的电源进线通过进线电抗器接在公共的交流母线上。因为电源进线端公用,所以三组单相交－交变频电路的输出端必须隔离。为此,交流电动机的三相绕组的六个出线端必须同时引出。这种电路主要用于中

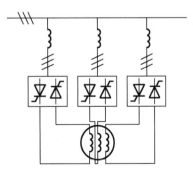

图 6－18　公共交流母线进线三相交－交变频电路简图

等容量的交流调速系统。

（2）输出星形连接方式

图 6－19 是输出星形连接方式的三相输出交－交变频电路原理图。其中，图（a）为简图，图（b）为详图。三组单相交－交变频电路的输出端是星形连接，电动机的三相绕组也是星形连接，电动机中性点不和变频器中性点接在一起，电动机只引出三根线即可。因为三组单相输出交－交变频电路的输出连接在一起，其电源进线就必须隔离，因此三组单相输出交－交变频器分别用三个变压器供电。

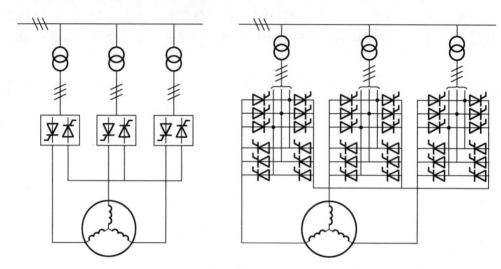

图 6－19　输出星形连接方式三相交－交变频电路图

（a）简图；（b）详图

由于变频器输出端中点不和负载中点相连接，所以在构成三相输出变频电路的六组桥式电路中，至少要有不同输出相的两组桥中的四个晶闸管同时导通才能构成回路，形成电流。和整流电路一样，同一组桥内的两个晶闸管靠双触发脉冲保证同时导通。而两组桥之间则是靠各自的触发脉冲有足够的宽度，以保证同时导通。

2. 输入输出特性

从电路结构和工作原理可以看出，三相输出交－交变频电路和单相输出交－交变频电路的输出上限频率和输出电压谐波是一致的，但输入电流和输入功率因数则有一些差别。

先来分析三相输出交－交变频电路的输入电流。图 6－20 是在输出电压比 $\gamma = 0.5$，负载功率因数 $\cos\varphi = 0.5$ 的情况下，交－交变频电路输出电压、单相输出时的输入电流和三相输出时的输入电流的波形举例。

对于单相输出时的情况，因为输出电流是正弦波，其正负半波电流极性相反，但反映到输入电流却是相同的，因此输入电流只反映输出电流半个周期的脉动，而

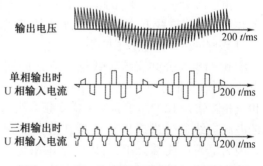

输出电压　　　　　　　　　　　　　200 t/ms

单相输出时
U 相输入电流　　　　　　　　　　　200 t/ms

三相输出时
U 相输入电流　　　　　　　　　　　200 t/ms

图 6－20　交－交变频电路的输入电流波形图

不反映其极性,所以如式(6-19)、式(6-20)所示输入电流中含有与 2 倍输出频率有关的谐波分量。对于三相输出时的情况,总的输入电流是由三个单相交 - 交变频电路的同一相(图中为 U 相)输入电流合成而得到的,有些谐波相互抵消,谐波种类有所减少,总的谐波幅值也有所降低。其谐波频率为

$$f_{in} = |(6k \pm 1)f_i \pm 6lf_o| \qquad (6-21)$$

和

$$f_{in} = |f_i \pm 6kf_o| \qquad (6-22)$$

式中,$k = 1,2,3,\cdots$;$l = 0,1,2,\cdots$。

当变流电路采用三相桥式电路时,三相交 - 交变频电路输入谐波电流的主要频率为 $f_i \pm 6f_o$,$5f_i$,$5f_i \pm 6f_o$,$11f_i$,$11f_i \pm 6f_o$,$13f_i$,$13f_i \pm 6f_o$ 等,其中 $5f_i$ 次谐波的幅值最大。

下面再来分析三相交 - 交变频电路的输入功率因数。三相交 - 交变频电路由三组单相交 - 交变频电路组成,每组单相变频电路都有自己的有功功率、无功功率和视在功率。总输入功率因数应为

$$\lambda = \frac{P}{S} = \frac{P_a + P_b + P_c}{S} \qquad (6-23)$$

从式(6-23)可以看出,三相电路总的有功功率为各相有功功率之和,但视在功率却不能简单相加,而应该由总输入电流有效值和输入电压有效值来计算,比三相各自的视在功率之和要小,因此三相交 - 交变频电路总输入功率因数要高于单相交 - 交变频电路。从另一个角度看,三相交 - 交变频电路输入位移因数与单相输出时相同,如图 6-18 所示,由于三个单相交 - 交变频电路的部分输入电流谐波相互抵消,三相系统的基波因数增大,使其功率因数得以提高。当然,这只是相对于单相电路而言,功率因数低仍是三相交 - 交变频电路的一个主要缺点。

3. 改善输入功率因数和提高输出电压

在图 6-19 所示的输出星形连接的三相交 - 交变频电路中,各相输出的是相电压,而加在负载上的是线电压。如果在各相电压中叠加同样的直流分量或 3 倍于输出频率的谐波分量,它们都不会在线电压中反映出来,因而也加不到负载上。利用这一特性可以使输入功率因数得到改善并提高输出电压。

当负载电动机低速运行时,变频器输出电压幅值很低,各组桥式电路的 α 角都在 90°附近,因此输入功率因数很低。如果给各相的输出电压都叠加上同样的直流分量,触发延迟角 α 将减小,但变频器输出线电压并不改变。7.2.5 节的 PWM 控制方法和这里有类似之处,读者在学过第 7 章后,可对这一方法有更清楚的理解。这样,既可以改善变频器的输入功率因数,又不影响电动机的运行,这种方法称为直流偏置。对于长期在低速下运行的电动机,用这种方法可明显改善输入功率因数。

另一种改善输入功率因数的方法是梯形波输出控制方式。如图 6-21 所示,使三组单相变频器的输出电压均为梯形波(也称准梯形波)。因为梯形波的主要谐波成分是三次谐波,在线电压中,三次谐波相互抵消,结果线电压仍为正弦波。在这种控制方式中,因为桥式电路较长时间工作在高输出电压区域(即梯形波的平顶区),α 角较小,因此输入功率因数可提高 15% 左右。

在图 6-14 所示的正弦波输出控制方式中,最大输出正弦波相电压的幅值为三相桥式电路当 $\alpha = 0$°时的直流输出电压值 U_{d0}。这样的输出电压值有时难以满足负载的要求。和

正弦波相比,在同样幅值的情况下,如图 6 – 21 所示,梯形波中的基波幅值可提高 15% 左右。这样,采用梯形波输出控制方式就可以使变频器的输出电压提高约 15%。

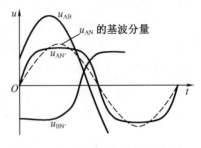

图 6 – 21 梯形波控制方式的理想输出电压波形图

采用梯形波输出控制方式相当于给相电压中叠加了三次谐波。相对于直流偏置,这种方法也称为交流偏置。

本节介绍的交 – 交变频电路是把一种频率的交流直接变成可变频率的交流,是一种直接变频电路。在第 9 章中还要介绍间接变频电路,即先把交流变换成直流,再把直流逆变成可变频率的交流。这种电路也称交 – 直 – 交变频电路。

和交 – 直 – 交变频电路比较,交 – 交变频电路具有以下优点:

(1)只用一级变换就可直接把某一较高频率的交流电功率变成低频的交流电功率,效率较高。而有中间直流环节的间接变频器则有整流 – 逆变两个功率变换级,输出功率被变换两次。

(2)可采用廉价的晶闸管开关器件靠交流电源电压过零反向时自然换向。

(3)能够使功率在电源和负载之间双向传送,实现交流电动机的四象限运行。由不控整流和电压型逆变器构成的间接变频器供电时,交流电动机制动时的能量就难以返回交流电网,难以四象限运行。同时,能量回馈到直流侧会在电容上产生泵升电压,需要设置制动电阻消耗能量降压。比如说,船舶电力推进时,当螺旋桨推进器从正转向反转切换时,螺旋桨负载特性将从第 Ⅰ 象限经第 Ⅳ 象限进入第 Ⅲ 象限,当负载特性处于第 Ⅲ 象限时,螺旋桨将回馈能量给推进电动机。此时,推进电动机转速为正值,电磁转矩为负值,处于回馈制动状态,回馈能量给逆变器。如果采用交 – 直 – 交变频器,船舶推进电动机逆变器的直流侧电源一般是由交流电网通过不可控整流获得,能量无法回馈电网,而需要采用制动电阻来消耗回馈能量。因此对于要求迅速加减速的电功率可逆传动系统,交 – 交变频器这种相控直接变频器就显得较为优越。

(4)输出频率很低时,输出波形可以由大量的交流电源电压脉波段组成,可输出一个较高质量的正弦波形。因此,相控直接变频器更适合大容量交流电动机低速电力传动的场合,比如说,金属轧制时拖动低速旋转机械、电力机车推进和船舶的交流电力推进。

相控直接变频器的缺点如下:

(1)输出频率必须比交流电源频率低得多,否则输出波形很差。不适合于高速交流电机的调速控制。

(2)相控直接变频器需要使用大量晶闸管,如采用三相桥式电路的三相交 – 交变频器至少要用 36 只晶闸管,而且它的控制电路要比许多有直流环节的间接变频器的控制电路复杂得多。

(3)相控直接变频器输入功率因数较低,这是由相控的本质决定的,在输出电压较低时,尤其如此。而在有直流环节的变流器中,由于可采用二极管整流输入,故在所有工作情况下都能得到较高的输入功率因数。

(4)交流电源输入电流谐波较严重且谐波情况复杂,难以控制。

概括而言,直接变频器与具有直流环节的间接变频器相比,直接变频器仅适合于低速大功率可逆传动系统。另外,直接变频器既可用于异步电动机电力传动场合,也可用于同步电动机电力传动场合。

6.4　矩阵式变频电路

矩阵式变频电路(矩阵式变换器)是另一种直接交－交变频电路。与上节介绍的相位控制方式的交－交变频电路不同的是矩阵变换器不采用晶闸管,而采用具有自关断能力的半导体功率器件(全控型开关器件),控制方式也不是相控方式,而是斩控方式(PWM 控制),可以产生任意频率的正弦波输出。图 6－22(a)是矩阵式变频电路的主电路拓扑。三相输入电压为 u_a,u_b 和 u_c,三相输出电压为 u_u,u_v 和 u_w。9 个开关器件组成 3 × 3 矩阵,因此该电路被称为矩阵式变频电路(Matrix Converter,MC),也被称为矩阵变换器。图中每个开关单元都是矩阵中的一个元素,采用双向可控开关,一般由两个功率器件组合构成,如将两个已反并联二极管的 IGBT,再反相串联起来,如图 6－22(b)所示,或者将两个逆阻型 IGBT 反并联起来。

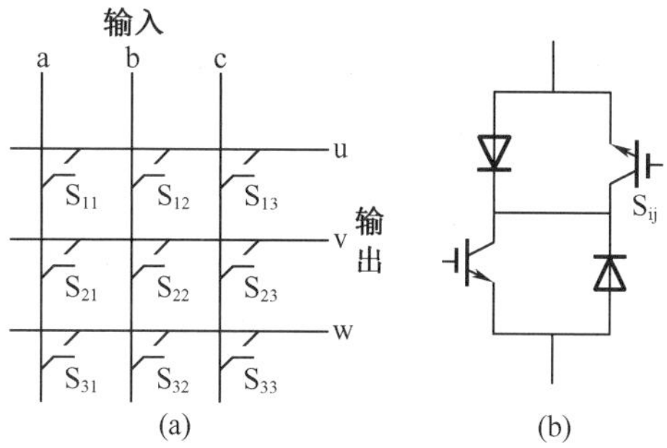

图 6 - 22　矩阵式变频电路
(a)主电路拓扑;(b)一种开关单元

对单相交流电压 u_s 进行 PWM 控制时,如果开关频率足够高,则其输出电压 u_o 为

$$u_o = \frac{t_{on}}{T_c}u_s = \sigma u_s \tag{6-24}$$

式中　T_c——开关周期;

　　　t_{on}——一个开关周期内开关导通时间;

　　　σ——占空比。

在不同的开关周期中采用不同的 σ,可得到与 u_s 频率和波形都不同的 u_o。由于单相交流电压 u_s 波形为正弦波,可利用的输入电压部分只有如图 6－23(a)所示的单相电压阴影部分,因此输出电压 u_o 将受到很大的局限,无法得到所需要的输出波形。如果把输入交流电源改为三相,例如用图 6－23(a)中第一行的 3 个开关 S_{11},S_{12} 和 S_{13} 共同作用来构造 u 相输出电压 u_u,就可利用图 6－23(b)中的三相相电压包络线中所有的阴影部分。从图中可以看出,理论上所构造的 u_u 的频率可不受限制,但加 u_u 必须为正弦波,则其最大幅值仅为输入相电压 u_a 幅值的 0.5 倍。如果利用输入线电压来构造输出线电压,例如图 6－23(a)中第一行和第二行的 6 个开关共同作用来构造输出线电压 u_{uv},就可利用图 6－23(c)中 6 个线电压包络线中所有的阴影部分。这样,当 u_{uv} 必须为正弦波时,其最大幅值就可达到输入线电压幅值的 0.866 倍。这也是正弦波输出条件下矩阵式变频电路理论上最大的输出输入电压比。下面为了叙述方便,仍以相电压输出方式为例进行分析。

利用对开关 S_{11},S_{12} 和 S_{13} 的控制构造输出电压 u_u 时,为了防止输入电源短路,在任何时刻只能有一个开关接通。考虑到负载一般是阻感负载,负载电流具有电流源性质,为使负载不致开路,在任一时刻必须有一个开关接通。因此,u 相输出电压 u_u 和各相输入电压的关

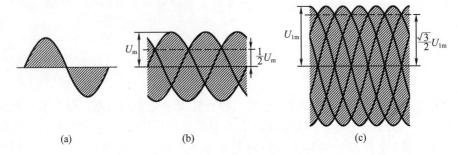

图6-23 构造输出电压时可利用的输入电压部分

(a)单相输入;(b)三相输入相电压构造输出相电压;(c)三相输入线电压构造输出线电压

系为

$$u_\mathrm{u} = \sigma_{11} u_\mathrm{a} + \sigma_{12} u_\mathrm{b} + \sigma_{13} u_\mathrm{c} \qquad (6-25)$$

式中,$\sigma_{11}, \sigma_{12}, \sigma_{13}$为一个开关周期内开关$S_{11}, S_{12}, S_{13}$的导通占空比。

由上面的分析可知

$$\sigma_{11} + \sigma_{12} + \sigma_{13} = 1 \qquad (6-26)$$

用同样的方法控制图6-23(a)矩阵第2行和第3行的各开关,可以得到类似于式(6-25)的表达式。把这些公式合写成矩阵的形式,即

$$\begin{bmatrix} u_\mathrm{u} \\ u_\mathrm{v} \\ u_\mathrm{w} \end{bmatrix} = \begin{bmatrix} \sigma_{11} & \sigma_{12} & \sigma_{13} \\ \sigma_{21} & \sigma_{22} & \sigma_{23} \\ \sigma_{31} & \sigma_{32} & \sigma_{33} \end{bmatrix} \begin{bmatrix} u_\mathrm{a} \\ u_\mathrm{b} \\ u_\mathrm{c} \end{bmatrix} \qquad (6-27)$$

可缩写为

$$\boldsymbol{u}_\mathrm{o} = \boldsymbol{\sigma} \boldsymbol{u}_\mathrm{i} \qquad (6-28)$$

式中

$$\boldsymbol{u}_\mathrm{o} = \begin{bmatrix} u_\mathrm{u} & u_\mathrm{v} & u_\mathrm{w} \end{bmatrix}^\mathrm{T}$$

$$\boldsymbol{u}_\mathrm{i} = \begin{bmatrix} u_\mathrm{a} & u_\mathrm{b} & u_\mathrm{c} \end{bmatrix}^\mathrm{T}$$

$$\boldsymbol{\sigma} = \begin{bmatrix} \sigma_{11} & \sigma_{12} & \sigma_{13} \\ \sigma_{21} & \sigma_{22} & \sigma_{23} \\ \sigma_{31} & \sigma_{32} & \sigma_{33} \end{bmatrix}$$

$\boldsymbol{\sigma}$称为调制矩阵,它是时间的函数,每个元素在每个开关周期中都是不同的。

前已述及,阻感负载的负载电流具有电流源的性质,负载电流的大小是由负载的需要决定的,在矩阵式变频电路中,9个开关的通断情况决定后,即$\boldsymbol{\sigma}$矩阵中各元素确定后,输入电流$i_\mathrm{a}, i_\mathrm{b}, i_\mathrm{c}$和输出电流$i_\mathrm{u}, i_\mathrm{v}, i_\mathrm{w}$的关系也就确定了。实际上,各相输入电流都分别是各相输出电流按照相应的占空比相加而成的,即

$$\begin{bmatrix} i_\mathrm{a} \\ i_\mathrm{b} \\ i_\mathrm{c} \end{bmatrix} = \begin{bmatrix} \sigma_{11} & \sigma_{12} & \sigma_{13} \\ \sigma_{21} & \sigma_{22} & \sigma_{23} \\ \sigma_{31} & \sigma_{32} & \sigma_{33} \end{bmatrix} \begin{bmatrix} i_\mathrm{u} \\ i_\mathrm{v} \\ i_\mathrm{w} \end{bmatrix} \qquad (6-29)$$

写成缩写形式即为

$$\boldsymbol{i}_\mathrm{i} = \boldsymbol{\sigma}^\mathrm{T} \boldsymbol{i}_\mathrm{o} \qquad (6-30)$$

式中

$$\boldsymbol{i}_\mathrm{i} = \begin{bmatrix} i_\mathrm{a} & i_\mathrm{b} & i_\mathrm{c} \end{bmatrix}^\mathrm{T}$$

$$\boldsymbol{i}_\mathrm{o} = \begin{bmatrix} i_\mathrm{u} & i_\mathrm{v} & i_\mathrm{w} \end{bmatrix}^\mathrm{T}$$

式(6-27)和式(6-29)即是矩阵式变频电路的基本输入输出关系式。

理论上,作为矩阵式变频电路可以在任意输出频率或输入频率(包括 0 频率)上运行,所以该变换器也可以作为三相整流器、三相逆变器甚至直流斩波器使用,因而是一个万能的电力变换器形式。

对一个实际系统来说,输入电压和所需要的输出电流是已知的。设其分别为

$$\begin{bmatrix} u_\mathrm{a} \\ u_\mathrm{b} \\ u_\mathrm{c} \end{bmatrix} = \begin{bmatrix} U_\mathrm{im}\cos\omega_\mathrm{i}t \\ U_\mathrm{im}\cos\left(\omega_\mathrm{i}t - \dfrac{2\pi}{3}\right) \\ U_\mathrm{im}\cos\left(\omega_\mathrm{i}t - \dfrac{4\pi}{3}\right) \end{bmatrix} \tag{6-31}$$

$$\begin{bmatrix} i_\mathrm{u} \\ i_\mathrm{v} \\ i_\mathrm{w} \end{bmatrix} = \begin{bmatrix} I_\mathrm{om}\cos(\omega_\mathrm{o}t - \varphi_\mathrm{o}) \\ I_\mathrm{om}\cos\left(\omega_\mathrm{o}t - \dfrac{2\pi}{3} - \varphi_\mathrm{o}\right) \\ I_\mathrm{om}\cos\left(\omega_\mathrm{o}t - \dfrac{4\pi}{3} - \varphi_\mathrm{o}\right) \end{bmatrix} \tag{6-32}$$

式中　U_im,I_om——输入电压和输出电流的幅值;

ω_i,ω_o——输入电压和输出电流的角频率;

φ_o——相应于输出频率的负载阻抗角。

变频电路希望的输出电压和输入电流分别为

$$\begin{bmatrix} u_\mathrm{u} \\ u_\mathrm{v} \\ u_\mathrm{w} \end{bmatrix} = \begin{bmatrix} U_\mathrm{om}\cos\omega_\mathrm{o}t \\ U_\mathrm{om}\cos\left(\omega_\mathrm{o}t - \dfrac{2\pi}{3}\right) \\ U_\mathrm{om}\cos\left(\omega_\mathrm{o}t - \dfrac{4\pi}{3}\right) \end{bmatrix} \tag{6-33}$$

$$\begin{bmatrix} i_\mathrm{a} \\ i_\mathrm{b} \\ i_\mathrm{c} \end{bmatrix} = \begin{bmatrix} I_\mathrm{im}\cos(\omega_\mathrm{i}t - \varphi_\mathrm{i}) \\ I_\mathrm{im}\cos\left(\omega_\mathrm{i}t - \dfrac{2\pi}{3} - \varphi_\mathrm{i}\right) \\ I_\mathrm{im}\cos\left(\omega_\mathrm{i}t - \dfrac{4\pi}{3} - \varphi_\mathrm{i}\right) \end{bmatrix} \tag{6-34}$$

式中　U_om,I_im——输出电压和输入电流的幅值;

φ_i——输入电流滞后于电压的相位角。

当期望的输入功率因数为 1 时,$\varphi_\mathrm{i} = 0$。把式(6-31)至式(6-34)代入式(6-27)和式(6-29),可得

$$\begin{bmatrix} U_\mathrm{om}\cos\omega_\mathrm{o}t \\ U_\mathrm{om}\cos\left(\omega_\mathrm{o}t - \dfrac{2\pi}{3}\right) \\ U_\mathrm{om}\cos\left(\omega_\mathrm{o}t - \dfrac{4\pi}{3}\right) \end{bmatrix} = \boldsymbol{\sigma} \begin{bmatrix} U_\mathrm{im}\cos\omega_\mathrm{i}t \\ U_\mathrm{im}\cos\left(\omega_\mathrm{i}t - \dfrac{2\pi}{3}\right) \\ U_\mathrm{im}\cos\left(\omega_\mathrm{i}t - \dfrac{4\pi}{3}\right) \end{bmatrix} \tag{6-35}$$

$$\begin{bmatrix} I_{\rm im}\cos(\omega_{\rm i}t - \varphi_{\rm i}) \\ I_{\rm im}\cos\left(\omega_{\rm i}t - \dfrac{2\pi}{3} - \varphi_{\rm i}\right) \\ I_{\rm im}\cos\left(\omega_{\rm i}t - \dfrac{4\pi}{3} - \varphi_{\rm i}\right) \end{bmatrix} = \boldsymbol{\sigma}^{\rm T} \begin{bmatrix} I_{\rm om}\cos(\omega_{\rm o}t - \varphi_{\rm o}) \\ I_{\rm om}\cos\left(\omega_{\rm o}t - \dfrac{2\pi}{3} - \varphi_{\rm o}\right) \\ I_{\rm om}\cos\left(\omega_{\rm o}t - \dfrac{4\pi}{3} - \varphi_{\rm o}\right) \end{bmatrix} \tag{6-36}$$

如能求得满足式(6-35)和式(6-36)的调制矩阵 $\boldsymbol{\sigma}$,就可得到式中所希望的输出电压和输入电流。可以满足上述方程的解有很多,直接求解是很困难的。

从上面的分析可以看出,要使矩阵式变频电路能够很好地工作,有两个基本问题必须解决。首先要解决的问题是如何求取理想的调制矩阵 $\boldsymbol{\sigma}$,其次就是在开关切换时如何实现既无交叠又无死区。通过许多学者的努力,这两个问题都已有了较好的解决办法。由于篇幅所限,在本书中不做详细介绍。

目前来看,矩阵式变频电路所用的开关器件为 18 个,电路结构较复杂,成本较高,控制方法还不算成熟。此外,其输出输入最大电压比只有 0.866,用于交流电机调速时输出电压偏低。这些是其尚未进入实用化的主要原因。但是矩阵式变频电路也有十分突出的优点:

(1)输出电压为正弦波,输出频率不受电网频率的限制;

(2)输入电流也可控制为正弦波且和电压同相,功率因数为 1,也可控制为需要的功率因数;

(3)能量可双向流动,可以实现四象限运行,适用于交流电动机的可逆运行系统;

(4)和目前广泛应用的交-直-交变频电路相比较,不通过中间直流环节而直接实现变频,电流回路通过输入与输出之间串联的开关器件的数目减少,效率较高;

(5)还是相对于交-直-交变频电路,虽多用了 6 个开关器件,但由于不存在直流环节,因此省去了笨重的直流滤波电抗器或寿命较短的直流滤波电解电容,将使体积减小,且容易实现集成化和功率模块化。

因此,这种电路的电气性能是十分理想的。在电力电子器件制造技术飞速进步和计算机技术日新月异的今天,矩阵式变频电路将有很好的发展前景。

6.5　交流调压电路仿真

6.5.1　单相交流调压电路仿真

交流调压电路有采用晶闸管器件的相位控制和采用全控器件的 PWM 控制两种方式,这里主要介绍晶闸管控制的交流调压电路的仿真。由晶闸管控制的单相交流调压电路如图 6-1 所示。单相交流调压电路的仿真模型如图 6-24 所示。模型由交流电源、反并联晶闸管模块 VT$_{1,2}$、触发模块 pulse$_{1,2}$、阻感负载 R_L 和观测示波器组成。其中双向晶闸管开关模块由分支电路组成,如图 6-25 所示,分支电路的 A1 和 A2 端分别是晶闸管双向开关的输入和输出端,g1 和 g2 分别是晶闸管 VT$_1$ 和 VT$_2$ 的触发端,m 端用于观测晶闸管 VT$_1$ 两端的电压和电流。为了避免出现失控现象,交流调压器晶闸管采用后沿固定在 180° 的宽脉冲触发方式,以保证晶闸管能正常触发。触发电路如图 6-26 所示,由同步、锯齿波形成和移相控制等环节组成。电路的输入 u_t 是同步电压输入端,同步电压经延迟(Relay)环节产生与同步电压正半周等宽的方波,该方波经斜率设定(Rate Limiter)产生锯齿波,锯齿波与移相控制电压(输入端 U_{ct})叠加,调节锯齿波的过零点,再经延迟(Relay1),产生前沿可调、后沿固定的晶闸管触发脉冲。

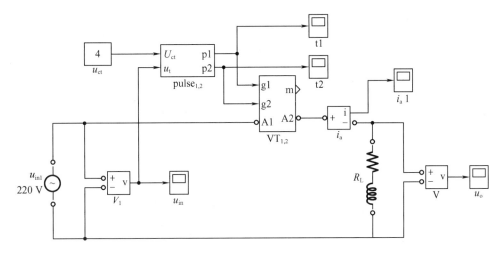

图 6－24　单相交流调压电路仿真模型

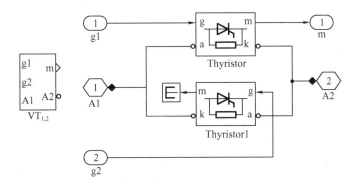

图 6－25　反并联晶闸管分支电路

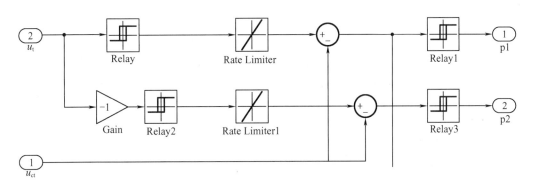

图 6－26　交流调压器触发电路

设置仿真程序中参数为:交流电源 220 V,50 Hz;负载电阻 1 Ω,电感 10 mH。交流调压器的控制角按负载阻抗角($\varphi = \arctan(L/R)$)的关系,分为 $\alpha \geqslant \varphi$ 和 $\alpha \leqslant \varphi$ 两种情况进行仿

真。观察交流调压器在两种情况下输出电压和电流的波形,如图 6 - 27 和图 6 - 28 所示。

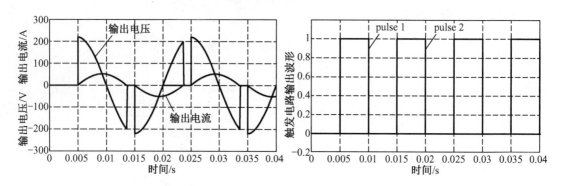

图 6 - 27　控制电压为 5 V 时交流调压器的仿真波形图
(a)输出电压与输出电流;(b)触发电路输出波形图

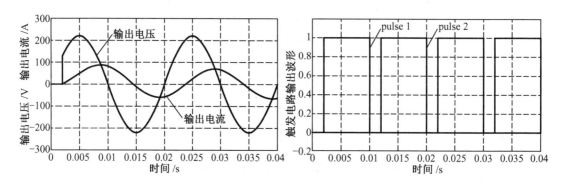

图 6 - 28　控制电压为 2 V 时交流调压器的仿真波形图
(a)输出电压与输出电流;(b)触发电路输出波形图

根据图 6 - 27,当晶闸管的斩波作用并且控制角较大时,输出电压、电流波形的正负半周是不连续的,使输出电压有效值减小,实现了对交流电压的调节。如图 6 - 28 所示,由于控制角较小($0° \leqslant \alpha < \varphi$),输出电压和电流为完整的正弦波,交流调压器失去调压控制作用。比较电流和晶闸管的触发脉冲可以看到,在正向电流尚未为零前,反向晶闸管的触发脉冲已经到来,如果触发脉冲很窄,在正向电流到零时,反向晶闸管的触发脉冲已经消失,则反向晶闸管就不能导通,因此需要采用宽脉冲触发方式,且脉冲的后沿应设在 $180°$ 的位置,和交流调压器的移相范围相适应。在电流的第一个周期,因为电感电流较大,电感储能较多,正向晶闸管的导通时间较长,使反向晶闸管的实际导通时间滞后于触发时间,因此电流在正半周大于负半周。

6.5.2　三相交流调压电路仿真

三相交流调压器有多种电路形式,这里主要针对两种常用的无中线星形连接和支路控制三角形连接电路进行仿真。

1. 无中线星形连接三相交流调压器

无中线星形连接三相交流调压器的仿真模型如图 6 - 29 所示。

该模型实际上由三个单相交流调压电路组成,图中 $VT_{1,4}$,$VT_{3,5}$ 和 $VT_{6,2}$ 分别为双向晶闸

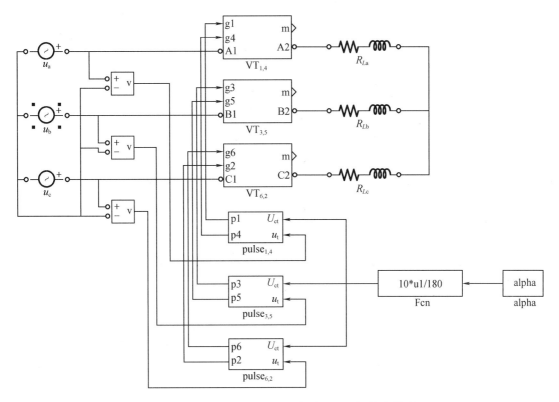

图 6－29　无中线星形连接三相交流调压器仿真模型

管的开关模块。pulse$_{1,4}$, pulse$_{3,5}$ 和 pulse$_{6,2}$ 是相应晶闸管的触发模块,双向晶闸管开关模块和触发模块结构均与单相交流调压的模型相同。

为了观察方便,在触发模块的移相控制输入端接入了一个控制角,与移相控制电压 U_{ct} 的变化函数

$$U_{ct} = 10u_1/180 \qquad (6-37)$$

式中,u_1 为控制角度,由模块 alpha 设定。

在电阻负载时,三相交流调压器的输出电压仿真结果如图 6－30 和图 6－31 所示。

为了比较方便,图中以虚线给出了对应的电源相电压波形。从 $\alpha = 30°$ 的三相波形中可以看到,在调压器三相的各相中都有一个晶闸管导通的区间,输出电压与电源相电压相同;在三相中只有两相有晶闸管导通的区间,输出电压(相电压)应为导通两相线电压的 1/2;随着控制角的增加,同时有三个晶闸管导通的区间逐步减小,到 $\alpha \geqslant 60°$ 时,任何时间都只有两相有晶闸管导通,导通时输出相电压等于导通两相线电压的 1/2。三相调压器输出电压较正弦波有较大畸变,使谐波增加。

2. 支路控制三角形连接三相交流调压器

支路控制三角形连接交流调压器常用于动态无功补偿装置中。在此对三相晶闸管控制的电抗器支路进行仿真,观察电抗器支路电流与晶闸管控制角的关系。仿真模型如图 6－32 所示。

设交流电源相电压为 220 V,电抗器电感量为 2 mH。$\alpha = 120°$ 时的仿真结果如图 6－33 所示。图中实线为输出电流波形,虚线为电源电压波形。

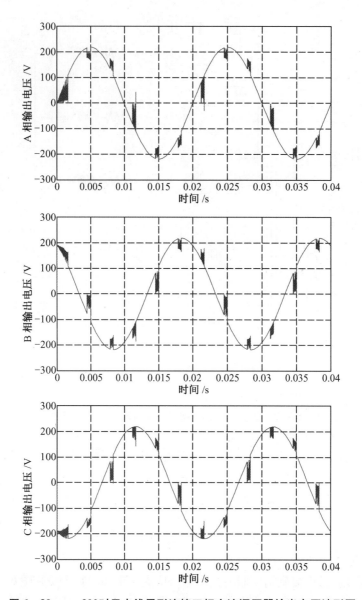

图6-30 $\alpha = 30°$时无中线星形连接三相交流调压器输出电压波形图

图6-33显示出了各相线电流的波形,并给出了各相相电压,以便比较。从图中可以看出,电流滞后于电压90°。当然,如果改变控制角的大小,电流也会随着控制角的增大而减小,电抗器提供的感性无功减小,无功补偿装置向电网提供的容性无功量增加。读者可以自行仿真分析。

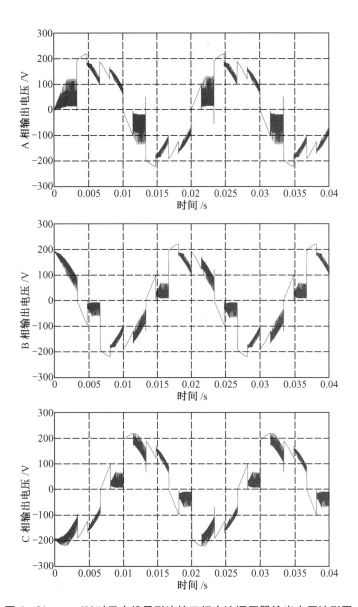

图 6 - 31 **α = 60° 时无中线星形连接三相交流调压器输出电压波形图**

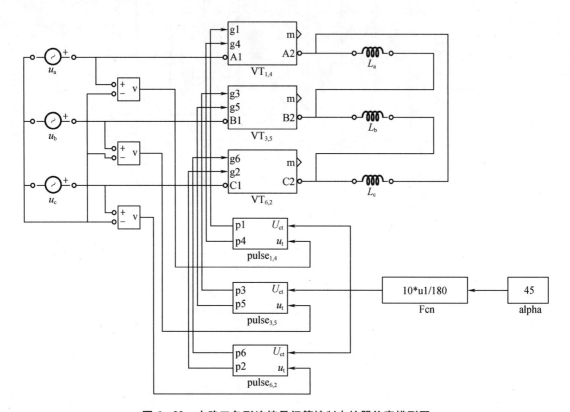

图 6 - 32 支路三角形连接晶闸管控制电抗器仿真模型图

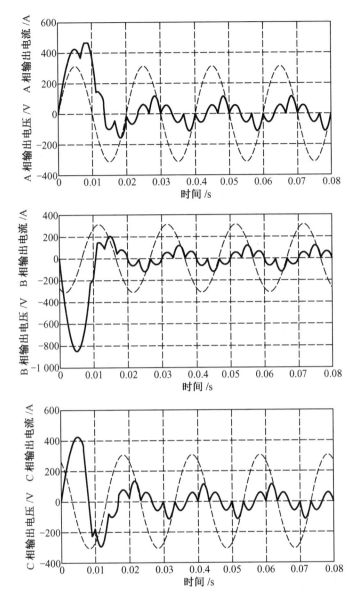

图 6 – 33　$\alpha = 120°$ 时支路三角形连接晶闸管控制电抗器电流波形和
电源电压波形图

本 章 小 结

　　本章所介绍的各种电路都属于交 – 交变流电路,可分为两类:一类是只改变电压、电流值或对电路的通断进行控制,而不改变频率的交流电力控制电路;另一类是改变频率的交 – 交变频电路,也称为直接变频电路。通过中间直流环节来改变频率的间接变频电路不属于本章讲述范围,将在第 9 章的交 – 直 – 交变频器中学习。通过两种变频电路的比较将会对本章的交 – 交变频电路有更深的理解。

在交流电力控制电路中,本章重点介绍了采用相位控制方式的交流调压电路,它的实质是交流电压斩波调压电路,依靠晶闸管的移相控制将交流电源电压正弦波形的一部分送至负载,因此输出电压总是小于输入电压且含有较大的谐波。本章也对交流调功电路和交流电力电子开关做了必要的介绍。在交－交变频电路中,重点介绍了目前应用较多的晶闸管交－交变频电路。该电路的基本原理还是相控整流和有源逆变原理,正反两组相控电路反并联输出。直接变频电路只有一级功率变换,且可方便地实现四象限运行,但是输出频率不宜高于输入频率的1/3,交流输入电流谐波严重,输入功率因数低,控制复杂。本章最后对采用全控型开关器件构成的矩阵式交－交变频电路的基本工作原理做了简单介绍。

本章的要点如下:

(1)交－交变流电路的分类及其基本概念;

(2)单相交流调压电路的电路构成,在电阻负载和阻感负载时的工作原理和电路特性;

(3)三相交流调压电路的基本构成和基本工作原理;

(4)交流调功电路和交流电力电子开关的基本概念;

(5)晶闸管相位控制交－交变频电路的电路构成、工作原理和输入输出持性;

(6)矩阵式交－交变频电路的基本概念。

思 考 题 与 练 习 题

1. 一电阻性负载由单相交流调压电路供电,在控制角 $\alpha = 0°$ 时输出功率为最大值。试求输出功率为最大值的80%和50%时的控制角。

2. 试分析比较采用晶闸管构成的交流调压电路与变压器构成的跳崖电路的优缺点。

3. 交流调压电路和交流调功电路有什么区别? 两者各运用于什么样的负载,为什么?

4. 单相交－交变频电路与直流电动机传动用的反并联可控整流电路有何区别?

5. 交－交变频电路的最高输出频率是多少? 制约输出频率提高的因素是什么?

6. 交－交变频电路与交－直－交变频电路相比,各有何优缺点?

7. 三相交－交变频电路有哪两种接线方式? 它们有什么区别?

第7章　PWM 控制技术

在工业应用中,许多负载对电力变换装置的输出特性有严格的要求。对于逆变器,除要求频率可变、电压大小可调外,还要求输出电压谐波含量尽可能小,为此常采用脉宽调制技术(Pulse Width Modulation,PWM)。PWM 控制技术就是对脉冲的宽度调制进行控制的技术,通过对一系列脉冲的宽度调制来等效地获得所需要的波形(含形状和幅值)。

本书在直流斩波电路中采用的就是 PWM 技术。通过改变脉冲的占空比对脉冲宽度进行调制,对于输入电压和输出电压均为直流的直流斩波电路,所需的脉冲是等幅、等宽的。当输入电压和输出电压改变时,仅需对脉冲的占空比进行控制,即脉冲宽度调制。在斩控式交流调压电路和矩阵式变频电路中也均采用了 PWM 技术。在对上述知识认识的基础上,本章将针对 PWM 控制技术的基本原理、PWM 逆变电路控制方法、PWM 跟踪控制技术加以介绍。另外,本章还将对应用日益广泛的 PWM 整流电路的基本工作原理进行介绍。

7.1　PWM 控制技术的基本原理

根据采样控制理论,当把不同形状的脉冲加在惯性对象上时,在低频段,由于脉冲函数的频谱通常很宽,而惯性对象频率特性的通频带相对要窄得多,则在对象的通频带内各种形状脉冲的频谱都近似等于脉冲冲量,而与脉冲的具体形状无关;在高频段,输入脉冲的频谱虽然因脉冲形状不同而不同,但是因为对象的幅频特性已经逐渐减小到几乎等于0,所以脉冲频谱中的高频成分在输出中也反应不出来。也就是说,当不同形状的脉冲加在具有惯性的环节上时,输出只取决于脉冲的冲量,而与脉冲的具体形状无关。例如图 7-1 所示的三个窄脉冲形状不同,其中图(a)为矩形脉冲,图(b)为三角形脉冲,图(c)为正弦半波脉冲,但它们的面积都等于1,具有相同的脉冲冲量。当它们分别作用在同一个惯性对象环节时,其输出响应是基本相同的。

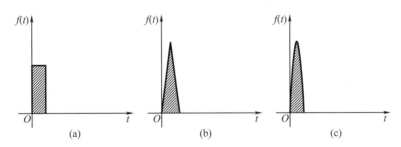

图 7-1　形状不同而冲量相同的各种窄脉冲
(a)矩形脉冲;(b)三角形脉冲;(c)正弦半波脉冲

以一个具体的 $R-L$ 惯性电路环节为例,如图 7-2(a)所示。图中,$e(t)$ 为输入的电压窄脉冲,脉冲分别如图 7-1(a)(b)(c)所示,且面积相等。将其电流 $i(t)$ 作为电路的输出,则不同窄脉冲时 $i(t)$ 的响应波形如图 7-2(b)所示。从波形图可以看出,在 $i(t)$ 的上升段,

脉冲形状不同时 $i(t)$ 的形状略有不同,但其下降段则几乎完全相同。通过实验可以验证,当理论脉冲越窄时,各 $i(t)$ 波形的差异也就越小。当周期性地施加电压脉冲时,电流响应也是周期性的。通过傅里叶级数分解,电流响应在低频段的特性非常接近,在高频段略有不同,与采样控制理论中的结论是相符的。这一结论将作为 PWM 控制技术的重要理论基础,称为面积等效原理。

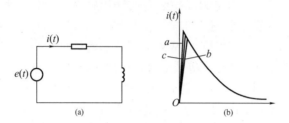

图 7 – 2 冲量相同的各种窄脉冲的响应波形图

(a)电路图;(b)响应波形图

根据面积等效原理,当需要一个正弦波形作用于某一惯性电路时,可以用一系列等幅不等宽的脉冲来代替,如图 7 – 3 所示。

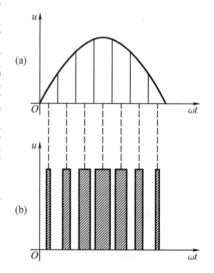

首先将正弦半波分成 N 等份,宽度相等,都为 π/N,如图 7 – 3(a)所示。可以认为正弦半波是由这 N 个彼此相连的脉冲组成。根据面积等效原理,把正弦半波对应的 N 个脉冲分别用相同面积的矩形脉冲代替,如果设置矩形脉冲为等幅值的,则为一系列不等宽的矩形脉冲,如图 7 – 3(b)所示。显然,各个矩形脉冲的面积或宽度是按照正弦规律变化的,所以该 PWM 波形也称为 SPWM(Sinusoidal PWM)波形。对于正弦波的负半周,也可以用同样的方法得到 PWM 波形。

要改变等效输出正弦波的幅值,只要按照同一比例系数改变上述各脉冲的宽度即可。

PWM 波形分为等幅 PWM 波和不等幅 PWM 波。由于直流电源电压幅值基本恒定,所以等幅 PWM 波可以直接由直流电源产生,如直流斩波电路、PWM 逆变电路和本章所介绍的 PWM 整流电路。当输入电源为交流电源时,所得到的 PWM 波就是不等幅的,比如本

图 7 – 3 用 PWM 波代替正弦半波

(a)正弦半波;(b)脉冲序列

书前面所介绍的斩控式交流调压电路和矩阵式变频电路。但二者具有相同的本质,都是基于面积等效原理来实现控制的。

PWM 波可以是上述 PWM 电压波,也可以是 PWM 电流波。对于电流型逆变电路,其直流侧为电流源,当 PWM 控制时就是 PWM 电流波,分别为电压型逆变电路和电流型逆变电路。由于目前实际应用的 PWM 逆变电路几乎都是电压型电路,因此本章主要介绍电压型 PWM 逆变电路的控制技术。

7.2　PWM 逆变电路控制方法

　　目前中小功率的电力变换电路几乎都采用了 PWM 控制技术。直流斩波电路得到的 PWM 波是等效直流波形,逆变电路所得到 SPWM 波是等效正弦波形,直流斩波相当于正弦 SPWM 的特例,本节主要介绍 SPWM 控制技术。SPWM 控制方法很多:根据逆变电路的正弦输出表达式和脉冲数计算出 PWM 波形中各个脉冲宽度和间隔的方法为计算法;利用调制信号波形与载波波形进行比较获得 PWM 波形中各个脉冲宽度和间隔的方法为调制法。实际中广泛采用的是调制法。

7.2.1　正弦波脉宽调制原理

　　脉宽调制是将希望输出波形作为调制信号,将接受调制的信号作为载波,通过调制法获得等幅不等宽的脉冲列,使输出矩形脉冲的面积与对应波形的面积成正比。正弦脉宽调制的调制信号波为正弦波时,所得到的脉冲列就是 SPWM 波形。

　　载波一般有两种形式:等腰三角波和锯齿波。由于 PWM 控制的要求是得到宽度正比于信号波幅值的脉冲,相对于锯齿波,等腰三角波上任一点的水平宽度和高度呈线性关系且左右对称,当它与任何一个平缓变化的调制信号波相交时,如果在交点时刻对电路中开关器件的通断进行控制,就满足对脉冲宽度的要求,所以等腰三角波应用最多。

　　正弦脉宽调制分为单极性正弦波脉宽调制和双极性正弦波脉宽调制两种。

　　1. 单极性正弦波脉宽调制

　　以负载为阻感负载的单相桥式电压型逆变电路为例(图 7-4),开关器件采用 IGBT,工作时同一桥臂的 V_1 和 V_2,V_3 和 V_4 的通断状态分别呈现互补状态。

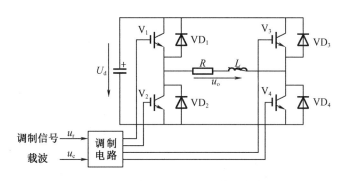

图 7-4　单相桥式 PWM 逆变电路图

　　结合图 7-4,若 V_1 保持通态,V_2 保持断态,V_3 和 V_4 交替通断时,输出电压 u_o 为正。由于负载为阻感负载,输出电流滞后于输出电压,所以输出电压正半周期间,输出电流将有一段区间为正,一段区间为负。在输出电流为正的区间,V_1 和 V_4 导通时,输出电压 u_o 等于直流电压 U_d;V_4 关断时,输出电流通过 V_1 和 VD_3 续流,输出电压 $u_o = 0$。在输出电流为负的区间,仍为 V_1 和 V_4 导通时,因 i_o 为负,故 i_o 实际上从 VD_1 和 VD_4 流过,仍有 $u_o = U_d$;V_4 关断,V_3 导通后,i_o 从 V_3 和 VD_1 续流,$u_o = 0$。综上所述,输出电压 u_o 总可以得到 U_d 和 0 两种电平。同理,对于输出电压 u_o 的负半周期,让 V_2 保持通态,V_1 保持断态,V_3 和 V_4 交替通断,输出电压 u_o 也可以得到$-U_d$和0两种电平。正、负周期输出电压的波形情况如图7-5所示。

图7-5给出了单极性正弦波脉宽调制的方法，调制信号u_r为正弦波，载波u_c在u_r的正半周采用正极性的三角波；在u_r的负半周采用负极性的三角波。根据u_c和u_r的关系确定控制信号，在u_r和u_c的交点时刻控制IGBT的通断。在u_r的正半周期，V_1保持通态，V_2保持断态，当$u_r > u_c$时，使V_4导通，V_3关断，输出电压$u_o = U_d$；当$u_r < u_c$时，使V_4关断，V_3导通，输出电压$u_o = 0$。在u_r的负半周，V_1保持断态，V_2保持通态，当$u_r < u_c$时，使V_3导通，V_4关断，输出电压$u_o = -U_d$；当$u_r > u_c$时，使V_1关断，V_4导通，输出电压$u_o = 0$。输出电压u_o就是SPWM波形。输出电压u_o的基波分量如图中虚线u_{of}所示。像这种在u_r的半个周期内三角波载波只在正极性或负极性一种极性范围内变化，所得到

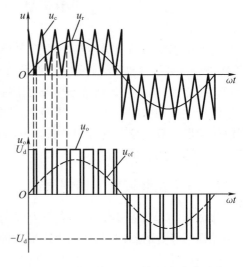

图7-5　单极性PWM控制方式波形图

的PWM波形也只在单个极性范围变化的控制方式称为单极性PWM控制方式。

2.双极性正弦波脉宽调制

主电路依然采用图7-4所示单相桥式电压型逆变电路，采用双极性控制方式时的波形如图7-6所示。采用双极性方式时，在调制信号u_r的半个周期内，三角波载波不再是单极性的，而是有正负之分的，所得的PWM波也有正负之分。在调制信号u_r的一个周期内，输出的PWM波只有$\pm U_d$两种电平，而不像单极性控制时存在零电平。仍然在调制信号u_r和载波信号u_c的交点时刻控制IGBT的通断，在u_r的正负半周，对各IGBT的控制规律相同。当$u_r > u_c$时，给V_1和V_4以导通信号，给V_2和V_3以关断信号。此时会有两种情况：如果$i_o > 0$，则V_1和V_4导通；如果$i_o < 0$，则VD_1和VD_4导通续流。$u_r > u_c$时的这两种情况输出电压均为$u_o = U_d$。当

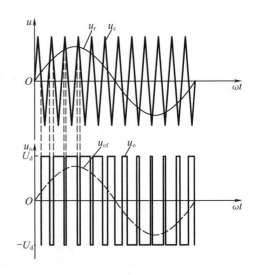

图7-6　双极性PWM控制方式波形图

$u_r < u_c$时，给V_2和V_3以导通信号，给V_1和V_4以关断信号。此时也会有两种情况：如果$i_o < 0$，则V_2和V_3导通；如$i_o > 0$，则VD_2和VD_3导通续流。$u_r < u_c$时的这两种情况输出电压均为$u_o = -U_d$。

综上所述，单相桥式电路既可采取单极性调制，也可采取双极性调制，但两种方式对开关器件通断控制规律是不同的，输出波形也存在差别。

图7-7所示的三相桥式PWM型逆变电路一般采用双极性控制方式。PWM控制通常用一个三角波载波u_c，调制信号为三相对称的u_{rU}，u_{rV}和u_{rW}，如图7-8所示。U，V和W三相功率开关器件采用相同的控制规律，且同一桥臂上的两个功率开关器件的驱动信号始终是互补

的,本书仅以 U 相为例加以说明。当 $u_{rU} > u_c$ 时,给上桥臂 V_1 以导通信号,给下桥臂 V_4 以关断信号,则 U 相相对于直流电源假想中点 N′ 的输出电压 $u'_{UN} = U_d/2$;当 $u_{rU} < u_c$ 时,给 V_4 以导通信号,给 V_1 以关断信号,则 $u'_{UN} = -U_d/2$。考虑到输出电流情况,当给 $V_1(V_4)$ 加导通信号时,可能是 $V_1(V_4)$ 导通,也可能是二极管 $VD_1(VD_4)$ 续流导通,这和单相桥式 PWM 型逆变电路在双极性控制时的情况相同。V 相及 W 相的控制方式都和 U 相相同。电路的波形如图 7 - 8 所示。

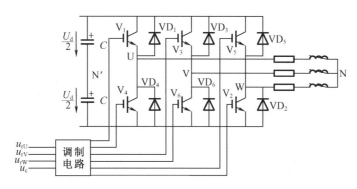

图 7 - 7　三相桥式 PWM 型逆变电路图

从图 7 - 8 可以看出,u'_{UN},u'_{VN} 和 u'_{WN} 的 PWM 波形都只有 $\pm U_d/2$ 两种电平。图中的线电压 u_{UV} 的波形可由 $u'_{UN}-u'_{VN}$ 得出。可以看出,当臂 1 和 6 导通时,$u_{UV} = U_d$;当臂 3 和 4 导通时,$u_{UV} = -U_d$;当臂 1 和 3 或臂 4 和 6 导通时,$u_{UV} = 0$。因此,逆变器的输出线电压 PWM 波由 $\pm U_d$ 和 0 三种电平构成。负载相电压 u_{UN} 可由下式求得:

$$u_{UN} = u'_{UN} - \frac{u'_{UN} + u'_{VN} + u'_{WN}}{3}$$

从波形图和上式可以看出,负载相电压的 PWM 波由 $\pm\frac{2}{3}U_d$,$\pm\frac{1}{3}U_d$ 和 0 共 5 种电平组成。

在实际电路中,为了防止一个桥臂上的两个开关器件直通而造成短路,除了令二者的驱动信号互补之外,还要在两个开关器件通断切换时留出死区时间,保证开关器件可靠关断。死区时间的长短主要由功率开关器件的关断时间来决定。死区时间会使输出的 PWM 波形略偏离正弦波。

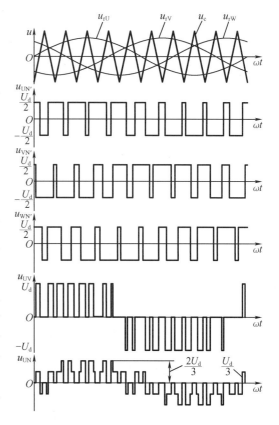

图 7 - 8　三相桥式 PWM 逆变电路波形图

在 PWM 控制电路中,调制信号峰值为 U_{rm},频率为 f_r;载波峰值为 U_{cm},频率为 f_c。调制信号与载波峰值之比称作调制比,为

$$M = \frac{U_{rm}}{U_{cm}}$$

改变调制比 M 即可调控输出基波电压值。

载波与调制信号频率之比称作载波比，又称为频率比，为

$$N = \frac{f_c}{f_r}$$

为了保证输出的 PWM 波与正弦电压等效，载波比必须足够大。

7.2.2　异步调制和同步调制

根据载波和调制信号是否同步及载波比的变化情况，PWM 调制方式可分为异步调制和同步调制两种。以图 7-8 的波形为例，如果载波频率 f_c 固定不变，调制信号变频时，载波信号和调制信号就呈现不同步的调制方式，即为异步调制；如果载波频率 f_c 随着调制信号变化保持载波比 N 等于常数，使载波和调制信号波保持同步的方式则为同步调制。

1. 异步调制

在异步调制方式中，通常保持载波频率 f_c 固定不变，因而当调制信号波频率 f_r 变化时，载波比 N 是变化的。同时，在调制信号波的半个周期内，PWM 波的脉冲个数不固定，相位也不固定，正负半周期的脉冲不对称，半周期内前后 1/4 周期的脉冲也不对称。

载波比 N 越大，PWM 波形越接近正弦波。从调制信号波频率来看，当调制信号波频率较低时，载波比 N 较大，一周期内的脉冲数较多，正负半周期脉冲不对称和半周期内前后 1/4 周期脉冲不对称产生的不利影响都较小，PWM 波形接近正弦波；当调制信号波频率增高时，载波比 N 减小，一周期内的脉冲数减少，PWM 脉冲不对称的影响就变大，有时调制信号波的微小变化还会产生 PWM 脉冲的跳动。这就使得输出 PWM 波和正弦波的差异变大。对于三相 PWM 型逆变电路来说，三相输出的对称性也变差，所以为了保证在调制信号波频率较高时也能保持较大的载波比，异步调制需要采用较高的载波频率。

2. 同步调制

在基本同步调制方式中，调制信号波频率变化时载波比 N 不变，调制信号波一个周期内输出的脉冲数是固定的，脉冲相位也是固定的。对于三相 PWM 逆变电路，一般公用一个三角波载波。为了使三相输出波形严格对称，取载波比 N 为 3 的整数倍；为了使一相的 PWM 波正负半镜对称，N 应取奇数。载波比 $N = 9$ 时的同步调制三相 PWM 波形如图 7-9 所示。

对于同步调制，同步调制时的载波频率 f_c 与逆变电路输出频率对应，当逆变电路输出频率很低时，载波频率 f_c 也会很低。如果 f_c 过低，则由调制引起的谐波不易滤除。若逆变器接电动机负载，还会引起较大的转矩脉动和噪声。反之，当逆变电路输出频率很高时，同步调制时的载波频率 f_c 会很高，开关器件的开关频率又

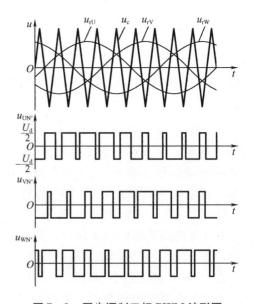

图 7-9　同步调制三相 PWM 波形图

难以满足。

　　实际应用中可以根据输出频率的调节范围采用分段同步调制的方法,也就是将逆变电路的输出频率范围划分成若干个频段。在输出频率高的频段采用较低的载波比,可以使载波频率不致过高,满足开关器件开关频率的要求;在输出频率低的频段采用较高的载波比,可以使载波频率不致过低,满足输出谐波和负载的要求。为了防止载波频率在切换点附近的来回跳动,在各频率切换点可以采用滞后切换的方法。对于三相 PWM 逆变电路,各频段的载波比取 3 的整数倍且为奇数为宜。某分段同步调制的实例如图 7 - 10 所示,图中标注了各频段的载波比。图中切换点处的实线表示输出频率增高时的切换频率,虚线表示输

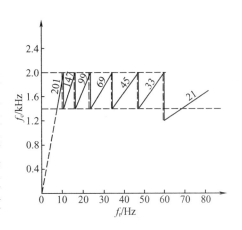

图 7 - 10　分段同步调制方式举例

出频率降低时的切换频率,通过令频率增高时的切换频率略高于频率降低时的切换频率来获得滞环的切换。在不同的频率段内,载波频率的变化范围基本一致,f_c 在 $1.4 \sim 2.0$ kHz 之间。

　　相对于异步调制方式,同步调制方式更为复杂一些,可以通过微机控制实现。根据同步调制和异步调制的特点,也可以在低频输出时采用异步调制方式,在高频输出时切换到同步调制方式,获得和分段同步方式相近的调制效果。

7.2.3　自然采样法和规则采样法

　　所谓自然采样法,就是根据 SPWM 控制的基本原理,在正弦波和三角波的自然交点时刻进行开关器件的通断控制并生成 SPWM 波形的方法。自然采样法是最基本的方法,所得到的 SPWM 波形很接近正弦波。但是这种方法需要对复杂的超越方程进行求解。采用微机控制时也需花费大量的计算时间,难以在实时控制中在线计算,因而不适合实际工程应用。

　　相对于自然采样法,实际工程中常采用效果接近自然采样法,但计算量却比自然采样法小得多的规则采样法。规则采样法原理如图 7 - 11 所示。取三角波两个正峰值之间为一个采样周期 T_c。图中,t_D 时三角波达到负的最大值,D 点为 t_D 时正弦信号波的大小,过 D 点作一水平直线并和三角波分别交于 A 点和 B 点。规则采样法是在 A 点时刻 t_A 和 B 点时刻 t_B 控制开关器件的通断。对于自然采样法,每个脉冲的中点并不和三角波一周期的中点(即负峰点)重合。而规则采样法则使两者重合,也就是使每个脉冲的中点都与相应的三角波中点一致,这样就使计算大为减化。结合图 7 - 11,规则采样法得到的脉冲宽度 δ 和用自然采样法得到的脉冲宽度是非常接近的。

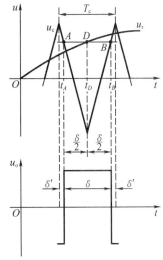

图 7 - 11　规则采样法原理图

设正弦调制信号波为

$$u_r = a\sin\omega_r t$$

式中,a 称为调制度,$0 \leqslant a < 1$;ω_r 为正弦信号波角频率。

根据图 7-11 可得

$$\frac{1 + a\sin\omega_r t_D}{\delta/2} = \frac{2}{T_c/2}$$

所以脉冲宽度 δ 为

$$\delta = \frac{T_c}{2}(1 + a\sin\omega_r t_D) \tag{7-1}$$

在三角波的一周期内,脉冲两边的间隙宽度 δ' 为

$$\delta' = \frac{1}{2}(T_c - \delta) = \frac{T_c}{4}(1 - a\sin\omega_r t_D) \tag{7-2}$$

对于三相桥式逆变电路,三相的三角波载波通常是公用一个,即在同一三角波周期内三相的脉冲宽度分别为 δ_U,δ_V 和 δ_W,脉冲两边的间隙宽度分别为 δ'_U,δ'_V 和 δ'_W。考虑到三相正弦调制波的相位依次相差 120°,且在同一时刻三相正弦调制波电压之和为零。由式(7-1)可得

$$\delta_U + \delta_V + \delta_W = \frac{3T_c}{2} \tag{7-3}$$

由式(7-2)可得

$$\delta'_U + \delta'_V + \delta'_W = \frac{3T_c}{4} \tag{7-4}$$

式(7-3)和式(7-4)有助于三相 SPWM 波形生成时的计算简化。

7.2.4　PWM 逆变电路的谐波分析

PWM 逆变电路通过上述的 SPWM 可以获得接近正弦波的输出电压和电流,但是同时产生了和载波有关的谐波分量。谐波分量的频率和幅值是衡量 PWM 逆变电路输出性能的重要指标之一。在此,结合双极性 SPWM 的谐波情况进行分析。

由于同步调制可以看成异步调制的特殊情况,所以只分析异步调制即可。对于异步调制,调制信号波不同周期的 PWM 波形是有所不同的,因此无法直接以调制信号波周期为基准进行傅里叶分析。以载波周期为基础,再利用贝塞尔函数可以推导出 PWM 波的傅里叶级数表达式,分析过程较为复杂,本书不做赘述。本书只针对其简单而直观的结论进行分析,从中获得对其谐波分布情况的基本认识。某个单相桥式 PWM 逆变电路在双极性调制方式下输出电压的频谱如图 7-12 所示,图中给出了不同调制度 a 时的情况。其中所包含的谐波角频率为

$$\omega_h = n\omega_c \pm k\omega_r \tag{7-5}$$

式中　$n = 1,3,5,\cdots$ 时,$k = 0,2,4,\cdots$;

　　　$n = 2,4,6,\cdots$ 时,$k = 1,3,5,\cdots$。

根据图 7-12,该 PWM 波中不含有低次谐波,只含有载波角频率 ω_c 倍数次及其附近的谐波,即只含有 ω_c,$2\omega_c$,$3\omega_c$ 等及其附近的谐波。其中,幅值最高且影响最大的是角频率为 ω_c 的谐波分量。

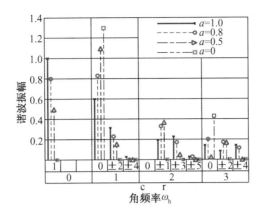

图 7 - 12　单相 PWM 桥式逆变电路输出电压频谱图

对于三相桥式 PWM 逆变电路,可以采用三个载波信号,也可以公用一个载波信号。在此,主要分析公用载波信号的情况。在其输出线电压中,所包含的谐波角频率为

$$\omega_h = n\omega_c \pm k\omega_r \qquad (7-6)$$

式中　$n = 1,3,5,\cdots,m = 1,2,\cdots$ 时,$k = 3(2m-1)\pm 1$;

　　　$n = 2,4,6,\cdots,m = 0,1,\cdots$ 时,$k = 6m+1$;

　　　$n = 2,4,6,\cdots,m = 0,1,\cdots$ 时,$k = 6m-1$。

某三相桥式 PWM 逆变电路输出线电压的频谱如图 7 - 13 所示,图中给出了不同调制度 a 的情况。与图 7 - 12 所示单相电路时的情况相比较,该 PWM 波也不含有低次谐波,但是载波角频率 ω_c 整数倍的谐波也没有了,谐波中幅值较高的是 $\omega_c \pm 2\omega_r$ 和 $2\omega_c \pm \omega_r$。

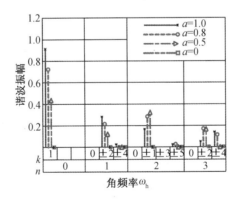

图 7 - 13　三相桥式 PWM 逆变电路输出线电压频谱图

从谐波分析可知,用正弦调制信号波对三角波载波进行调制时,只要载波比足够高,所得到的 PWM 波中不含低次谐波,只含和载波频率有关的高次谐波。

综上所述,SPWM 波形中所含的谐波主要是角频率为 ω_c,$2\omega_c$ 及其附近的谐波。一般情况下 $\omega_c \gg \omega_r$,所以 PWM 波形中所含的主要谐波的频率要比基波频率高得多,是很容易滤除的。载波频率越高,SPWM 波形中谐波频率就越高,所需滤波器的体积就越小。另外,一般的滤波器都有一定的带宽,如按载波频率设计滤波器,载波附近的谐波也可滤除。如滤波器设计为高通滤波器,且按载波角频率 ω_c 来设计,那么角频率为 $2\omega_c$,$3\omega_c$ 等及其附近的谐波

也就同时被滤除了。

上述分析都是在理想条件下进行的。在实际电路中,由于采样时刻的误差以及为避免同一相上下桥臂直通而设置的死区的影响,谐波的分布情况将更为复杂。一般来说,实际电路中的谐波含量比理想条件下要多一些,甚至还会出现少量的低次谐波。

当调制信号波不是正弦波,而是其他波形时,上述分析也存很大的参考价值。在这种情况下,对生成的 PWM 波形进行谐波分析后,可发现其谐波由两部分组成:一部分是对调制信号波本身进行谐波分析所得的结果;另一部分是由于调制信号波对载波的调制而产生的谐波。后者的谐波分布情况和前面对 SPWM 波所进行的谐波分析是一致的。

7.2.5　直流电压利用率的提高

输出波形中所含谐波的多少是衡量 PWM 控制方法优劣的基本指标之一。除此之外,提高逆变电路的直流电压利用率、减少开关次数也是很重要的。直流电压利用率是指逆变电路所能输出的交流电压基波最大幅值 U_{1m} 和直流电压 U_d 之比,提高直流电压利用率可以提高逆变器的输出能力。减少功率器件的开关次数可以降低开关损耗。

采用正弦波和三角波比较的调制方法时,由于正弦调制信号的幅值不能超过三角波幅值,所以在调制度 a 为最大值 1 时,输出相电压的基波幅值为 $U_d/2$,输出线电压的基波幅值为 $\frac{\sqrt{3}}{2}U_d$,即直流电压利用率仅为 0.866。而且在实际电路工作时,考虑到功率器件的开通和关断都需要时间,如不采取其他措施,调制度是达不到 1 的,也就是说实际能得到的直流电压利用率比 0.866 还要低。

为了有效地提高直流电压利用率,实际应用中常采用梯形波代替正弦波作为调制信号。由于梯形波幅值和三角波幅值相等时,梯形波所含的基波分量幅值已超过了三角波幅值,所以可以获得更高的直流电压利用率。采用这种调制方式时,仍然可以采用上述自然采样法或规则采样法确定开关器件的通断。采用梯形波作为调制信号的原理及输出电压波形如图 7 - 14 所示。

引入三角化率 $\sigma = U_t/U_{to}$ 来描述梯形波的形状,其中 U_t 为以横轴为底时梯形波的高,U_{to} 为以横轴为底边把梯形两腰延长后相交所形成的三角形的高。当 σ 趋于零时梯形波近似为矩形波;当 $\sigma = 1$ 时,梯形波变为三角波。由于梯形波中含有低次谐波,故调制后的 PWM 波仍含有同样的低次谐波,这是梯形波调制的缺点。设由这些低次谐波(不包括由载波引起的谐波)产生的波形畸变率为 δ,则三角化率 σ 不同时,δ 和直流电压利用率 U_{1m}/U_d 也不同。δ 和 U_{1m}/U_d 随 σ 变化的情况和 σ 变化时各次谐波分量幅值 U_{nm} 和基波幅值

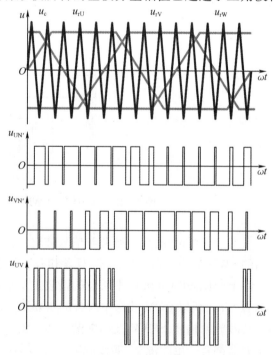

图 7 - 14　梯形波为调制信号的 PWM 控制

U_{1m} 之比分别如图 7 – 15 和图 7 – 16 所示。

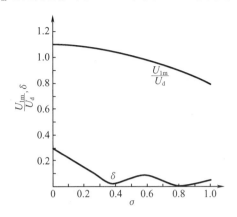

图 7 – 15　σ 变化时的 δ 和直流电压利用率

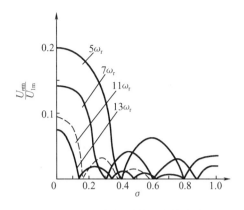

图 7 – 16　σ 变化时的各次谐波分量

根据图 7 – 15，当 $\sigma = 0.8$ 时，谐波含量最少，但直流电压利用率也较低；当 $\sigma = 0.4$ 时，谐波含量也较少，δ 约为 3.6%，而直流电压利用率为 1.03，是正弦波调制时的 1.19 倍，其综合效果是比较好的。图 7 – 14 即为 $\sigma = 0.4$ 时的波形。

根据图 7 – 16，采用梯形波调制时，输出波形中含有 5 次、7 次等低次谐波。实际使用时，可以考虑当输出电压较低时用正弦波作为调制信号，使输出电压不含低次谐波；当正弦波调制不能满足输出电压的要求时，改用梯形波调制，以提高直流电压利用率。

三相逆变电路 PWM 控制可分为两种形式：控制目标为相电压时称为相电压控制方式；控制目标为线电压时称为线电压控制方式。对于三相逆变电路，相电压指的是逆变电路各输出端相对于直流电源中点的电压。前面所介绍三相逆变电路的各种 PWM 控制方法都是对三相输出相电压分别进行控制的。而实际中的负载往往是没有中点的，即使有中点一般也不和直流电源中点相连接，因此三相逆变电路对负载所提供的均是线电压。线电压控制方式的直接控制手段仍是对相电压进行控制，但其控制目标却是线电压。在逆变电路输出的三个线电压中，独立的只有两个，线电压控制方式可以对两个线电压进行控制，利用多余的一个自由度来改善控制性能。线电压控制方式的目标是使输出的线电压波形中不含低次谐波，同时尽可能提高直流电压利用率，也应尽量减少开关器件的开关次数。

如果在相电压正弦波叠加 3 次谐波，由于三相的 3 次谐波相位相同，在合成线电压时，各相电压的 3 次谐波相互抵消，线电压为正弦波。

PWM 调制时，在相电压的正弦波调制信号中叠加适当大小的 3 次谐波，可以使之变成鞍形波，经过 PWM 调制后逆变电路输出的相电压中也必然包含 3 次谐波。当三相输出合成线电压时，线电压为正弦波，如图 7 – 17 所示。图中，调制信号基波 u_{r1} 正峰值附近恰为 3 次谐波 u_{r3} 的负半波，两者相互抵消。这样，就使调制信号 $u_r = u_{r1} + u_{r3}$ 成为鞍形波，其中可包含幅值更大的基波分量 u_{r1}，而使 u_r 的最大值不超过三角波载波最大值。

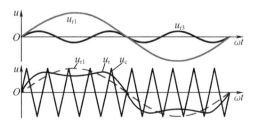

图 7 – 17　叠加 3 次谐波的调制信号

除可以在相电压正弦调制信号中叠加 3 次谐波外,还可以叠加其他 3 倍频于正弦波的信号,也可以再叠加直流分量,这些都不会影响线电压。在图 7 - 18 的线电压控制方式中,在相电压的正弦信号基础上叠加信号 u_p,u_p 中既包含 3 的整数倍次谐波,也包含直流分量,而且 u_p 的大小是随正弦信号的大小而变化的。

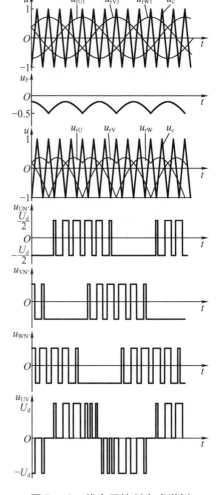

设三角波载波幅值为 1,三相调制信号中的正弦波分量分别为 u_{rU1},u_{rV1} 和 u_{rW1},并令

$$u_p = -\min(u_{rU1}, u_{rV1}, u_{rW1}) - 1 \qquad (7-7)$$

则三相的调制信号分别为

$$\left.\begin{array}{l} u_{rU} = u_{rU1} + u_p \\ u_{rV} = u_{rV1} + u_p \\ u_{rW} = u_{rW1} + u_p \end{array}\right\} \qquad (7-8)$$

可以看出,不论 u_{rU1},u_{rV1} 和 u_{rW1} 幅值的大小,u_{rU},u_{rV},u_{rW} 中总有 1/3 周期的值是和三角波负峰值相等的,其值为–1。在这 1/3 周期中,并不对调制信号值为 – 1 的一相进行控制,而只对其他两相进行 PWM 控制,因此这种控制方式也称为两相控制方式。这也是选择式(7 - 7)的 u_p 作为叠加信号的一个重要原因。从图 7 - 18 可以看出,这种控制方式有以下优点:

(1)在信号波的 1/3 周期内开关器件不动作,可使功率器件的开关损耗减少 1/3。

图 7 - 18　线电压控制方式举例

(2)最大输出线电压基波幅值为 U_d,与相电压控制方法相比,直流电压利用率提高了 15%。

(3)输出线电压中不含低次谐波,这是因为相电压中相应于 u_p 的谐波分量相互抵消的缘故。这一性能优于梯形波调制方式。

可以看出,这种线电压控制方式的特性是相当好的,但是控制较为复杂。

7.2.6　PWM 逆变电路的多重化

大容量 PWM 逆变电路可以采用多重化技术来减少谐波。SPWM 技术理论上可以不产生低次谐波,所以减少低次谐波不是 PWM 逆变电路多重化的目的。多重化的目的主要体现在减少与载波有关的谐波分量,以及提高等效开关频率、减少开关损耗等方面。

PWM 逆变电路多重化连接方式有变压器方式和电抗器方式,利用电抗器连接的二重 PWM 逆变电路如图 7 - 19 所示,电路输出是从电抗器中心抽头处引出的。

图 7 - 19 中,两个逆变电路单元的载波信号是相互错开 180°的,输出电压波形如图 7 - 20 所示。图 7 - 20 中,输出端相对于直流电源中点 N′ 的电压 $u'_{UN} = (u'_{U_1N} + u'_{U_2N})/2$,变为单极性 PWM 波。输出线电压共有 $0, \dfrac{1}{2}U_d, \pm U_d$ 五个电平,显然采用多重化时能够有效降低

谐波。

对于多重化电路中合成波形用的电抗器来说,所加电压的频率越高,所需的电感量就越小。一般多重化电路中电抗器所加电压频率为输出频率,因而需要的电抗器较大。而在 *PWM* 型逆变电路中,多重化电路中电抗器上所加电压的频率为载波频率,由于载波频率比输出频率高得多,因此所需电抗器也很小。

图 7 – 19 和图 7 – 20 采用二重化后,输出电压中所含谐被的角频率仍可表示为 $n\omega_c + k\omega_r$,因为不存在 n 为奇数时的谐波,所以最低频率的谐波出现在 $2\omega_c$ 附近。

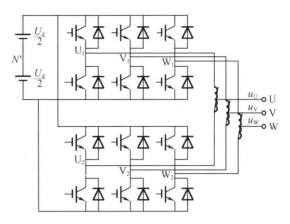

图 7 – 19　二重 PWM 型逆变电路

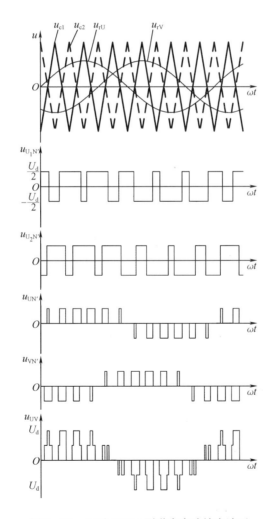

图 7 – 20　二重 PWM 型逆变电路输出波形

7.3　PWM 跟踪控制技术

在 7.2 节中,PWM 波形生成方法包括了计算法和调制法两种,由于广泛采用的是调制法,所以 7.2 节中重点介绍的是调制法。PWM 波形还有其他的生成方法,本节将介绍跟踪控制方法。跟踪控制方法不是用信号波对载波进行调制,而是把希望输出的电流或电压波形作为指令信号,把实际电流或电压波形作为反馈信号,通过两者的瞬时值比较来决定逆变电路各功率开关器件的通断,使实际的输出跟踪指令信号变化,因此这种控制方法称为跟踪控制法。跟踪控制法中常用的有滞环比较方式和三角波比较方式两种。不同于调制法,这里并不是把指令信号和三角波直接进行比较而产生 PWM 波形,而是通过闭环来进行控制的。

7.3.1　滞环比较方式

在跟踪型 PWM 变流电路中广泛采用的是基于电流跟踪控制的形式。基于滞环比较方式的 PWM 电流跟踪控制单相半桥式逆变电路原理如图 7 – 21 所示。该逆变电路的输出电流波形如图 7 – 22 所示。在图 7 – 21 所示原理图中,把指令电流 i^* 和实际输出电流 i 的偏差 i^*-i 作为带有滞环特性的比较器的输入,通过其输出来控制开关器件 V_1 和 V_2 的通断。图 7 – 21 中所示电流方向作为 i 的正方向。当 i 为正时,开关器件 V_1 导通时,则 i 增大;续流二极管 VD_2 导通续流时,则 i 减小。当 i 为负时,开关器件 V_2 导通时,则 i 反向增大(绝对值增大);续流二极管 VD_1 导通续流时,则 i 的绝对值减小。综上所述:在规定正方向下,当 V_1(或 VD_1)导通时,i 增大;当 V_2(或 VD_2)导通时,i 减小。假设滞环比较器的环宽为 $2\Delta I$,则通过滞环比较器可以将电流 i 控制在 $i^* +\Delta I$ 和 $i^*-\Delta I$ 的范围内,且呈现锯齿状跟踪指令电流 i^*。显然,滞环比较器的环宽对跟踪性能有着较大的影响。如果环宽过宽,可以减少开关动作次数,但是会使得跟踪误差增大;反之,如果环宽过窄,可以降低跟踪误差,但是开关动作的次数会增高,过高的开关次数可能会超过开关器件的允许开关频率,同时开关损耗也随之增大。另外,通过增大与负载相串联的电抗器 L 可以限制电流的变化率,进而降低开关器件动作的次数。但是电抗器 L 如果过大,对指令电流的跟踪也会变慢。

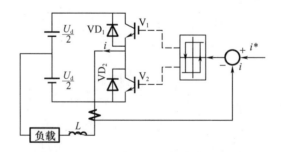

图 7 – 21　滞环比较方式电流跟踪控制举例

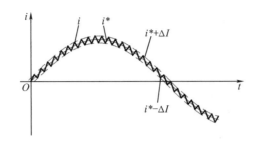

图 7 - 22　滞环比较方式的指令电流和输出电流

采用滞环比较方式的三相电流跟踪型 PWM 逆变电路如图 7 - 23 所示。

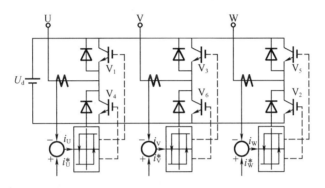

图 7 - 23　三相电流跟踪型 PWM 逆变电路

图 7 - 23 所示的三相电路可以看成由三个图 7 - 21 所示的单相半桥电路组成,三相电流指令信号 i_{U*},i_{V*} 和 i_{W*} 依次相差120°。该三相电路输出的线电压和线电流的波形如图 7 - 24 所示。根据图 7 - 24 可知,输出线电压的正半周和负半周内,都存在极性相反的脉冲,增大了输出电压中的谐波分量,对于负载而言,其谐波损耗也会增加。

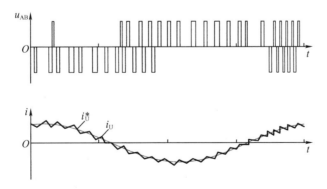

图 7 - 24　三相电流跟踪型 PWM 逆变电路输出波形

采用滞环比较方式的电流跟踪型 PWM 变流电路有以下特点:
(1)硬件电路简单;
(2)属于实时控制方式,电流响应快;
(3)不需要载波信号,输出电压波形中不含特定频率的谐波分量;

（4）相比于计算法及调制法，相同开关频率时输出电流中高次谐波含量较多；

（5）为闭环控制。

类似于电流跟踪控制，电压跟踪控制也能够采用滞环比较方式，如图 7 - 25 所示。图中将指令电压 u^* 和半桥逆变电路的输出电压 u 进行了比较，通过滤波器滤除偏差信号中的谐波分量，滤波器的输出送入滞环比较器，由比较器的输出控制主电路开关器件的通断，从而实现电压跟踪控制。和电流跟踪控制电路相比，电压跟踪控制的指令信号和反馈信号为电压，并且因输出电压是 PWM 波形，含有大量的高次谐波，所以需要设置适当的滤波器。

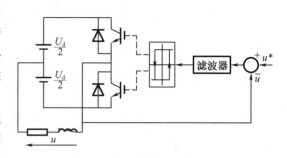

图 7 - 25 电压跟踪控制电路举例

当上述电路的指令信号 $u^* = 0$ 时，输出电压 u 为频率较高的矩形波，相当于一个自励振荡电路。u^* 为直流信号时，u 产生直流偏移，变为正负脉冲宽度不等，正宽负窄或正窄负宽的矩形波，正负脉冲宽度差由 u^* 的极性和大小决定。当 u^* 为交流信号时，只要其频率远低于上述自励振荡频率，从输出电压 u 中滤除由功率器件通断所产生的高次谐波后，所得的波形就几乎和 u^* 相同，从而实现电压跟踪控制。

7.3.2 三角波比较方式

采用三角波比较方式的电流跟踪型 PWM 逆变电路原理如图 7 - 26 所示，也是采用闭环控制。从图 7 - 26 中可以看出，把指令电流 i_{U^*}，i_{V^*}，i_{W^*} 与逆变电路实际输出的电流 i_U，i_V，i_W 进行比较，求出偏差电流，通过放大器 A 放大后，再去与三角波进行比较，产生 PWM 波形。放大器 A 通常具有比例积分特性或比例特性，其系数直接影响着逆变电路的电流跟踪特性。

在这种三角波比较控制方式中，功率开关器件的开关频率是一定的，即等于载波频率，这给高频滤波器的设计带来方便。为了改善输出电压波形，三角波载波常用三相三角波信号。与滞环比较控制方式相比，这种控制方式输出电流所含的谐波少，因此常用于对谐波和噪声要求严格的场合。

除上述滞环比较方式和三角波比较方式外，PWM 跟踪控制还有一种定时比较方式。这种方式不用滞环比较器，而是设置一个固定的时钟，以固定的采样周期对指令信号和被控制变量进行采样，并根据二者偏差的极性来控制变流电路开关器件的通断，使被控制量跟踪指令信号。

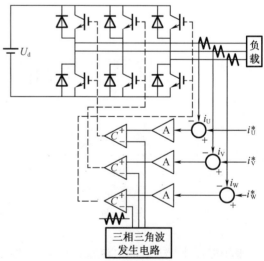

图 7 - 26 三角波比较方式电流跟踪型逆变电路

以图 7 - 21 所示单相半桥逆变电路为例,在时钟信号到来的采样时刻,如果实际电流 i 小于指令电流 i^*,令 V_1 导通,V_2 关断,使 i 增大;如果 i 大于 i^*,则令 V_1 关断,V_2 导通,使 i 减小。这样,每个采样时刻的控制作用都使实际电流与指令电流的误差减小。采用定时比较方式时,功率器件的最高开关频率为时钟频率的 1/2。与滞环比较方式相比,这种方式的电流控制误差没有一定的环宽,控制的精度要低一些。

7.4　PWM 整流电路及其控制方法

相控整流技术作为晶闸管整流电路的控制基础,使得晶闸管整流电路获得了广泛的应用。但是根据前面章节的学习,晶闸管相控整流电路的输入电流是滞后于电压的,其滞后角随着触发延迟角 α 的增大而增大,功率因数也随之降低;并且输入电流中的谐波分量也比较大。即使是不可控整流的二极管整流电路,也存在输入电流中谐波大、功率因数低的特点。高功率因数、低谐波成为目前众多电力电子装置的基本要求。随着全控型器件的不断进步,PWM 控制技术在直流斩波电路和逆变电路中获得了发展并且成熟。尤其是 SPWM 控制技术已在交流调速用变频器和不间断电源中获得广泛应用。PWM 技术在整流方面也有突破,形成了 PWM 整流电路。基于高频开关模式的 PWM 整流器与传统相位控制的整流器相比,PWM 整流器可以将交流电源输入的电流控制为畸变很小的正弦化电流,并且能够使功率因数接近于 1。这种 PWM 整流电路也可以称为单位功率因数变流器或高功率因数整流器。

7.4.1　PWM 整流电路的工作原理

类似于逆变电路,PWM 整流电路也可分成电压型和电流型两类。其中电压型 PWM 整流电路为目前研究和应用的重点,本节主要针对电压型 PWM 整流电路进行介绍。由于将逆变电路中的 SPWM 技术移植到整流电路之中形成了 PWM 整流电路,因此对 SPWM 逆变电路知识的掌握有助于 PWM 整流电路的学习。本节将分别介绍单相 PWM 整流电路和三相 PWM 整流电路的构成及工作原理。

1. 单相 PWM 整流电路

图 7 - 27(a)和(b)分别为单相半桥 PWM 整流电路和单相全桥 PWM 整流电路。半桥电路的直流侧电容由两个电容串联构成,并将其中点与交流电源连接。全桥电路的直流侧电容只需要一个电容。为了保证电路正常工作,在交流侧有外接电抗器,图 7 - 27 中交流侧的电感 L_s 包括外接电抗器的电感和交流电源内部电感;电阻 R_s 包括外接电抗器中的电阻和交流电源的内阻。

根据 SPWM 逆变电路的工作原理,采用正弦信号波和三角波相比较的方法对图 7 - 27(b)中的 $V_1 \sim V_4$ 进行 SPWM 控制,就可以在桥的交流输入端 AB 产生一个 SPWM 波 u_{AB},u_{AB} 中含有和正弦信号波同频率且幅值成比例的基波分量,以及和三角波载波频率有关的高次谐波。通过电感 L_s 进行滤波,高次谐波电压只会使交流电流 i_s 产生很小的脉动,可以忽略不计。当正弦信号波的频率与电源频率相同时,i_s 也为正弦波,且具有与电源频率相同的频率。如果交流电源电压 u_s 一定,i_s 的幅值和相位由 u_{AB} 中基波分量 u_{ABf} 的幅值及其与 u_s 的相位差决定。通过改变 u_{ABf} 的幅值和相位,就可以使 i_s 和 u_s 的相位差为所需要的角度。图 7 - 28 给出的相量图对应了不同相位关系的几种情况。

图 7 – 28 中，$\dot{U}_s$，$\dot{U}_L$，$\dot{U}_R$ 和 $\dot{I}_s$ 分别为交流电源电压 u_s，电感 L_s 上的电压 u_L、电阻 R_s 上的电压 u_R 以及交流电流 i_s 的相量，$\dot{U}_{AB}$ 为在交流输入端产生的 u_{AB} 的相量。图 7 – 28(a)中，$\dot{U}_{AB}$ 滞后 $\dot{U}_s$ 的相角为 δ，$\dot{I}_s$ 和 $\dot{U}_s$ 完全同相位，电路就工作在整流状态，且功率因数为 1。这就是 PWM 整流电路最基本的工作状态。图 7 – 28(b)中 $\dot{U}_{AB}$ 超前 $\dot{U}_s$ 的相角为 δ，$\dot{I}_s$ 和 $\dot{U}_s$ 的相位正好相反，电路工作在逆变状态。这说明 PWM 整流电路可以实现能量正反两个方向的流动，既可以运行在整流状态，从交流侧向直流侧输送能量，也可以运行在逆变状态，从直流侧向交流侧输送能量，而且这两种方式都可以在单位功率因数下运行。由于这一特点，该电路适用于具有回馈制动运行的电动机调

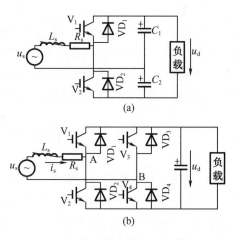

图 7 – 27   单相 PWM 整流电路
(a)单相半桥电路；(b)单相全桥电路

速系统。图 7 – 28(c)中 $\dot{U}_{AB}$ 滞后 $\dot{U}_s$ 的相角为 δ，$\dot{I}_s$ 超前 $\dot{U}_s 90°$，电路实现了向交流电源无功功率的传递，如果将该电路用于交流电源的无功补偿，则该电路称为静止无功功率发生器(Static Var Generator，SVG)。在图 7 – 28(d)的情况下，通过对 $\dot{U}_{AB}$ 幅值和相位的控制，可以实现 $\dot{I}_s$ 相对于 $\dot{U}_s$ 的任一角度 φ 的相位差。

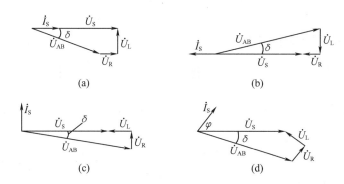

图 7 – 28   PWM 整流电路的运行方式相量图
(a)整流运行；(b)逆变运行；(c)无功补偿运行；(d)超前角为 φ

结合图 7 – 27(b)所示单相全桥 PWM 整流电路进行工作原理的说明。

假设工作在整流状态，当 $u_s > 0$ 时，由 V_2，VD_4，VD_1，L_s 和 V_3，VD_1，VD_4，L_s 分别组成了两个升压斩波电路。以 V_2，VD_4，VD_1，L_s 构成的升压斩波电路为例，当 V_2 导通时，u_s 通过 V_2，VD_4 向 L_s 储能；当 V_2 关断时，L_s 中储存的能量通过 VD_1，VD_4 向直流侧电容 C 充电。当 $u_s < 0$ 时，则由 V_1，VD_3，VD_2，L_s 和 V_4，VD_2，VD_3，L_s 分别组成了两个升压斩波电路，工作原理和 $u_s > 0$ 时类似。因为电路是按照升压斩波电路工作的，所以如若控制不当会使直流侧电容电压高出交流电压峰值很多，从而对电力半导体器件构成威胁。但是如果直流侧电压过低(比如低于 u_s 的峰值)，则 u_{AB} 中就得不到图 7 – 28(a)中所需要的足够高的基波电压幅值，或 u_{AB} 中含有较大的低次谐波，就不能按照需要控制 i_s，导致 i_s 波形畸变。也就是说，如果从交流电源电压峰值向低调节会使电路性能恶化，以致不能工作。

综上所述,电压型 PWM 整流电路为升压型整流电路,输出直流电压可以从交流电源电压峰值附近向高调节。

2. 三相 PWM 整流电路

三相桥式 PWM 整流电路如图 7 – 29 所示。

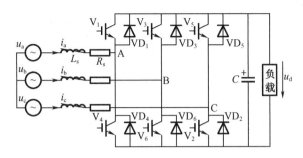

图 7 – 29　三相桥式 PWM 整流电路图

三相桥式 PWM 整流电路与单相全桥 PWM 整流电路的原理相似,图中 L_s,R_s 的含义也和图 7 – 27(b)的单相全桥 PWM 整流电路完全相同。对电路进行 SPWM 控制,就可以在三相桥的交流输入端 A,B 和 C 获得 SPWM 电压,对各相电压按图 7 – 28(a)的相量图进行控制,就可以使各相电流 i_a,i_b,i_c 为正弦波且和电压相位相同,功率因数近似为 1。同样,三相电路也可以工作在图 7 – 28(b)所示单相电路的逆变运行状态及图 7 – 28(c)或(d)所示的状态。

7.4.2　PWM 整流电路的控制方法

电流控制技术是 PWM 整流电路发展的关键。根据是否直接选取瞬态电流作为反馈和被控制量,PWM 整流电路的控制分为间接电流控制和直接电流控制两种:没有引入交流电流反馈的称为间接电流控制;引入交流电流反馈的称为直接电流控制。下面分别介绍这两种控制方法的基本原理。

1. 间接电流控制

间接电流控制也称为相位幅值控制,其依据是系统的低频稳态数学模型,是一种基于工频稳态的控制方法。它通过控制逆变器输入电压的幅值和相位来间接控制输入电流。间接电流控制就是按照图 7 – 28(a)(逆变运行时为图 7 – 28(b))的相量关系来控制整流桥交流输入端电压,使得输入电流和电压同相位(逆变运行时输入电流和电压相位相反),从而得到功率因数为 1 的控制效果。

图 7 – 30 为间接电流控制的系统结构图,图中的 PWM 整流电路为图 7 – 29 的三相桥式电路。控制系统的闭环是整流器直流侧电压控制环。直流电压给定信号 u_d^* 和实际的直流电压 u_d 比较后送入 PI 调节器,PI 调节器的输出为一直流电流指令信号 i_d,i_d 的大小和整流器交流输入电流的幅值成正比。稳态时,$u_d = u_d^*$,PI 调节器输入为零,PI 调节器的输出 i_d 和整流器负载电流大小相对应,也和整流器交流输入电流的幅值相对应。当负载电流增大时,直流侧电容 C 放电而使其电压 u_d 下降,PI 调节器的输入端出现正偏差,使其输出 i_d 增大,i_d 的增大会使整流器的交流输入电流增大,也使直流侧电压 u_d 回升。达到稳态时,u_d 仍和 u_d^* 相等,PI 调节器输入仍恢复到零,而 i_d 则稳定在新的较大的值,与较大的负载电流和

较大的交流输入电流相对应。当负载电流减小时,调节过程和上述过程相反。若整流器要从整流运行变为逆变运行时,首先是负载电流反向而向直流侧电容 C 充电,使 u_d 抬高,PI 调节器出现负偏差,其输出 i_d 减小后变为负值,使交流输入电流相位和电压相位反相,实现逆变运行。达到稳态时,u_d 和 u_d^* 仍然相等,PI 调节器输入恢复到零,其输出 i_d 为负值,并与逆变电流的大小相对应。

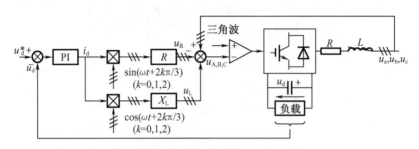

图 7 - 30　　间接电流控制系统结构

下面再来分析控制系统中其余部分的工作原理。图中两个乘法器均为三相乘法器的简单表示,实际上两者均由三个单相乘法器组成。上面的乘法器是 i_d 分别乘以和 a,b,c 三相相电压同相位的正弦信号,再乘以电阻 R,就可得到各相电流在 R_s 上的压降 u_{Ra},u_{Rb} 和 u_{Rc};下面的乘法器是 i_d 分别乘以比 a,b,c 三相相电压相位超前 $\pi/2$ 的余弦信号,再乘以电感 L 的感抗,就可得到各相电流在电感 L_s 上的压降 u_{La},u_{Lb} 和 u_{Lc}。各相电源相电压 u_a,u_b,u_c 分别减去前面求得的输入电流在电阻 R 和电感 L 上的压降,就可得到所需的整流桥交流输入端各相的相电压 u_A,u_B 和 u_C 的信号,用该信号对三角波载波进行调制,得到 PWM 开关信号去控制整流桥,就可以得到需要的控制效果。对照图 7 - 28(a)的相量图来分析控制系统结构图,可以对图中各环节输出的物理意义和控制原理有更为清楚的认识。

间接电流控制最显著的优点是不需要电流传感器,控制结构简单、成本低、静态特性良好,但是这种控制方法在信号运算过程中要用到电路参数 L_s 和 R_s。当 L_s 和 R_s 的运算值和实际值有误差时,必然会影响到控制效果。另外,这种控制方式是基于系统的静态模型设计的,动态性能相对较差。比如说稳定性差,动态响应慢,动态过程中交流电流可能会出现直流偏移,尤其当 R_s 很小时,偏移问题会变得格外严重。所以实际应用中,相位幅值控制几乎不被采用。

2. 直接电流控制

直接电流控制是一种通过对交流电流的直接控制而使其跟踪给定电流信号的控制方法。其具有电流控制环,直接对电流进行调节,能够使电流快速地跟踪给定值,因此具有很好的动态性能,而且对电流给定值限幅就可以很好地限制输出电流。根据所采用的控制器的特点,直接电流控制有多种形式。采用电流滞环比较方式的控制系统最为常用,其结构如图 7 - 31 所示。

滞环电流控制是一种电流瞬时值反馈控制,常用于对电压型 PWM 整流电路的控制。在此方式中,把给定电流信号与交流电流实际输入信号进行比较,两者的偏差作为滞环比较器的输入,通过滞环比较器产生控制主电路中开关管通断的 PWM 信号,该 PWM 信号经驱动电路去控制主电路开关管的通断,从而控制交流电流信号的变化。

采用滞环比较的电流控制系统的优点是结构简单,电流响应速度快,控制运算中未使

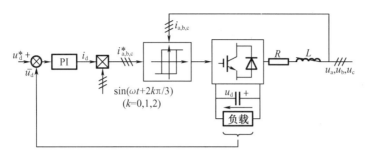

图 7-31 直接电流控制系统结构图

用电路参数,系统鲁棒性好,应用较广。其缺点是开关频率在一个工频周期内不固定,谐波电流频谱随机分布,因而给滤波器的设计带来困难。目前,滞环电流控制方式研究的重点是改进频率不恒定的缺点,比如将滞环控制与恒频控制相结合,但控制的复杂程度增加了。

实际应用中也有采用预测电流控制的,预测电流控制的思想是从开关的在线优化出发,采用实时优化算法,在每一个采样周期根据给定电流矢量变化率和负载情况计算出一个使电流误差趋于零的电压矢量去控制变换器中开关的通断。电流预测控制具有固定的开关频率、良好的动态性能、优化的开关方式、便于计算机实现等特点。但是由于电流预测控制没有积分环节,系统参数的波动和模型的不确定性会严重影响系统的控制精度。

7.5 PWM 电路仿真

7.5.1 单相桥式 PWM 逆变电路仿真

MATLAB/Simulink 仿真环境下搭建如图 7-4 所示单相桥式 PWM 逆变电路的仿真模型,其仿真程序如图 7-32 所示。

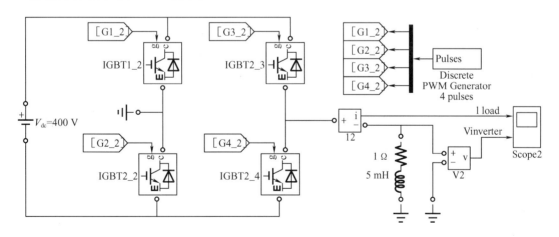

图 7-32 单相桥式 PWM 逆变电路的仿真程序

该仿真模型主电路部分包括直流电源($V_{dc}=400$ V)、桥式电路(由四个 IGBT 和反并联二极管构成)和负载电路(由 1 Ω 电阻和 5 mH 电感串联构成)。桥式电路的 PWM 脉冲信号是由 MATLAB/Simulink 仿真软件提供的离散 PWM 信号发生器提供,同一桥臂上的两个 IGBT 采用互补 PWM 触发,并设置逆变器输出频率 50 Hz,调制比为 0.8,载波频率为 900 Hz。其仿真曲线如图 7-33 所示。

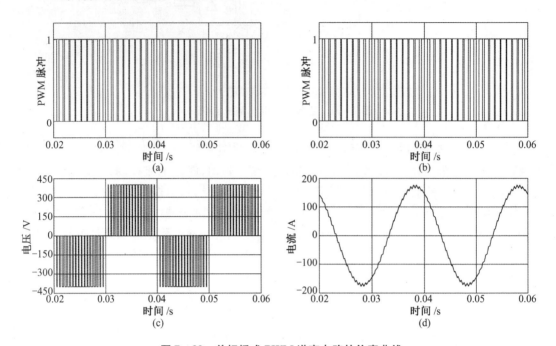

图 7-33 单相桥式 PWM 逆变电路的仿真曲线

(a)IGBT1 的触发脉冲;(b)IGBT2 的触发脉冲;(c)负载电压;(d)负载电流

如图 7-33 所示,在电压的正半周,负载电压总可以得到 U_d 和 0 两种电平。同样,在 u_o 的负半周,负载电压可以得到 $-U_d$ 和 0 两种电平。由于负载为阻感性负载,负载电流比负载电压滞后。仿真结果与理论相符。

7.5.2 三相桥式 PWM 逆变电路仿真

MATLAB/Simulink 仿真环境下搭建如图 7-7 所示三相桥式 PWM 逆变电路的仿真模型,其仿真程序如图 7-34 所示。

该仿真模型主电路部分包括:直流电源 400 V,由两个直流电源($V_{dc}=200$ V)串联构成,中间引出直流侧假想中点;三相桥式电路由六个 IGBT 和反并联二极管构成;负载电路由 1 Ω 电阻和 5 mH 电感串联构成。三相桥式电路的 PWM 脉冲信号是由 MATLAB/Simulink 仿真软件提供的离散 PWM 信号发生器提供,同一桥臂上的两个 IGBT 采用互补 PWM 触发,并设置逆变器输出频率 50 Hz,调制比为 0.8,载波频率为 1 800 Hz。其仿真曲线如图 7-35 所示。

如图 7-35 所示,逆变器的输出线电压 PWM 波由 $\pm U_d$ 和 0 三种电平构成;负载相对于直流侧假想中点电压的 PWM 波形都只有 $\pm U_d/2$ 两种电平;负载相电压的 PWM 波由 $\pm\dfrac{2}{3}U_d$,$\pm\dfrac{1}{3}U_d$ 和 0 共 5 种电平组成。仿真结果与理论相符。

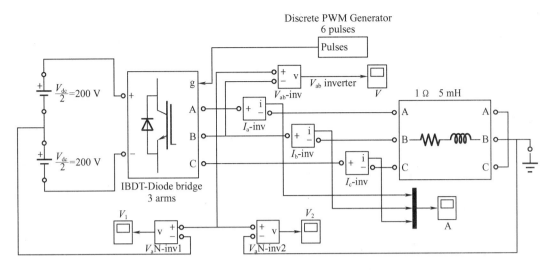

图 7 - 34　三相桥式 PWM 逆变电路的仿真程序

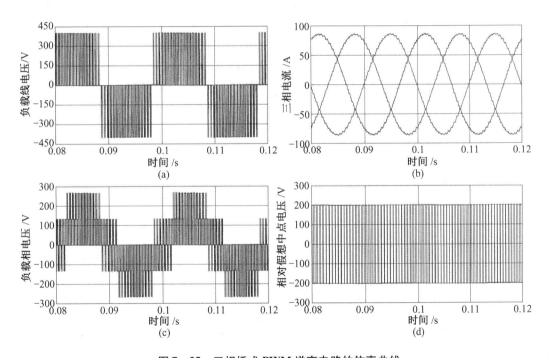

图 7 - 35　三相桥式 PWM 逆变电路的仿真曲线

（a）负载线电压；（b）三相负载电流；（c）负载相电压；（d）负载相对于假象中点相电压

7.5.3　三相 PWM 整流器仿真

MATLAB/Simpowersystems 中附带了一个采用三电平电压型变流器的 PWM 整流器仿真示例程序,在 MATLAB 的命令窗口输入"power_3levelVSC"命令,即可打开该仿真程序。在此仿真程序上进行相应的修改即可获得如图 7 - 36 所示的三相 PWM 整流仿真程序。

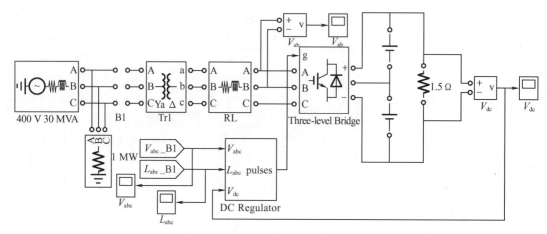

图 7 - 36   三相 PWM 整流器仿真程序

　　该模型上面部分为主电路部分,由左至右依次为交流电源(400 V,30 MVA,50 Hz)、交流负载(1 MW)、电压电流测量模块(B1)、变压器(Tr1,变比 400 V/250 V)、电阻电感(L)、三电平变流器(Three - Level Bridge)、直流电容和负载电阻(1.5 Ω)。PWM 整流器的控制模块采用电压、电流双环控制,给定电压通过双击控制器(DC Regulator)输入电压值来设定,设定给定电压为 500 V。运行程序后可得如图 7 - 37 的仿真结果。

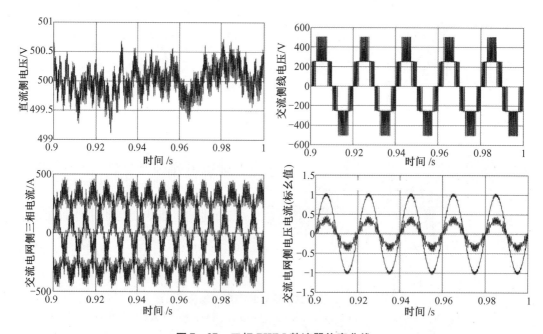

图 7 - 37   三相 PWM 整流器仿真曲线

(a)直流侧电压;(b)交流侧线电压;(c)交流电网侧三相电流;(d)交流电网侧电压与电流

　　根据图 7 - 37(a),PWM 整流器能够实现直流电压稳定在 500 V 的控制目标;图 7 - 37(b)所示为 PWM 整流器交流侧的电压波形,为三电平的形式;图 7 - 37(c)给出了交流电网侧的三相电流波形,电流波形接近正弦波,较二极管整流的波形情况有了明显的改善。根据图 7 - 37(d)所示,交流电网侧电流与电压同相位,实现了功率因数为 1 的控制目标。

本 章 小 结

采用全控型开关器件的电力变换电路已广泛采用各种脉冲宽度调制(PWM)控制技术,前面章节中的直流斩波电路实际上就是直流 PWM 电路,直流斩波电路应用于直流电动机的调速系统构成了广泛应用的直流脉宽调速系统。交流 – 交流变流电路中的斩控式交流调压电路和矩阵式变频电路也是 PWM 控制技术的典型应用,虽然实际应用还不多,但矩阵式变频电路因其容易实现集成化,仍然具备良好的发展空间。

本章重点对 PWM 控制技术在 PWM 逆变电路和 PWM 整流电路的应用进行介绍。除功率很大的逆变装置外,逆变电路基本都采用了 PWM 控制。PWM 整流电路在开关电源方面已经获得了大量应用,并有良好的应用前景。

本章讲述 PWM 逆变电路是对前面章节中逆变电路内容的补充,重点介绍未曾讲述的逆变电路 PWM 控制技术。PWM 整流电路作为对整流电路内容的补充,全面介绍了整流电路中的相控整流电路和 PWM 整流电路。

相位控制技术目前在相控整流电路和交流调压电路中已经成熟应用,对应的电路形式在电力电子电路中起着重要作用。随着全控器件的发展,以 PWM 控制技术为代表的斩波控制技术是相对于相位控制技术的新兴技术。将两种控制技术对照起来学习能够使我们对电力电子电路的控制技术有更为深入的了解。

思考题与练习题

1. 电力电子变换为什么要采用 PWM 控制技术?

2. 说明 PWM 控制的基本原理。

3. 解释 PWM 调制法与 PWM 控制法。它们都有哪些实际应用的方法?

4. 什么是单极性调制,什么是双极性调制? 单相桥式电路、单相半桥电路、三相桥式电路哪些可以采用单极性 PWM 调制方式,哪些可以采用双极性调制方式?

5. 在单极性正弦波 PWM 调制中,设半周期的脉冲数是 7,脉冲幅值是相应正弦波幅值的 1.2 倍,试按面积等效原理计算脉冲宽度。

6. 在采用正弦波调制的单相桥式电路及三相桥式电路中,当调制度为最大值 1 时,直流电压利用率分别是多少,是否可以进一步提高?

7. 什么是 SPWM 波形的规则采样法? 和自然采样法相比,规则采样法有什么优缺点?

8. SPWM 的基本原理是什么? 载波比 N 和调制系数 M 的定义是什么? 在载波电压值 U_{CM} 和频率 f_c 恒定的情况下,如何改变逆变器交流输出基波电压 U_1 的大小和基波频率 f_1?

9. 单相桥式电路中,采用单极性调制和双极性调制时,分别求占空比 D 与输出电压的关系。

10. 什么是异步调制,什么是同步调制,二者各有何特点? 分段同步调制有什么优点?

11. 什么是 PWM 整流电路,它和相控整流电路的工作原理和性能有何不同?

第8章 软开关技术

随着电力电子技术的发展,现在电力电子装置朝着高效率、高功率密度方向发展,我们知道,提高电力电子装置中的开关频率可有效降低滤波器中的电感、电容参数,减少变压器的体积和质量,所以电力电子装置工作频率的高频化是目前乃至今后一段时间电力电子技术发展的主要方向。随着开关频率的提高,由此引起的开关损耗、电磁干扰也相应增加,引起电力电子装置的工作效率严重下降,所以简单地提高开关频率是行不通的。解决开关损耗的有效途径是采用软开关技术。

自20世纪70年代以来,各种软开关技术快速兴起。软开关技术是为了降低开关损耗、承受的耐压、电磁干扰以及进一步提高开关频率而产生的重要技术。软开关技术应用谐振原理,使开关器件中的电流(电压)按正弦或准正弦规律变化,当电流(电压)自然过零时,使器件关断(开通),从而减少开关损耗。它不仅可以解决硬开关变换器中的开关损耗问题、容性开通问题、感性关断问题及二极管反向恢复问题,还能解决由硬开关引起的电磁干扰等问题。

本章首先介绍软开关技术的基本知识和主要分类,然后依据上述分类详细分析几种典型的软开关电路。

8.1 软开关的基本知识

8.1.1 硬开关与软开关的概念

目前应用的电力电子装置中的开关技术大部分是硬开关技术。图8-1所示波形是一个典型的硬开关电路波形。由于开关不是理想元件,在开通时开关的电压不是立即下降到零,而是有一个下降时间;同时它的电流也不是立即上升到负载电流,也有一个上升时间。在这一段时间里,开关元件承受的电压和流过的电流有一个交叠区,产生损耗,称为开通损

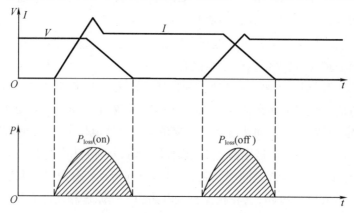

图8-1 开关管开关时的电压和电流波形图

耗(Turn-on Loss)。当开关关断时,开关上的电流也有一个下降时间,承受的电压也有一个上升时间,电压和电流的交叠产生的损耗,称为关断损耗(Turn-off Loss),因此将开关器件在开关过程中产生的开通损耗和关断损耗,统称为开关损耗(Switching Loss)。在开关过程中,由于电压和电流的变化很快,波形出现了明显的过冲,而导致了开关噪声的产生。具有这种开关过程的开关称为硬开关。主要的开关过程为硬开关的电路称为硬开关电路。

硬开关是开关器件在全功率下进行的开关转换,因而存在以下缺点:

(1)开关损耗大,限制了开关器件的工作频率。因为在一定条件下,开关器件在每个周期中的开关损耗是恒定的,单位时间内开关损耗为每周期的开关损耗与开关次数的乘积,故变换器的开关损耗与开关频率成正比,开关频率越高,开关损耗越大,变换器的效率就越低,因此开关损耗的存在限制了变换器开关频率的提高,从而限制了变换器的小型化和轻量化。

(2)方波工作方式产生较大的电磁干扰,电路存在着较大的动态电压、电流应力,即 du/dt 和 di/dt 很大。

(3)在开关过程中,要求开关器件有较大的安全工作区。

(4)在桥式电路拓扑中的应用,存在着上、下桥臂直通短路的问题。

电力电子装置运行中的总损耗大致分为三方面:一是通态损耗,即开关器件在开通时的损耗,具体指开关器件开通时的管压降与流过开关器件电流的乘积,通态损耗一般随着导通电流的增加而增加,当导通电流不变时,通态损耗是不变的,与开关器件的开通和关断频率无关(开关器件具体损耗可查询相关器件使用手册);二是开关损耗,即开关器件在开通和关断过程中的损耗,开关损耗随开关器件的开通和关断的频率增加而增大,当电力电子装置中开关器件的开通和关断频率较低时(几百赫兹以下),开关损耗占总损耗的比例并不大,但随着开关频率的不断提高,开关损耗越来越大,这时候必须采用软开关技术来降低开关损耗;三是其他损耗,包括电力二极管在导通和恢复过程中的能量损耗和开关器件的电容和电感能量转化造成的电能损耗,相比较前两种的损耗,其他损耗较小,可忽略。本章也只针对前两种损耗进行讨论。

前已述及,当流过电流不变时通态损耗基本不变,在开关器件开通或关断频率较低时,开关损耗在总损耗中所占比例较小,通态损耗占总损耗的主要部分;随着开关频率的提高,尽管此时通态损耗没有改变或改变不大,但开关损耗变得越来越大,并且超过通态损耗变成总损耗的主要部分,导致电力电子装置转换效率降低。这种硬开关状态下损耗大的缺陷限制了电力电子装置开关频率的升高,从而限制了电力电子转换装置向小体积、小质量和高转换效率等趋势的发展。

此外,在开通或关断状态转换过程中,电压电流的变化很快,即产生较大的 du/dt 和 di/dt,这将会使波形产生明显的振荡以及较强的开关噪声,从而导致电路出现严重的电磁干扰,给电力电子装置带来不利因素。

为了减小电力电子装置的体积和质量,必须实现高频化。要提高开关频率,提高变换器的效率,同时增强电力电子装置的抗干扰能力,就要减小开关损耗,其途径就是实现开关器件的软开关(Soft Switching),因此软开关技术应运而生。

减小开关损耗有以下几种方法:

(1)在开关器件开通时,使其电流保持在零,或者限制电流的上升速率,从而减小电压与电流的交叠区,这就是零电流开通,如图 8 - 2(a)所示(以开关器件 IBGT 为例,图中,V_{be}

为开关器件驱动信号,V_{ce}为器件导通时的管压降,i_c为流过开关器件的电流)。由图 8 – 2(a)可以看出,通态损耗即 P_{loss}(on)大大减小。

（2）在开关器件开通前,使其端电压下降到零,这就是零电压开通,如图 8 – 2(b)所示,由图 8 – 2(b)中可以看出,由于开通期间开关器件的端电压为零,则通态损耗理论上减小到零。

（3）在开关器件关断前,使其电流下降到零,这就是零电流关断,如图 8 – 2(a)所示。由图 8 – 2(a)可以看出,由于关断期间流过开关器件的电流为零,则关断损耗基本减小到零。

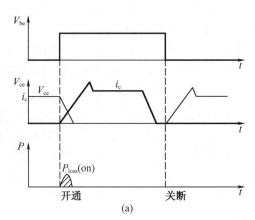

（4）在开关器件关断时,使其端电压保持在零,或者限制电压的上升速率,从而减小电压与电流的交叠区,这就是零电压关断,如图 8 – 2(b)所示。由图 8 – 2(b)可以看出,减小了关断损耗即 P_{loss}(off)。

电力电子装置中的开关关断后,软开关电路中谐振电感和谐振电容间发生谐振,谐振减缓了开关过程中电压、电流的变化,而且使开关器件两端的电压在其开通前就降为零,使得开关损耗和开关噪声都大大降低。

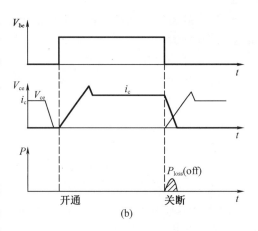

图 8 – 2　开关管实现软开关的波形图
(a)零电流开关;(b)零电压开关

通过在开通或关断前后引入谐振,使开关开通前电压先降到零,关断前电流先降到零,就可以减小甚至消除开通或关断过程中电压、电流的重叠,降低它们的变化率,从而大大减小开关损耗。上述开关过程称为软开关,这样的电路叫作软开关电路。软开关电路的谐振过程限制了开通或关断过程中电压和电流的变化率,这使得开关噪声也显著减小。

上述方法(2)中,开关器件开通前使其两端电压为零,则开关开通时理论上就不会产生损耗和噪声,这种开通方式称为零电压开通,简称零电压开关,如图 8 – 3(a)所示。开关器件关断前使其电流为零,则开关关断时也不会产生损耗和噪声,这种关断方式称为零电流关断,简称零电流开关,如图 8 – 3(b)所示。

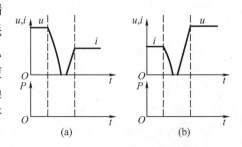

图 8 – 3　软开关时电压和电流理想化波形图
(a)开通波形图;(b)关断波形图

同硬开关电路相比,软开关电路中增加了谐振电感和谐振电容,与滤波电感、电容相比,谐振电感和谐振电容的值要小得多。软开关有时也被称为谐振开关或谐振软开关。与硬开关电路相比,软开关电路有以下优点:

（1）谐振式软开关转换无开关损耗,开关频率可以显著提高;

（2）低电磁干扰，开关转换过程中动态应力小；

（3）电能转换效率高，无吸收电路，散热器小；

（4）采用谐振直流环节的桥式逆变电路，不存在上、下桥臂直通短路的问题。

图 8 - 4 中给出了接感性负载时，开关器件分别工作在硬开关状态和软开关状态下的开关轨迹，图中虚线为安全工作区（Safety Operation Area, SOA）。从图 8 - 4(a) 中可以看出，开关器件在硬开关状态下的开关轨迹可能会超出安全工作区，导致开关管的损坏。从图 8 - 4(b) 中可以看出，此时开关管在软开关状态下的工作条件很好，开关轨迹不会超出安全工作区。

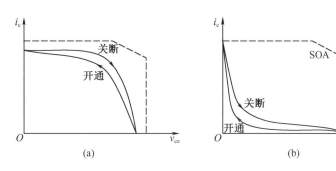

图 8 - 4　开关器件的开关轨迹

（a）硬开关状态下开关轨迹；（b）软开关状态下开关轨迹

8.1.2　缓冲电路与软开关电路

缓冲电路也可以减少器件的开关损耗，降低电压峰值，改善 du/dt 或 di/dt。在开关器件回路中串联电感等元件，构成开通缓冲电路，开关器件导通时可减缓电流的上升速度，抑制 di/dt，降低开通损耗，有时称之为零电流开通，如图 8 - 5(a) 所示。在开关器件两端并联电容等元件，构成关断缓冲电路，在开关器件关断后，可以减缓器件电压上升速度，抑制 du/dt，降低关断损耗，有时称这种关断过程为零电压关断，如图 8 - 5(b) 所示。简单地利用并联电容实现零电压关断和利用串联电感实现零电流开通一般会给电路造成总损耗增加、关断过电压增大等负面影响。

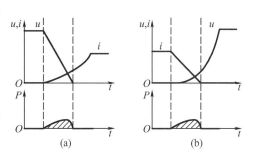

图 8 - 5　硬开关加缓冲电路时电压和电流理想化波形图

（a）开通波形图；（b）关断波形图

缓冲电路虽然减少了器件的开关损耗，但把缓冲电路自身的损耗也考虑进去，变换装置的整体的功率损耗还是增加了，并且这种损耗随着开关频率的增加也在增加。因此缓冲电路只是部分地改善开关器件的工作条件，不能提高装置的效率，故缓冲电路不列为软开关技术。

软开关技术是通过谐振方式实现的，谐振元件全程参与了或者在某一阶段部分参与了能量暂存和转移这种变换过程。它能够消除器件的开关损耗和开关噪声，降低电压峰值的电流峰值，改善 du/dt 或 di/dt，而自身产生的功率损耗却很小。

8.2 典型的软开关电路

软开关技术自问世以来,经过不断发展和完善,先后出现了多种软开关电路,且各自有不同的特点和应用场合,因此需要对这些电路进行分类。本节首先介绍软开关电路的分类,然后针对四种软开关电路进行分析,使读者不仅了解这些常见的软开关电路,且能初步掌握软开关电路的分析方法。

8.2.1 软开关电路的分类

根据电路中主要的开关器件是零电压开通还是零电流关断,可以将软开关电路分成零电压电路和零电流电路两大类。通常,一种软开关电路要么属于零电压电路,要么属于零电流电路。但也有个别电路中,一些开关是零电压开通,另一些开关是零电流关断。

根据软开关技术发展的历程可以将软开关电路分成准谐振电路、零开关 PWM 电路和零转换 PWM 电路。

1. 准谐振电路

准谐振电路是最早出现的软开关电路,其中有些现在还在大量使用。准谐振电路中的电压或电流的波形为正弦半波,因此称之为准谐振。准谐振电路的引入使得电路的开关损耗和开关噪声都大大下降,同时也带来一些负面问题:谐振电压峰值很高,要求器件耐压必须提高;谐振电流有效值很大,电路中存在大量无功功率的交换,由此造成电路导通损耗加大;谐振周期随输入电压、负载变化而改变,因此电路只能采用脉冲频率调制(Pulse Frequency Modulation,PFM)方式来控制,变化的开关频率给电路设计带来困难。准谐振电路可分为以下四种:

(1)零电流开关准谐振电路(Zero-Current-Switching Quasi-Resonant Converter,ZCS QRC);

(2)零电压开关准谐振电路(Zero-Voltage-Switching Quasi-Resonant Converter,ZVS QRC);

(3)零电压开关多谐振电路(Zero-Voltage-Switching Multi-Resonant Converter,ZVS MRC);

(4)用于逆变器的谐振直流环节(Resonant DC Link)。

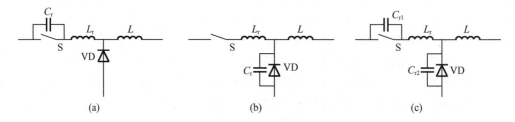

(a)　　　　　　　　(b)　　　　　　　　(c)

图 8−6　准谐振电路的基本开关单元
(a)零电压开关准谐振电路的基本开关单元;
(b)零电流开关准谐振电路的基本开关单元;
(c)零电压开关多谐振电路的基本开关单元

2. 零开关 PWM 电路

零开关 PWM 电路中引入了辅助开关来控制谐振的开始时刻,使谐振仅发生于开关过程前后。这类电路的特点为:电压和电流基本上是方波,只是上升沿和下降沿较缓,开关器件承受的电压明显降低,电路可以采用开关频率固定的 PWM 控制方式。

零开关 PWM 电路可以分为以下两种:

(1)零电压开关 PWM 电路(Zero-Voltage-Switching PWM Converter,ZVS PWM);

(2)零电流开关 PWM 电路(Zero-Current-Switching PWM Converter,ZCS PWM)。

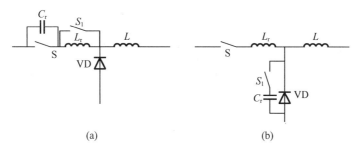

图 8 – 7　零开关 PWM 电路的基本开关单元

(a)零电压开关 PWM 电路的基本开关单元;

(b)零电流开关 PWM 电路的基本开关单元

3. 零转换 PWM 电路

零转换 PWM 电路采用辅助开关控制谐振的开始时刻,但谐振电路是与主开关并联的,因此输入电压和负载电流对电路的谐振过程影响很小,电路在很宽的输入电压范围内和从空载到满载都能工作在软开关状态,而且电路中无功功率的交换被削减到最小,这使得电路效率有了进一步提高。

零转换 PWM 电路可以分为以下两种:

(1)零电压转换 PWM 电路(Zero-Voltage-Transition PWM Converter,ZVT PWM);

(2)零电流转换 PWM 电路(Zero-Current Transition PWM Converter,ZVT PWM)。

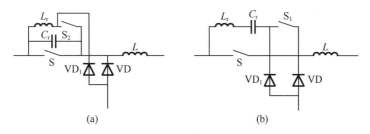

图 8 – 8　零转换 PWM 电路的基本开关单元

(a)零电压转换 PWM 电路的基本开关单元;

(b)零电流转换 PWM 电路的基本开关单元

8.2.2　典型的软开关电路

根据 8.2.1 节中软开关电路的分类,这里将着重对四类软开关中的相关电路进行详细分析,使读者了解这些常用的软开关电路,同时能初步掌握软开关电路的分析方法。

1. 零电流开关准谐振电路

这里以降压斩波电路中常用的零电流开关准谐振电路为例进行分析,零电流开关准谐振电路原理如图 8-9 所示。

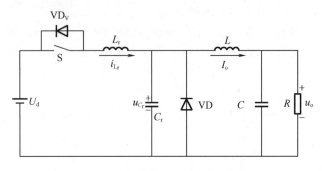

图 8-9　零电流开关准谐振电路原理图

假设电路中的所有元件均为理想元件,并且 $L \gg L_r$,L 足够大,在一个开关周期中其电流基本保持不变,为 I_o。这样,L,C 以及负载电阻可看成一个电流为 I_o 的恒流源,忽略电路中的损耗。电路工作时理想化的波形如图 8-10 所示。在分析零电流开关准谐振电路时,选择开关 S 的导通时刻为分析的起点较为合适,下面结合图 8-10 逐段分析电路的工作过程。

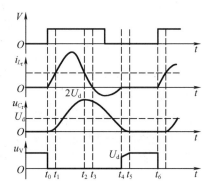

图 8-10　零电流开关准谐振电路的波形图

t_0 时刻　开关器件 S 加驱动信号,开始导通,由于 L_r 的限流作用,S 可视为零电流开通。

$t_0 \sim t_1$ 期间　VD 为 I_o 续流,$u_{C_r} = 0$,i_{L_r} 线性上升,$di_{L_r}/dt = U_d/L_r$。至 t_1 时刻,i_{L_r} 上升到 I_o。

$t_1 \sim t_2$ 期间　L_r 与 C_r 谐振,i_{L_r} 自 I_o 上升到峰值又回到 I_o,为正弦半波;在 t_2 时刻 C_r 充电到峰值 $u_{C_r} = 2U_d$。

$t_2 \sim t_3$ 期间　L_r 电流继续下降,C_r 放电,共同为负载提供 I_o,在 t_3 时刻 i_{L_r} 下降到零。

$t_3 \sim t_4$ 期间　C_r 放电为负载提供 I_o,同时与 L_r 反向谐振,形成反向 i_{L_r},i_{L_r} 流过二极管 VD,t_4 时 i_{L_r} 回到零。

可见,在 $t_3 \sim t_4$ 期间,VD 导通,开关器件 S 中的电流为零,这时关断 S,则 S 是零电流关断。

通过上面的分析,可以得出零电流开关准谐振电路有以下基本特性。

(1)谐振频率 f_r 可以由下式给出:

$$f_r = 1/(2\pi \sqrt{L_r C_r})$$

(2)开关 S 可以实现零电流(或零电压)关断,开关损耗为零,效率高,容易高频化。

(3)开关 S 的耐压定额不高,与硬开关变换一样,由 U_d 决定,这由图 8-10 的 u_V 波形可以看出。

(4)开关 S 流过的电流峰值 I_M 比较高。在零电流开关准谐振电路中有

$$I_M = I_o + U_d/Z_r$$

式中,$I_M \geq 2I_o$。

(5)由 $t_4 \sim t_5$ 期间的分析可知,开关实现零电流关断的条件是负载电流 I_o 满足

$$I_o \leq U_d / Z_r$$

因此 $I_M \geq 2I_o$。

(6)电路以调频方式(PFM)工作实现稳定输出,在压降型全波电路中,有

$$U_o = (f_V / f_r) U_d$$

式中,f_V 为开关 V 的实际开关频率,$f_V < f_r$。

2. 零电压开关准谐振电路

以应用于降压斩波器中的半波型为例进行分析,图 8 – 11 给出了 Buck ZVS-QRC 的电路图。

假设电路中的所有元件均为理想元件,并且 $L \gg L_r$,L 足够大,在一个开关周期中其电流基本保持不变,为 I_o。这样,L,C 以及负载电阻可看成一个电流为 I_o 的电流源,并忽略电路中的损耗。

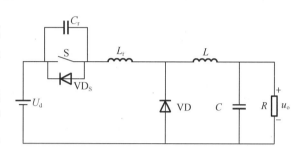

图 8 – 11 零电压开关准谐振电路原理图

开关电路的工作过程是按开关周期重复的,在分析时可以选择开关周期中任意时刻为分析的起点,若选择合适的起点,可以简化分析过程。在分析零电压开关准谐振电路时,选择开关 S 的关断时刻为分析起点较为合适,下面逐段分析降压式半波型零电压开关准谐振电路的工作过程,工作波形如图 8 – 12 所示。

在 t_0 时刻之前 开关 S 为通态,为负载提供电流 I_o。

t_0 时刻 关断 S,C_r 充电,由于 C_r 的电压是从零开始上升的,故 S 为零电压关断。

$t_0 \sim t_1$ 期间 C_r 以恒流 I_o 充电,u_{C_r} 线性上升,VD 两端电压逐渐下降;直到 t_1 时,$u_{VD} = 0$,VD 导通,i_{L_r} 开始下降。

$t_1 \sim t_2$ 期间 L_r 与 C_r 谐振,L_r 对 C_r 充电,u_{C_r} 不断上升,在 t_2 时刻 C_r 充电到谐振峰值 $u_{C_r} = U_d + I_o Z_r$,其中 $Z_r = \sqrt{L_r / C_r}$;而 i_{L_r} 则下降到零。

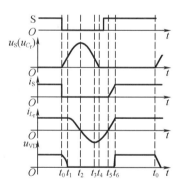

图 8 – 12 零电压开关准谐振电路的理想化波形图

$t_2 \sim t_3$ 期间 t_2 时刻后,C_r 向 L_r 放电,i_{L_r} 改变方向,u_{C_r} 不断下降,直到 t_3 时刻,$u_{C_r} = U_d$,i_{L_r} 达到反向谐振峰值。

$t_3 \sim t_4$ 期间 t_3 时刻后,L_r 向 C_r 反向充电,u_{C_r} 继续下降,直到 t_4 时刻 $u_{C_r} = 0$。

$t_4 \sim t_5$ 期间 L_r 经 VD_S 放电,u_{C_r} 被钳位于零,L_r 两端电压为 U_d,i_{L_r} 线性衰减,到 t_5 时刻 $i_{L_r} = 0$。由于这一时段 S 两端电压为零,此时开通 S,则为零电压开通。

$t_5 \sim t_6$ 期间 S 为通态,i_{L_r} 线性上升,直到 t_6 时刻 $i_{L_r} = I_o$,VD 关断。此后 S 为通态,提供 I_o,VD 为断态,直到下一个开关周期。

通过以上的分析,可以得出零电压开关准谐振电路有以下基本特性。

(1)谐振频率 f_r 可以由下式给出:

$$f_r = 1/(2\pi \sqrt{L_r C_r})$$

（2）开关管可以实现零电压开通和关断，开关损耗小，效率高，容易高频化。

（3）开关管的导通电流峰值 I_M 不高，在降压型 ZVS 中有 $I_M = I_o$。

（4）开关管的电压峰值较高，对降压型 ZVS

$$U_{VM} = U_d + I_o Z_r$$

式中，$Z_r = \sqrt{L_r/C_r}$。

（5）开关实现零电压关断的条件是满足

$$I_o Z_r \geqslant U_d$$

因此 $U_{VM} \geqslant U_d$，即谐振电压峰值将高于输入电压 U_d 的两倍，开关管的耐压必须提高。

（6）电路以调频方式（PFM）工作调节输出电压。

3. 谐振直流环逆变器

谐振直流环电路是应用于交流 – 直流 – 交流变换电路的中间直流环节（DC-Link），其电路原理如图 8 – 13 所示。它的特点是在直流环节中引入辅助谐振回路 L_r 和 C_r，使电路中逆变环节输入的直流电压不是恒定的直流，而是脉冲电压与零电压交替出现的高频谐振电压，这样逆变器的桥臂开关可以实现零电压转换。

逆变器的负载常为感性，且与谐振过程相比，感性负载的电流变化非常缓慢，负载电流可视为常量 I_L，这样将电路等效为图 8 – 14 所示的电路。

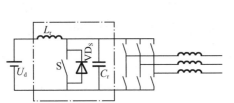

图 8 – 13　谐振直流环电路原理图　　　　图 8 – 14　谐振直流环电路的等效电路

电路的工作波形如图 8 – 15 所示，以开关 S 关断时刻为起点，工作过程如下：

$t_0 \sim t_1$ 期间　t_0 时刻之前，开关 S 处于通态，$i_{L_r} > I_L$。t_0 时刻 S 关断，电路中发生谐振。

i_{L_r} 对 C_r 充电，u_{C_r} 不断升高，到 t_1 时刻，$u_{C_r} = U_d$。

$t_1 \sim t_2$ 期间　t_1 时刻，由于 $u_{C_r} = U_d$，L_r 两端电压差为零，谐振电流 i_{L_r} 达到峰值。t_1 时刻以后，i_{L_r} 继续向 C_r 充电，直到 t_2 时刻 $i_{L_r} = I_L$，u_{C_r} 达到谐振峰值。

$t_2 \sim t_3$ 期间　t_2 时刻以后，u_{C_r} 向 L_r 和 L 放电，i_{L_r} 继续降低，到零后反向，u_{C_r} 继续向 L_r 放电，i_{L_r} 反向增加，直到 t_3 时刻，$u_{C_r} = U_d$，i_{L_r} 达到反向谐振峰值。

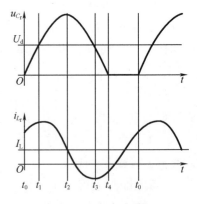

图 8 – 15　谐振直流环

$t_3 \sim t_4$ 期间　自 t_3 时刻，i_{L_r} 从反向谐振峰值开始衰减，u_{C_r} 继续下降，到 t_4 时刻，$u_{C_r} = 0$，S 的反并联二极管 VD_V 导通，u_{C_r} 被钳位于零。

$t_4 \sim t_5$ 期间　S 导通，L_r 两端电压差为 U_d，电流 i_{L_r} 线性上升，直到 t_5 时刻，S 再次关断，进入

下一个开关周期。在该区间中,直流环节电压为零,逆变器的桥臂开关可以实现零电压切换。

4. 零电压开关 PWM 电路

以降压斩波型零电压开关 PWM 电路为例进行分析,图 8 – 16 给出了 Buck ZVS – PWM 的电路图。与图 8 – 11 比较可以发现,该电路是在零电压开关准谐振电路的基础上,在 L_r 支路上并联辅助开关管 S 后形成的。

假设电路中的所有元件均为理想元件,并且 $L \gg L_r$,L 足够大,在一个开关周期中流过 L 的负载电流基本保持 I_o 不变。这样,L,C 以及负载电阻可看成一个电流为 I_o 的恒流源。

下面逐段分析 Buck ZVS – PWM 的工作过程,工作波形如图 8 – 17 所示。

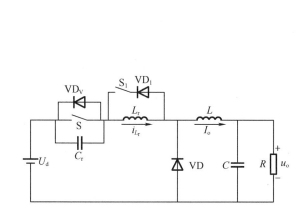

图 8 – 16　零电压开关 PWM 电路原理图

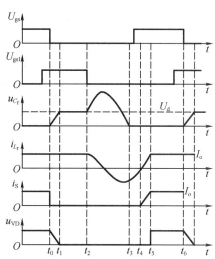

图 8 – 17　零电压开关 PWM 电路波形图

在 t_0 时刻之前　主开关 S、辅助开关 S_1 均为通态,续流二极管 VD 处于断态,谐振电感电流 $i_{L_r} = I_o$,谐振电容电压 $u_{C_r} = 0$。

t_0 时刻　关断 S,C_r 充电,由于 C_r 的电压是从零开始上升的,则开关管 S 为零电压关断。

$t_1 \sim t_2$ 期间　C_r 以恒流 I_o 充电,u_{C_r} 线性上升,VD 两端电压逐渐下降;直到 t_2 时,$u_{C_r} = U_d$,$u_{VD} = 0$,VD 续流。

$t_2 \sim t_3$ 期间　由于辅助开关 S_1 仍为通态,L_r 通过 S_1 自然续流,其电流值保持 I_o 不变;VD 继续为负载续流。

$t_3 \sim t_4$ 期间　辅助开关 S_1 关断,L_r 与 C_r 开始谐振,L_r 对 C_r 充电,u_{C_r} 不断上升,在 L_r 电流下降到 $i_{L_r} = 0$ 时 C_r 充电到谐振峰值。

此后,C_r 向 L_r 放电,i_{L_r} 改变方向,u_{C_r} 不断下降,直到 t_4 时刻,$u_{C_r} = 0$,i_{L_r} 已越过负向谐振峰值,反向电流正在下降。

$t_4 \sim t_5$ 期间　t_4 时刻后,L_r 经 VD_V 放电,u_{C_r} 被钳位于零,L_r 两端电压为 U_d,i_{L_r} 线性衰减,到 t_5 时刻 $i_{L_r} = 0$。由于这一时段 S 两端电压为零,此区间开通 S,则为零电压开通。

$t_5 \sim t_6$ 期间　S 为通态,i_{L_r} 线性上升,直到 t_6 时刻 $i_{L_r} = I_o$,VD 关断。此后 S 为通态,提供 I_o,VD 为断态,直到 t_7 时进入下一个开关周期。

5. 零电压转换 PWM 电路

零电压转换 PWM 电路是一种常用的软开关电路,具有电路简单、效率高等优点,广泛用于功率因数校正电路(PFC)、DC – DC 变换器、斩波器等。本节以升压电路为例介绍这种软开关电路的工作原理。

　　升压型零电压转换 PWM 电路的原理如图 8 – 18 所示,其理想化波形如图 8 – 19 所示。在分析中假设电感 L 很大,因此可以忽略其中电流的波动;电容 C 也很大,因此输出电压的波动也可以忽略。在分析时还忽略元件与线路中的损耗。

　　从图 8 – 19 可以看出,在零电压转换 PWM 电路中,辅助开关 S_1 超前于主开关 S 开通,而 S 开通后 S_1 就关断了。主要的谐振过程都集中在 S 开通前后。下面分阶段介绍电路的工作过程:

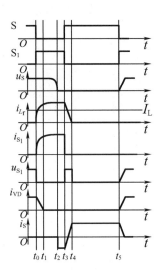

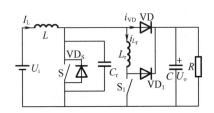

图 8 – 18　升压型零电压转换 PWM
电路原理图

图 8 – 19　升压型零电压转换 PWM
电路的理想换波形

　　$t_0 \sim t_1$ 时段　辅助开关先于主开关开通,由于此时二极管 VD 尚处于通态,所以电感 L_r 两端电压为 U_o,电流 i_{L_r} 按线性迅速增长,二极管 VD 中的电流以同样的速率下降。直到 t_1 时刻,$i_{L_r} = I_L$,二极管 VD 中电流下降到零而自然关断。

　　$t_1 \sim t_2$ 时段　此时电路可以等效为图 8 – 20。L_r 与 C_r 构成谐振回路,由于 L 很大,谐振过程中其电流基本不变,对谐振影响很小,可以忽略。

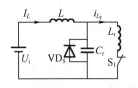

　　谐振过程中 L_r 的电流增加而 C_r 的电压下降,t_2 时刻其电压 u_{C_r} 刚好降到零,开关 S 的反并联二极管 VD_S 导通,u_{C_r} 被钳位于零,而电流 i_{L_r} 保持不变。

图 8 – 20　升压型零电压转换 PWM 电路在 $t_1 \sim t_2$ 时段的等效电路

　　$t_2 \sim t_3$ 时段　u_{C_r} 被钳位于零,而电流 i_{L_r} 保持不变,这种状态一直保持到 t_3 时刻 S 开通、S_1 关断。

　　$t_3 \sim t_4$ 时段　t_3 时刻 S 开通时,其两端电压为零,因此没有开关损耗。

　　S 开通的同时 S_1 关断,L_r 中的能量通过 VD_1 向负载侧输送,其电流线性下降,而主开关 S 的电流线性上升。到 t_4 时刻 $i_{L_r} = 0$,VD_1 关断,主开关 S 中的电流 $i_s = I_L$,电路进入正常的导通状态。

$t_4 \sim t_5$时段 t_5时刻 S 关断。由于 C_r 的存在, S 关断时的电压上升率受到限制, 降低了 S 的关断损耗。

本 章 小 结

本书第 8 章之前讨论的各类全控型器件变流电路中, 功率开关多在高电压下导通和大电流下关断, 多在其电压和电流两者不同时为零状态下通断, 从而引起了开关过程的功率损耗, 这是一种"硬"开关过程, 且随着开关频率的提高, 开关损耗自然增大, 严重妨碍了变流电路的高频化、高效率化。如果在开关动作前让其电压(电流)降为零, 则开关是在零电压(电流)的状态下进行开关的通断动作, 减小了开关损耗。这种通断控制方式称为"软"开关。它的出现为变流电路高频化创造了条件。

本章介绍了软开关技术的基本概念和各种谐振软开关电路的分类, 并对零电压开关准谐振电路、零电流开关准谐振电路、零电压开关 PWM 电路和零电压转换 PWM 电路的运行原理进行了分析。学习中要注意如何控制辅助开关元件的启动、$L_r - C_r$ 谐振过程, 以及如何控制与主开关并联的钳位二极管导通创造零电压条件, 如何使与主开关串联的谐振电感谐振创造零电流条件。

思考题与练习题

1. 什么是硬开关? 什么是软开关? 它们各自的优缺点是什么?

2. 缓冲电路与软开关电路有什么区别?

3. 电力电子变换装置高频化的目的是什么? 为什么提高开关频率可以减小滤波器和变压器的体积和质量?

4. 软开关电路可以分为哪几类? 画出其电信的拓扑结构并说明各自的优缺点。

第9章 电力电子技术的应用

电力电子技术既是电类专业的专业基础,又是一门工程技术,广泛用于几乎所有与电能相关的领域。因此作为大学本科的一门课程,有必要将其应用列为一章加以介绍。

电力电子技术的应用十分广泛,本章精选了一些最典型的应用加以介绍。

9.1 节是有关直流调速的内容。直流调速系统是电力电子技术早期的主要应用领域,目前由于交流调速的广泛应用和巨大优势,直流调速已呈被淘汰之势。但是,除已有的大量直流调速系统正在运行外,仍有一些新的直流调速系统不断投入运行;在直流调速系统中,我国相对成熟的晶闸管大量应用,使得其在我国还有一定的发展前景;另外,交流调速系统是在直流调速系统的基础上发展起来的,学过直流调速系统后,再学交流调速就方便了。因此,本章第一节主要介绍直流调速系统。

9.2 节是变频器和交流调速系统。在电气工程所涵盖的二级学科中,就有"电力电子和电力传动",可见,电力传动的地位多么重要。所谓电力传动,其主要内容就是交流和直流调速系统。如果按照以前的说法,电力传动是电力电子技术的主战场。如果说过去直流调速曾是电力传动的主要内容,时至今日,电力传动的主要内容毫无疑问已是变频器和交流调速。

9.3 节讲述电源。电源包括不间断电源和开关电源。(1)不间断电源,即 UPS,它也是一种重要的间接交流变流装置,在各种重要场合都有十分重要的用途。(2)开关电源,正是由于开关电源技术的不断发展和广泛应用,才使得电力电子技术的应用如此广泛,我们才能得到体积小、质量轻、效率高的各种直流电源和各种电子设备。办公和家用电器以及消费电子产品等的整体性能也得以迅速提高。

9.4 节讲述了功率因数校正技术。和本章其他各节有所不同,功率因数校正电路一般不单独使用,在开关电源中应用最多,在变频电路中也有应用。因其应用范围广,又很重要,故用单独一节的篇幅来加以叙述。

9.5 节介绍了电力电子技术在电力系统中的应用。其中涉及高压直流输电、谐波抑制、无功补偿等。电力电子技术在电力系统中的应用十分广泛。一个电力系统,如果很少用到电力电子技术,将是十分落后的。

9.6 节介绍了船舶电力推进系统。

9.7 节介绍了电力电子技术的其他应用。由于篇幅所限,只提到了应用较广的焊接电源和照明电源,而没有涉及更多的内容。

9.1 直流电力拖动系统

9.1.1 晶闸管整流器－直流电动机系统

晶闸管可控整流装置带直流电动机负载组成的系统,习惯称为晶闸管－直流电动机系统,是电力拖动系统中主要的一种,也是可控整流装置的主要用途之一。对晶闸管直流电动机系统的研究要从两个方面展开:其一是在带电动机负载时整流电路的工作情况;其二是由整流电路供电时电动机的工作情况。从第一个方面的分析我们在第 3 章中已有较多的介绍,本节主要从第二个方面进行分析。此外,整流电路工作于整流状态和工作于逆变状态时电动机的工作情况存在差别,也将在下面的讨论中介绍。

1. 工作于整流状态时

直流电动机负载除本身有电阻、电感外,还有一个反电动势 E。如果暂不考虑电动机的电枢电感时,则只有当晶闸管导通相的变压器二次电压瞬时值大于反电动势时才有电流输出。这种情况在 3.1.2 节介绍单相全控桥式整流电路带反电动势负载的工作情况时做过介绍,此时负载电流是断续的,这对整流电路和电动机负载的工作都是不利的,实际应用中要尽量避免出现负载电流断续的工作情况。

为了平稳负载电流的脉动,通常在电枢回路串联一平波电抗器,保证整流电流在较大范围内连续。图 9-1 所示为三相半波带电动机负载,且加平波电抗器时的电压电流波形图。

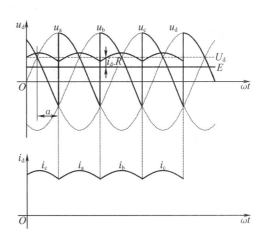

图 9-1　三相半波带电动机负载且加平波电抗器时的电压电流波形图

触发晶闸管,待电动机启动达到稳态后,虽然整流电压的波形脉动较大,但由于电动机有较大的机械惯量,故其转速和反电动势都基本无脉动。此时整流电压的平均值由电动机的反电动势及电路中负载平均电流 I_d 所引起的各种电压降所平衡。整流电压的交流分量则全部降落在电抗器上。由 I_d 引起的压降有下列四部分:变压器的电阻压降 $I_d R_B$,其中 R_B 为变压器的等效电阻,它包括变压器二次绕组本身的电阻以及一次绕组电阻折算到二次侧的等效电阻;晶闸管本身的管压降 ΔU,它基本上是一恒值;电枢电阻压降 $I_d R_M$;由重叠角引起的电压降 $3X_B I_d/(2\pi)$。

此时,整流电路直流电压的平衡方程为

$$U_d = E_M + R_\Sigma I_d + \Delta U \tag{9-1}$$

式中, $R_\Sigma = R_B + R_M + \dfrac{3X_B}{2\pi}$。

在电动机负载电路中,电流 I_d 由负载转矩所决定。当电动机的负载较轻时,对应的负载电流也小。在小电流情况下,特别是在低速时,由于电感的储能减少,往往不足以维持电流连续,从而出现电流断续现象。这时整流电路输出的电压和电流波形与电流连续时有差别,因此晶闸管电动机系统有两种工作状态:一种是工作在电流较大时的电流连续工作状态;另一种是工作在电流较小时的电流断续工作状态。

(1)电流连续时电动机的机械特性

从电力拖动的角度来看,电动机的机械特性是表示其性能的一个重要方面,由生产工艺要求的转速静差度即由机械特性决定。

在电动机学中,已知直流电动机的反电动势为

$$E_M = C_e \Phi n \tag{9-2}$$

式中　C_e——由电动机结构决定的电动势常数；

　　　Φ——电动机磁场每对磁极下的磁通量，Wb；

　　　n——电动机的转速，r/min。

可根据整流电路电压平衡方程式（9-1），得到不同触发延迟角 α 时 E_M 与 I_d 的关系。因为 $U_d = 1.17U_2\cos\alpha$，因此反电动势特性方程为

$$E_M = 1.17U_2\cos\alpha - R_\Sigma I_d - \Delta U \qquad (9-3)$$

转速与电流的机械特性关系式为

$$n = \frac{1.17U_2\cos\alpha}{C_e\Phi} - \frac{R_\Sigma I_d + \Delta U}{C_e\Phi} \qquad (9-4)$$

根据式（9-4）得出不同 α 时 n 与 I_d 的关系，如图9-2所示。图中 ΔU 的值一般为 1 V 左右，所以忽略。可见其机械特性与由直流发电机供电时的机械特性是相似的，是一组平行的直线，其斜率由于内阻不一定相同而稍有差异。调节 α 角，即可调节电动机的转速。

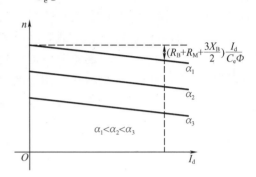

同理，可列出三相桥式全控整流电路电动机负载时的机械特性方程为

$$n = \frac{2.34U_2\cos\alpha}{C_e\Phi} - \frac{R_\Sigma}{C_e\Phi}I_d \qquad (9-5)$$

图9-2　三相半波电流连续时以电流表示的电动机机械特性

（2）电流断续时电动机的机械特性

由于整流电压是一个脉动的直流电压，当电动机的负载减小时，平波电抗器中的电感储能减小，致使电流不再连续，此时电动机的机械特性也呈现出非线性。

根据电流连续时反电动势的公式（9-3），例如 $\alpha = 60°$ 时，当 $I_d = 0$，忽略 ΔU，此时的反电动势 $E_0' = 1.17U_2\cos 60° = 0.585U_2$。这是电流连续时的理想空载反电动势，如图9-3中反电动势特性的虚线与纵轴的相交点。实际上，当 I_d 减小至某一定值 $I_{d\,min}$ 以后，电流变为断续，这个 E_0' 是不存在的，真正的理想空载点 E_0 远大于此值，因为 $\alpha = 60°$ 时晶闸管触发导通时的相电压瞬时值为 $\sqrt{2}\,U_2$，它大于 E_0'，因此必然产生电流，这说明了 E_0' 并不是空载点。只有当反电动势 E 等于触发导通后相电压的最大值 $\sqrt{2}\,U_2$ 时，电流才等于零，因此图9-3中 $\sqrt{2}\,U_2$ 才是实际的理想空载点。同样可分析得出，在电流断续情况下，只要 $\alpha \leq 60°$，电动机的实际空载反电动势都是 $\sqrt{2}\,U_2$。当 $\alpha > 60°$ 以后，空载反电动势将由 $\sqrt{2}\,U_2\cos(\alpha - \pi/3)$ 决定。可见，当电流断续时，电动机的理想空载转速抬高，这是电流断续时电动机机械特性的第一个特点。观察图9-3可知此时机械特性的第二个特点是，在电流断续区内电动机的机械特性变软，即负载电流变化很小也可引起很大的转速变化。

根据上述分析，可得不同 α 时的反电动势特性曲线如图9-4所示。α 大的反电动势特性，其电流断续区的范围（以虚线表示）要比 α 小时的电流断续区大，这是由于 α 愈大，变压器加到晶闸管阳极上的负电压时间愈长，电流要维持导通，必须要求平波电抗器储存较大的磁能，而在电抗器的 L 为一定值的情况下，要有较大的电流 I_d 才行。故随着 α 的增加，进入断续区的电流值加大。这是电流断续时电动机机械特性的第三个特点。

电流断续时电动机机械特性可由下面三个式子准确地得出，限于篇幅，推导过程从略。

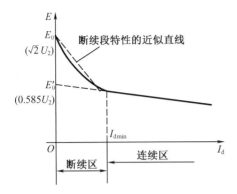

图 9 - 3　电流断续时电动势的特性曲线

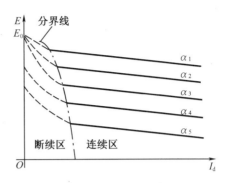

图 9 - 4　考虑电流断续时不同 α 时反电动势的特性曲线

$(\alpha_1 < \alpha_2 < \alpha_3 < 60°, \alpha_5 > \alpha_4 > 60°)$

$$E_{\mathrm{M}} = \sqrt{2}\,U_2\cos\varphi\,\dfrac{\sin\left(\dfrac{\pi}{6} + \alpha + \theta - \varphi\right) - \sin\left(\dfrac{\pi}{6} + \alpha - \varphi\right)\mathrm{e}^{-\theta\cot\varphi}}{1 - \mathrm{e}^{-\theta\cot\varphi}} \qquad (9-6)$$

$$n = \dfrac{E_{\mathrm{M}}}{C'_{\mathrm{e}}} = \dfrac{\sqrt{2}\,U_2\cos\varphi}{C'_{\mathrm{e}}} \times \dfrac{\sin\left(\dfrac{\pi}{6} + \alpha + \theta - \varphi\right) - \sin\left(\dfrac{\pi}{6} + \alpha - \varphi\right)\mathrm{e}^{-\theta\cot\varphi}}{1 - \mathrm{e}^{-\theta\cot\varphi}} \qquad (9-7)$$

$$I_{\mathrm{d}} = \dfrac{3\sqrt{2}\,U_2}{2\pi Z\cos\varphi}\left[\cos\left(\dfrac{\pi}{6} + \alpha\right) - \cos\left(\dfrac{\pi}{6} + \alpha + \theta\right) - \dfrac{C'_{\mathrm{e}}}{\sqrt{2}\,U_2}\theta n\right] \qquad (9-8)$$

式中　　$\varphi = \arctan\dfrac{\omega L}{R}$；

　　　　$Z = \sqrt{R_\Sigma^2 + L^2}$；

　　　　L——回路总电感。

　　以上三式均为超越方程,需采用迭代的方法求解。导通角 θ 在 $0 \sim 2\pi/3$ 的范围内时,根据给出的 θ 值以及 R_Σ, L 值,求出相应的 n 和 I_{d},从而做出断续区的机械特性曲线如图 9 - 3 所示。对于不同的 R_Σ, L 和 α 值,特性也将不同。

　　一般只要主电路电感足够大,可以只考虑电流连续段,完全按线性处理。当低速轻载时,断续作用显著,可改用另一段较陡的特性来近似处理(图 9 - 3),其等效电阻比实际的电阻 R 要大一个数量级。

　　整流电路为三相半波时,在最小负载电流为 $I_{\mathrm{d\,min}}$ 时,为保证电流连续所需的主回路电感量 $L(\mathrm{mH})$ 为

$$L = 1.46\,\dfrac{U_2}{I_{\mathrm{d\,min}}} \qquad (9-9)$$

　　对于三相桥式全控整流电路带电动机负载的系统,有

$$L = 0.693\,\dfrac{U_2}{I_{\mathrm{d\,min}}} \qquad (9-10)$$

　　L 中包括整流变压器的漏电感、电枢电感和平波电抗器的电感。前者数值都较小,有时可忽略。$I_{\mathrm{d\,min}}$ 一般取电动机额定电流的 5% ~ 10%。

　　因为三相桥式全控整流电压的脉动频率比三相半波的高一倍,因而所需平波电抗器的电感量也可相应减小约一半,这也是三相桥式整流电路的一大优点。

　　2. 工作于有源逆变状态时

　　对工作于有源逆变状态时电动机机械特性的分析,和整流状态时完全类同,可按电流连续和断续两种情况来进行。

　　(1)电流连续时电动机的机械特性

　　主回路电流连续时的机械特性由电压平衡方程式 $U_d - E_M = I_d R_\Sigma$ 决定。

　　逆变时,由于 $U_d = -U_{d0}\cos\beta$,E_M 反接,得

$$E_M = -(U_{d0}\cos\beta + I_d R_\Sigma) \tag{9-11}$$

因为 $E_M = C'_e n$,可求得电动机的机械特性方程式

$$n = -\frac{1}{C'_e}(U_{d0}\cos\beta + I_d R_\Sigma) \tag{9-12}$$

式中负号表示逆变时电动机的转向与整流时相反。对应不同的逆变角时,可得到一组彼此平行的机械特性曲线族,如图9-5中第Ⅳ象限虚线以右所示。可见调节 β 就可改变电动机的运行转速,β 值愈小,相应的转速愈高;反之则转速愈低。图9-5中还画出当负载电流 I_d 降低到临界连续电流以下时的特性,见图中的虚线以左所示,即逆变状态下电流断续时的机械特性。

　　(2)电流断续时电动机的机械特性

　　电流断续时电动机的机械特性方程可沿用整流时电流断续的机械特性表达式,只要把 $\alpha = \pi - \beta$ 代入式(9-6)、式(9-7)和式(9-8),便可得 E_M,n 与 I_d 的表达式,求出三相半波电路工作于逆变状态且电流断续时的机械特性,即

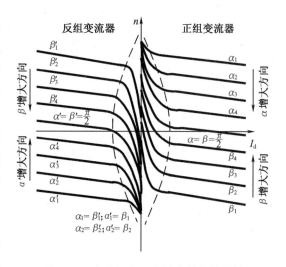

图9-5　电动机在四象限中的机械特性

$$E_M = \sqrt{2}U_2\cos\varphi \frac{\sin\left(\frac{7\pi}{6} - \beta + \theta - \varphi\right) - \sin\left(\frac{7\pi}{6} - \beta - \varphi\right)e^{-\theta\cot\varphi}}{1 - e^{-\theta\cot\varphi}} \tag{9-13}$$

$$n = \frac{E_M}{C'_e} = \frac{\sqrt{2}U_2\cos\varphi}{C'_e} \times \frac{\sin\left(\frac{7\pi}{6} - \beta + \theta - \varphi\right) - \sin\left(\frac{7\pi}{6} - \beta - \varphi\right)e^{-\theta\cot\varphi}}{1 - e^{-\theta\cot\varphi}} \tag{9-14}$$

$$I_d = \frac{3\sqrt{2}U_2}{2\pi Z\cos\varphi}\left[\cos\left(\frac{7\pi}{6} - \beta\right) - \cos\left(\frac{7\pi}{6} - \beta + \theta\right) - \frac{C'_e}{\sqrt{2}U_2}\theta n\right] \tag{9-15}$$

　　分析结果表明,当电流断续时,电动机的机械特性不但和逆变角有关,而且和电路参数、导通角等有关。根据上述公式,取定某一 β 值,根据不同的导通角 θ,如 $\pi/6$,$\pi/3$ 和 $\pi/2$,就可求得对应的转速和电流,绘出逆变电流断续时电动机的机械特性,即图9-5中第Ⅳ象限虚线以左的部分。可以看出,它与整流时十分相似:理想空载转速上翘很多,机械特

性变软,且呈现非线性。这充分说明逆变状态的机械特性是整流状态的延续,纵观控制角 α 由小变大(如 $\pi/6 \sim 5\pi/6$),电动机的机械特性则逐渐由第 I 象限往下移,进而到达第 IV 象限。逆变状态的机械特性同样还可表示在第 II 象限内,与它对应的整流状态的机械特性则表示在第 III 象限里,如图 9 - 5 所示。

应该指出,图 9 - 5 中第 I 、第 IV 象限中的特性和第 III 、第 II 象限中的特性是分别属于两组变流器的,它们输出整流电压的极性彼此相反,故分别标以正组和反组变流器。电动机的运行工作点由第 I (第 III)象限的特性,转到第 II (第 IV)象限的特性时,表明电动机由电动运行转入发电制动运行。相应地变流器的工况由整流转为逆变,使电动机轴上储存的机械能逆变为交流电能送回电网。电动机在各象限中的机械特性,对分析直流可逆拖动系统是十分有用的。

3. 直流可逆电力拖动系统

图 9 - 6 为两套变流装置反并联连接的可逆电路。图 9 - 6(a)是以三相半波有环流接线为例,图 9 - 6(b)是以三相全控桥的无环流接线为例阐明其工作原理的。与双反星形电路时相似,环流是指只在两组变流器之间流动而不经过负载的电流。电动机正向运行时都

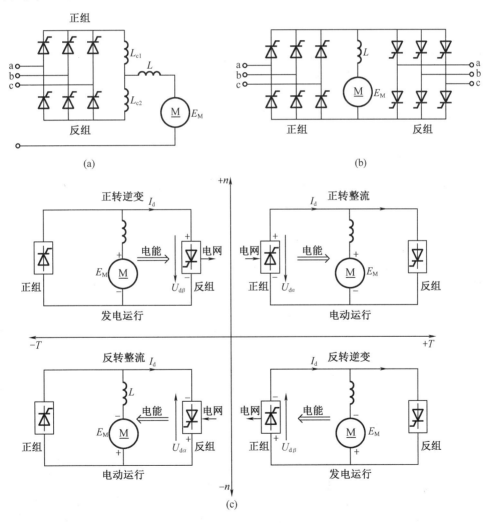

图 9 - 6　两组变流器的反并联可逆线路

是由一组变流器供电的;反向运行时,则由两组变流器供电。根据对环流的不同处理方法,反并联可逆电路又可分为几种不同的控制方案,如配合控制有环流(即 $\alpha = \beta$ 工作制)、可控环流、逻辑控制无环流和错位控制无环流等。不论采用哪一种反并联供电电路,都可使电动机在四个象限内运行。如果在任何时间内,两组变流器中只有一组投入工作,则可根据电动机所需的运转状态来决定哪一组变流器工作及其相应的工作状态:整流或逆变。图 9 – 6(c)绘出了对应电动机四象限运行时两组变流器(简称正组桥、反组桥)的工作情况。

第 I 象限:正转,电动机做电动运行,正组桥工作在整流状态,$\alpha_1 < \pi/2$,$E_M < U_{d\alpha}$(下标中有 α 表示整流)。

第 II 象限:正转,电动机作发电运行,反组桥工作在逆变状态,$\beta_2 < \pi/2$($\alpha_2 > \pi/2$),$E_M > U_{d\beta}$(下标中有 β 表示逆变)。

第 III 象限:反转,电动机作电动运行,反组桥工作在整流状态,$\alpha_2 < \pi/2$,$E_M < U_{d\alpha}$。

第 IV 象限:反转,电动机作发电运行,正组桥工作在逆变状态,$\beta_1 < \pi/2$($\alpha_1 > \pi/2$),$E_M > U_{d\beta}$。

直流可逆拖动系统,除了能方便地实现正反向运转外,还能实现回馈制动,把电动机轴上的机械能(包括惯性能、位势能)变为电能回送到电网中去,此时电动机的电磁转矩变成制动转矩。图 9 – 6(c)所示电动机在第 I 象限正转,电动机从正组桥取得电能。如果需要反转,先应使电动机迅速制动,就必须改变电枢电流的方向,但对正组桥来说,电流不能反向,需要切换到反组桥工作,并要求反组桥在逆变状态下工作,保证 $U_{d\beta}$ 与 E_M 同极性相接,使得电动机的制动电流 $I_d = (E_M - U_{d\beta})/R_\Sigma$ 限制在容许范围内。此时电动机进入第 II 象限做正转发电运行,电磁转矩变成制动转矩,电动机轴上的机械能经反组桥逆变为交流电能回馈电网。改变反组桥的逆变角 β,就可改变电动机制动转矩。为了保持电动机在制动过程中有足够的转矩,一般应随着电动机转速的下降,不断地调节 β,使之由小变大直至 $\beta = \pi/2$($n = 0$),如继续增大 β,即 $\alpha < \pi/2$,反组桥将转入整流状态下工作,电动机开始反转进入第 III 象限的电动运行。以上就是电动机由正转到反转的全过程。同样,电动机从反转到正转,其过程则由第 III 象限经第 IV 象限最终运行在第 I 象限上。

对于 $\alpha = \beta$ 配合控制的有环流可逆系统,当系统工作时,对正、反两组变流器同时输入触发脉冲,并严格保证 $\alpha = \beta$ 的配合控制关系,假设正组桥为整流,反组桥为逆变,即有 $\alpha_1 = \beta_2$;$U_{d\alpha1} = U_{d\beta2}$,且极性相抵消,两组变流器之间没有直流环流。但两组变流器的输出电压瞬时值不等,会产生脉动环流。为防止环流只流经晶闸管而使电源短路,必须串入环流电抗器 L_c 限制环流。

工程上使用较广泛的逻辑无环流可逆系统不设置环流电抗器,如图 9 – 6(b)所示。这种无环流可逆系统采用的控制原则是:两组桥在任何时刻只有一组投入工作(另一组关断),所以在两组桥之间就不存在环流。但当两组桥之间需要切换时,不能简单地把原来工作着的一组桥的触发脉冲立即封锁,而同时把原来封锁着的另一组桥立即开通,因为已导通的晶闸管并不能在触发脉冲取消的那一瞬间立即被关断,必须待晶闸管承受反压时才能关断。如果对两组桥的触发脉冲的封锁和开放是同时进行的,原先导通的那组桥不能立即关断,而原先封锁着的那组桥反而已经开通,出现两组桥同时导通的情况,因没有环流电抗器,将会产生很大的短路电流,把晶闸管烧毁。为此首先应使已导通桥的晶闸管断流,要妥当处理主回路内电感储存的电磁能量,使其以续流的形式释放,通过原工作桥本身处于逆变状态,把电感储存的一部分能量回馈给电网,其余部分消耗在电动机上,直到储存的能量释放完,主回路电流变为零,使原导通晶闸管恢复阻断能力。随后再开通原封锁桥的晶闸管,使其触发导通。这种无环流可逆系统中,变流器之间的切换过程是由逻辑单元控制的,称为逻辑控制无环流系统。

晶闸管变流器供电的直流可逆电力拖动系统,是本课程的后续课"电力拖动自动控制系统"的重要内容,关于各种有环流和无环流的可逆调速系统,将在该课程中进一步分析和讨论。

9.1.2　直流 PWM 变换器 – 电动机系统

在干线铁道电力机车、工矿电力机车、城市电车和地铁电机车等电力牵引设备上,常采用直流串励或复励电动机,由恒压直流电网供电,过去用切换电枢回路电阻来控制电机的启动、制动和调速,在电阻中耗电很大。为了节能,并实行无触点控制,现在多改用电力电子开关器件,如快速晶闸管、GTO、IGBT 等。采用简单的单管控制时,称作直流斩波器,后来逐渐发展成采用各种脉冲宽度调制开关的电路,统称脉宽调制变换器,在4.1.1 节对降压斩波电路有相应的介绍。采用脉宽调制变换器作为直流电动机电力拖动系统的可控电源,则称为脉宽调制变换器 – 直流电动机调速系统,简称直流脉宽调速系统,或直流 PWM 调速系统。与9.1.1 节所介绍 V – M 系统相比,PWM 系统在很多方面有较大的优越性:

(1)主电路线路简单,需用的功率器件少;

(2)开关频率高,电流容易连续,谐波少,电机损耗及发热都较小;

(3)低速性能好,稳速精度高,调速范围宽,可达1:10 000 左右;

(4)若与快速响应的电动机配合,则系统频带宽,动态响应快,动态抗扰能力强;

(5)功率开关器件工作在开关状态,导通损耗小,当开关频率适当时,开关损耗也不大,因而装置效率较高;

(6)直流电源采用不控整流时,电网功率因数比相控整流器高。

由于有上述优点,直流 PWM 调速系统的应用日益广泛,特别是在中、小容量的高动态性能系统中,已经完全取代了 V – M 系统。

脉宽调制变换器的作用是:用脉冲宽度调制的方法,把恒定的直流电源电压调制成频率一定、宽度可变的脉冲电压序列,从而可以改变平均输出电压的大小,以调节电机转速。

PWM 变换器电路有多种形式,可分为不可逆与可逆两大类,下面分别阐述其工作原理。

1. 不可逆 PWM 变换器 – 直流电动机系统

图 9 – 7(a)所示是简单的不可逆 PWM 变换器 – 直流电动机系统主电路原理图,其中 PWM 变换器为4.1.1 节所介绍的降压斩波电路。通过对占空比的控制可以改变输出平均电压,从而达到调节电动机转速的目的。

图中,U_s 为直流电源电压;C 为滤波电容器;VT 为功率开关器件;VD 为续流二极管;M 为直流电动机。

若令 $\gamma = \dfrac{U_d}{U_s}$ 为 PWM 电压系数,则在不可逆 PWM 变换器中

$$\gamma = \rho \qquad\qquad (9-16)$$

图 9 – 7(b)中绘出了稳态时电枢两端的电压波形 $u_d = f(t)$ 和平均电压 U_d。由于电磁惯性,电枢电流 $i_d = f(t)$ 的变化幅值比电压波形小,但仍旧是脉动的,其平均值等于负载电

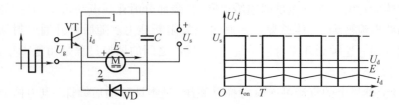

图 9 - 7　简单的不可逆 PWM 变换器 – 直流电动机系统

(a)电路原理图;(b)电压和电流波形图

流 $I_{dL} = \dfrac{T_L}{C_m}$。图中还绘出了电动机的反电动势 E,由于 PWM 变换器的开关频率高,电流的脉动幅值不大,再影响到转速和反电动势,其波动就更小,一般可以忽略不计。

在简单的不可逆电路中电流 i_d 不能反向,因而没有制动能力,只能单象限运行。需要制动时,必须为反向电流提供通路,如图 9 – 8(a)所示的双管交替开关电路。当 VT_1 导通时,流过正向电流 $+i_d$;当 VT_2 导通时,流过 $-i_d$。应注意,这个电路还是不可逆的,只能工作在第 I,II 象限,因为平均电压 U_d 并没有改变极性。

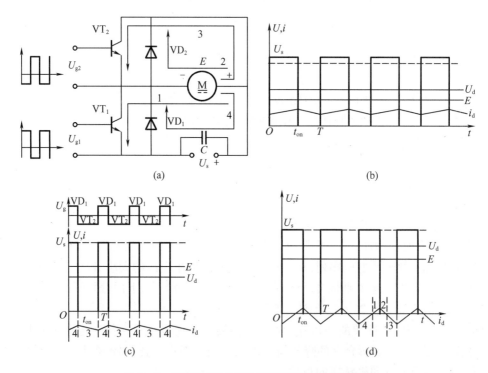

图 9 - 8　有制动电流通路的不可逆 PWM 变换器

(a)电路原理图;(b)一般电动状态的电压、电流波形图;
(c)制动状态的电压、电流波形图;(d)轻载电动状态的电流波形图

图 9 – 8(a)所示电路的电压和电流波形有三种不同情况,分别示于图(b)(c)和(d)。无论何种状态,功率开关器件 VT_1 和 VT_2 的驱动电压都是大小相等、极性相反的,即 $U_{g1} = -U_{g2}$。在一般电动状态中,i_d 始终为正值(其正方向如图 9 –8(a)中曲线 1 所示)。设 t_{on} 为 VT_1 的导通时间,则在 $0 \leqslant t < t_{on}$ 时,U_{g1} 为正,VT_1 导通,U_{g2} 为负,VT_2 关断。此时,电源

电压 U_s 加到电枢两端,电流 i_d 沿图中的回路 1 流通。在 $t_{on} \leqslant t < T$ 时,U_{g1} 和 U_{g2} 都改变极性,VT_1 关断,但 VT_2 却不能立即导通,因为 i_d 沿回路 2 经二极管 VD_2 续流,在 VD_2 两端产生的压降给 VT_2 施加反压,使它失去导通的可能。因此,实际上是由 VT_1 和 VD_2 交替导通,虽然电路中多了一个功率开关器件 VT_2,但并没有被用上。一般电动状态下的电压和电流波形(图 9 - 8(b))也就和简单的不可逆电路波形(图 9 - 7(b))完全一样。

在制动状态中,i_d 为负值,VT_2 就发挥作用了。这种情况发生在电动运行过程中需要降速的时候。这时,先减小控制电压,使 U_{g1} 的正脉冲变窄,负脉冲变宽,从而使平均电枢电压 U_d 降低。但是由于机电惯性,转速和反电动势还来不及变化,因而造成 $E > U_d$,很快使电流 i_d 反向,VD_2 截止,在 $t_{on} \leqslant t < T$ 时,U_{g2} 变正,于是 VT_2 导通,反向电流沿回路 3 流通,产生能耗制动作用。在 $T \leqslant t < T + t_{on}$ (即下一周期的 $0 \leqslant t < t_{on}$)时,VT_2 关断,$-i_d$ 沿回路 4 经 VD_1 续流,向电源回馈能量,与此同时,VD_1 两端压降钳住 VT_1,使它不能导通。在制动状态中,VT_2 和 VD_1 轮流导通,而 VT_1 始终是关断的,此时的电压和电流波形如图 9 - 8(c)所示。

还有一种特殊情况,即轻载电动状态,这时平均电流较小,以致在 VT_1 关断后 i_d 经 VD_2 续流时,还没有到达周期 T,电流已经衰减到零,即图 9 - 8(d)中 $t_{on} \sim T$ 期间的 $t = t_2$ 时刻,这时 VD_2 两端电压也降为零,VT_2 便提前导通了,使电流反向,产生局部时间的制动作用。这样,轻载时,电流可在正负方向之间脉动,平均电流等于负载电流,一个周期分成四个阶段,如图 9 - 8(d)所示。

2. 桥式可逆 PWM 变换器

可逆 PWM 变换器主电路有多种形式,最常用的是桥式(亦称 H 型)电路,如图 9 - 9 所示。这时,电动机 M 两端电压 U_{AB} 的极性随开关器件驱动电压极性的变化而改变,其控制方式有双极式、单极式、受限单极式等多种,这里只着重分析最常用的双极式控制的可逆 PWM 变换器。

双极式控制可逆 PWM 变换器的驱动电压波形如图 9 - 10 所示,它们的关

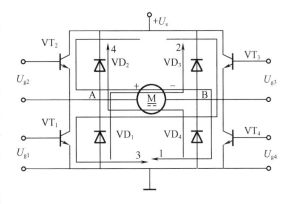

图 9 - 9　桥式可逆 PWM 变换器

系是:$U_{g1} = U_{g4} = -U_{g2} = -U_{g3}$。在一个开关周期内,当 $0 \leqslant t < t_{on}$ 时,$U_{AB} = U_s$,电枢电流 i_d 沿回路 1 流通;当 $t_{on} \leqslant t < T$ 时,驱动电压反号,i_d 沿回路 2 经二极管续流,$U_{AB} = -U_s$。因此,U_{AB} 在一个周期内具有正负相间的脉冲波形,这是双极式名称的由来。

图 9 - 10 也绘出了双极式控制时的输出电压和电流波形。在不同情况下,器件的导通、电流的方向与回路都和有制动电流通路的不可逆 PWM 变换器(图 9 - 8)相似。电动机的正反转则体现在驱动电压正、负脉冲的宽窄上。当正脉冲较宽时,$t_{on} > \dfrac{T}{2}$,则 U_{AB} 的平均值为正,电动机正转;反之则反转。如果正、负脉冲相等,$t_{on} = \dfrac{T}{2}$,平均输出电压为零,则电动机停止。图 9 - 10 所示的波形是电动机正转时的情况。

双极式控制可逆 PWM 变换器的输出平均电压为

$$U_d = \frac{t_{on}}{T} U_s - \frac{T - t_{on}}{T} U_s = \left(\frac{2 t_{on}}{T} - 1 \right) U_s \tag{9-17}$$

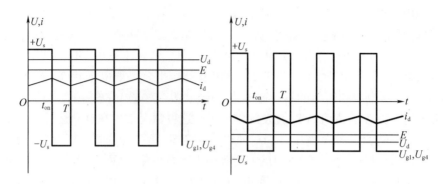

图 9 – 10　双极式控制可逆 PWM 变换器的驱动电压、输出电压和电流波形图

(a)正向电动运行波形图;(b)反向电动运行波形图

若占空比 ρ 和电压系数 γ 的定义与不可逆变换器中相同,则在双极式控制的可逆变换器中

$$\gamma = 2\rho - 1 \tag{9 – 18}$$

就和不可逆变换器中的关系不一样了。

调速时,ρ 的可调范围为 $0 \sim 1$,相应地,$\gamma = -1 \sim +1$。当 $\rho > \frac{1}{2}$ 时,γ 为正,电动机正转;当 $\rho < \frac{1}{2}$ 时,γ 为负,电动机反转;当 $\rho = \frac{1}{2}$ 时,$\gamma = 0$,电动机停止。但电动机停止时电枢电压并不等于零,而是正负脉宽相等的交变脉冲电压,因而电流也是交变的。这个交变电流的平均值为零,不产生平均转矩,陡然增大电动机的损耗,这是双极式控制的缺点。但它也有好处,在电动机停止时仍有高频微振电流,从而消除了正、反向时的静摩擦死区,起着所谓"动力润滑"的作用。

双极式控制的桥式可逆 PWM 变换器有下列优点:

(1)电流一定连续;

(2)可使电机在四象限运行;

(3)电动机停止时有微振电流,能消除静摩擦死区;

(4)低速平稳性好,系统的调速范围可达 1∶20 000 左右;

(5)低速时,每个开关器件的驱动脉冲仍较宽,有利于保证器件的可靠导通。

双极式控制方式的不足之处是:在工作过程中,4 个开关器件可能都处于开关状态,开关损耗大,而且在切换时可能发生上、下桥臂直通的事故,为了防止直通,在上、下桥臂的驱动脉冲之间,应设置逻辑延时。为了克服上述缺点,可采用单极式控制,使部分器件处于常通或常断状态,以减少开关次数和开关损耗,提高可靠性,但系统的静、动态性能会略有降低。

9.2　变频器和交流调速系统

过去,调速传动的主流方式是晶闸管直流电动机传动系统。但是直流电动机本身存在一些固有的缺点:(1)受使用环境条件制约;(2)需要定期维护;(3)最高速度和容量受限制等。与直流调速传动系统相对应的是交流调速传动系统,采用交流调速传动系统除了克服直流调速传动系统的缺点外,还具有交流电动机结构简单、可靠性高、节能、高精度、快速响应等优点。但交流电动机的控制技术较为复杂,对所需的电力电子变换器要求也较高,所以直到近 20 年时间,随着电力电子技术和控制技术的发展,交流调速系统才得到迅速的发展,其应用已在逐步取代传统的直流传动系统。

在交流调速传动的各种方式中,变频调速是应用最多的一种方式。交流电动机的转差功率中转子铜损部分的消耗是不可避免的,采用变频调速方式时,无论电动机转速高低,转差功率的消耗基本不变,系统效率是各种交流调速方式中最高的,因此采用变频调速具有显著的节能效果。例如采用交流调速技术对风机的风量进行调节,可节约电能 30% 以上。因此,近年来我国推广应用变频调速技术,已经取得了很好的效果。

9.2.1　交 – 直 – 交变频器

变频调速系统中的电力电子变流器(简称变频器),除了在第 6 章中介绍的交 – 交变频器外,实际应用最广泛的是交 – 直 – 交变频器(Variable Voltage Variable Frequency,简称 VVVF 电源)。交 – 直 – 交变频器是由 AC – DC,DC – AC 两类基本的变流电路组合形成,先将交流电整流为直流电,再将直流电逆变为交流电,因此这类电路又称为间接交流变流电路。交 – 直 – 交变频器与交 – 交变频器相比,最主要的优点是输出频率不再受输入电源频率的制约。

当负载电动机需要频繁、快速制动时,通常要求变频器具有处理回馈电能的能力。图 9 – 11 所示的是不能处理回馈能量的电压型间接交流变流电路。该电路中整流部分采用的是不可控整流,它和电容器之间的直流电压和直流电流极性不变,只能由电源向直流电路输送功率,而不能由直流电路向电源回馈电能。图中逆变电路的能量是可以双向流动的,若负载能量回馈到中间直流电路,将导致电容电压升高,称为泵升电压。由于该能量无法回馈交流电源,则电容只能承担少量的回馈能量,否则泵升电压过高会危及整个电路的安全。

为使上述电路具备处理回馈能量的能力,可采用的几种方法分别如图 9 – 12 至图 9 – 14 所示。

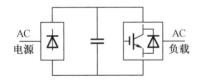

图 9 – 11　不能处理回馈电能的电压型间接交流变流电路图

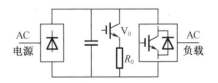

图 9 – 12　带有泵升电压限制电路的电压型间接交流变流电路图

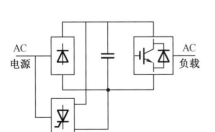

图 9 – 13　利用可控变流器实现电能回馈的电压型间接交流变流电路图

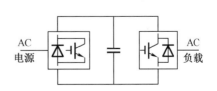

图 9 – 14　整流和逆变均为 PWM 控制的电压型间接交流变流电路图

图 9-12 电路是在图 9-11 电路的基础上,在中间直流电容两端并联一个由电力晶体管 V_0 和能耗电阻 R_0 组成的泵升电压限制电路。当泵升电压超过一定数值时,使 V_0 导通,把从负载回馈的能量消耗在 R_0 上。这种电路可应用于对电动机制动时间有一定要求的调速系统中。

当交流电动机负载频繁快速加减速时,上述泵升电压限制电路中消耗的能量较多,能耗电阻 R_0 也需要较大的功率。这种情况下,希望在制动时把电动机的动能回馈电网,而不是消耗在电阻上。这时,如图 9-13 所示,需增加一套变流电路,使其工作于有源逆变状态,以实现电动机的再生制动。当负载回馈能量时,中间直流电压上升,使不可控整流电路停止工作,可控变流器工作于有源逆变状态,中间直流电压极性不变,而电流反向,通过可控变流器将电能回馈电网。

图 9-14 是整流电路和逆变电路都采用 PWM 控制的间接交流变流电路,可简称双 PWM 电路。整流电路和逆变电路的构成可以完全相同,交流电源通过交流电抗器和整流电路连接。如第 7 章所述,通过对整流电路进行 PWM 控制,可以使输入电流为正弦波并且与电源电压同相位,因而输入功率因数为 1,并且中间直流电路的电压可以调节。电动机可以工作在电动运行状态,也可以工作在回馈制动状态。此外,改变输出交流电压的相序即可使电动机正转或反转,因此电动机可实现四象限运行。

该电路输入输出电流均为正弦波,输入功率因数高,且可实现电动机四象限运行,是一种性能较理想的变频电路。但由于整流、逆变部分均为 PWM 控制且需要采用全控型器件,控制较复杂,成本也较高。

以上讲述的是几种电压型间接交流变流电路的基本原理,下面讲述电流型间接交流变流电路。

图 9-15 给出了可以回馈电路的电流型间接交流变流电路,图中用实线表示的是由电源向负载输送功率时中间直流电压极性、电流方向、负载电压极性及功率流向等。当电动机制动时,中间直流电路的电流极性不能改变,要实现回馈制动,只需调节可控整流电路的触发角,使中间直流电压反极性即可,如图中虚线所示。与电压型相比,整流部分只用一套可控变流电路,而不像图 9-13 那样为实现负载能量反馈而采用两套变流电路,系统的整体结构相对简单。

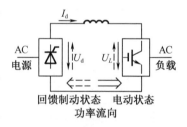

图 9-15　采用可控整流的电流型间接交流变流电路图

图 9-16 给出了实现基于上述原理的电路图。为适用于较大容量的场合,将主电路中的器件换为 GTO,逆变电路输出端的电容 C 是为吸收 GTO 关断时产生的过电压而设置的,它也可以对输出的 PWM 电流波形起滤波作用。

电流型间接交流变流电路也可采用双 PWM 电路,如图 9-17 所示。为了吸收换流时的过电压,在交流电源侧和交流负载侧都设置了电容器。和图 9-14 所示的电压型双 PWM 电路一样,当向异步电动机供电时,电动机既可工作在电动状态,又可工作在回馈制动状态,且可正反转,即可四象限运行。该电路同样可以通过对整流电路的 PWM 控制使输入电流为正弦波,并使输入功率因数为 1。

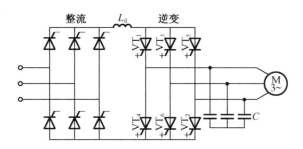

图 9 – 16　电流型交 – 直 – 交 PWM 变频电路图

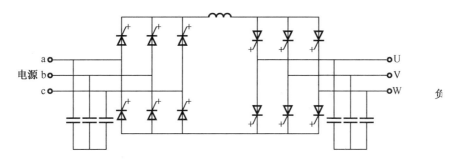

图 9 – 17　整流和逆变均为 PWM 控制的电流型间接交流变流电路图

9.2.2　异步电动机变频调速的控制方式

不论是异步电动机还是同步电动机,采用变压变频调速都是最佳方案。9.2.2 节和 9.2.3 节分别以异步电动机和同步电动机为例介绍交流电动机变频调速的控制。

1. 恒压频比控制

异步电动机的转速主要由电源频率和极对数决定。改变电源(定子)频率,就可进行电动机的调速,即使进行宽范围的调速运行,也能获得足够的转矩。为了不使电动机因频率变化导致磁饱和而造成励磁电流增大,引起功率因数和效率的降低,需对变频器的电压和频率的比率进行控制,使该比率保持恒定,即恒压频比控制,以维持气隙磁通为额定值。

恒压频比控制是比较简单的控制方式,历史也悠久,目前仍然被大量采用。该方式被用于转速开环的交流调速系统,适用于生产机械对调速系统的静、动态性能要求不高的场合,例如利用通用变频器对风机、泵类进行调速以达到节能的目的。近年来也被大量用于空调等家用电器产品。

图 9 – 18 给出了使用 PWM 控制交 – 直 – 交变频器恒压频比控制方式的例子。转速给定既作为调节加减速度的频率 f 指令值,同时经过适当分压,也被作为定子电压 U_1 的指令值。该 f 指令值和 U_1 指令值之比就决定了恒压频比控制中的压频比。由于频率和电压由同一给定值控制,因此可以保证压频比为恒定值。

图 9 – 18 中,为防止电动机启动电流过大,在给定信号之后加给定积分器,可将阶跃给定信号转换为按设定斜率逐渐变化的斜坡信号 u_{gt},从而使电动机的电压和转速都平缓地升高或降低。此外,为使电动机实现正反转,给定信号是可正可负的,但电动机的转向由变频器输出电压的相序决定,不需要由频率和电压给定信号反映极性,因此用绝对值变换器将

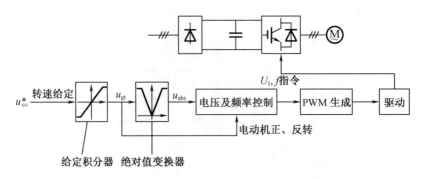

图 9 – 18　采用恒压频比控制的变频调速系统框图

u_{gt} 变换为绝对值的信号 u_{abs}，经电压频率控制环节处理之后，得出电压及频率的指令信号，经 PWM 生成环节形成控制逆变器的 PWM 信号，再经驱动电路控制变频器中 IGBT 的通断，使变频器输出所需频率、相序和大小的交流电压，从而控制交流电动机的转速和转向。

2. 转差频率控制

前述转速开环的控制方式可满足一般平滑调速的要求，但其静、动态性能均有限，要提高调速系统的动态性能，需采用转速闭环的控制方式，其中一种常用的闭环控制方式就是转差频率控制方式。

从异步电动机稳态模型可以证明，当稳态气隙磁通恒定时，电磁转矩近似与转差角频率 ω_s 成正比，如果能保持稳态转子全磁通恒定，则转矩准确地与 ω_s 成正比，因此控制 ω_s 就相当于控制转矩。采用转速闭环的转差频率控制，使定子频率 $\omega_1 = \omega_r + \omega_s$，则 ω_1 随实际转速 ω_r 增加或减小，得到平滑而稳定的调速，保证了较高的调速范围和动态性能。

但是，这种方法是基于电动机稳态模型的，仍然不能得到理想的动态性能。

3. 矢量控制

异步电动机的数学模型是高阶、非线性、强耦合的多变量系统。前述转差频率控制方式的动态性能不理想，关键在于采用了电动机的稳态数学模型，调节器参数的设计也只是沿用单变量控制系统的概念而没有考虑非线性、多变量的本质。

矢量控制方式基于异步电动机的按转子磁链定向的动态数学模型，将定子电流分解为励磁分量和与此垂直的转矩分量，参照直流调速系统的控制方法，分别独立地对两个电流分量进行控制，类似直流调速系统中的双闭环控制方式。该方式需要实现转速和磁链的解耦，控制系统较为复杂，但与被认为是控制性能最好的直流电动机电枢电流控制方式相比，矢量控制方式的控制性能具有同等的水平。随着该方式的实用化，异步电动机变频调速系统的应用范围迅速扩大。

4. 直接转矩控制

矢量控制方式的稳态、动态性能都很好，但是控制复杂。为此，又有学者提出了直接转矩控制。直接转矩控制方法同样是基于电动机的动态模型，其控制闭环中的内环，直接采用了转矩反馈，并采用砰 – 砰控制，可以得到转矩的快速动态响应，并且控制相对要简单许多。

对于以上几种控制方式的详细分析讨论，将在本课程的后续课程"电力拖动自动控制系统"中讲述。

9.2.3　同步电动机变频调速的控制方式

　　20 世纪 30 年代后期,人们就开始研究基于同步电机的变频调速系统。通过检测电机转子磁极位置,以适当的顺序触发与电机绕组相连的晶闸管,保持定、转子磁场始终处于同步旋转状态,以此来代替直流电机的换向器和电刷的功能,形成由变流器供电的自控式同步电机,也称为无换向器电机。

　　1969 年 BBC 公司研制成功世界上第一台 6 400 kW 交 – 交变频同步电机电力拖动装置,用于法国伦伯尔基水泥厂水泥球磨机无级调速。20 世纪 70 年代,随着交流电机磁场定向控制理论的产生及其控制技术的推广应用,世界各国大电气公司都投入大量人力、物力对交流电励磁同步电机变频调速传动进行研究,期望这一技术应用于高性能要求的轧机主传动及矿井提升机电力拖动。1981 年西门子公司研制成功世界上第一台 4 220 kW 交 – 交变频同步电机调速系统,用于矿井提升机传动,同年该公司又研制成功第一台 4 000 kW 轧机传动交 – 交变频同步电机调速系统,使得大容量交流同步电机调速系统登上了高性能调速的舞台。迄今为止,世界上已有上千套轧机及矿井提升机传动采用了交流变频电励磁同步电机调速系统。此外,负载换相交 – 直 – 交变频器广泛应用于锅炉鼓风机、空压机以及抽水蓄能电站的大型电励磁同步电机变频启动,也应用于长距离油气输送大功率高速压缩机的驱动,近年来也出现在全电力巡洋舰的电力推进系统中。可见基于电励磁同步电机电力拖动系统正在发挥着越来越重要的作用。

　　常见的电励磁同步电机的调速系统主要包括以下四种形式。

　　1. 负载换相逆变器(LCI)调速系统

　　负载换相逆变器调速系统简图如图 9 – 19 所示,图中去掉了速度给定与控制单元。

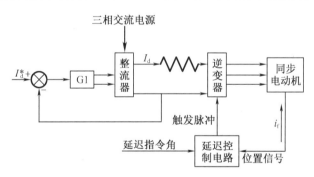

图 9 – 19　基于负载换相逆变器的电励磁同步电动机控制系统简图

　　LCI 同步电动机调速系统是使电励磁同步电动机工作在超前功率因数下,采用电机负载对电流源型晶闸管逆变器进行换相。这种方法能使变流器的控制非常简单且经济。电机的转矩和转速分别受直流电流和逆变器频率控制,通过触发延迟指令角可使电枢反应磁链控制在期望的方向上,以使合成的定子磁链感应出的定子电压滞后于定子电流一定的角度。该调速系统广泛应用在诸如压缩机、泵类、鼓风机、船舶推进等几兆瓦的应用场合。

　　该传动系统的优点是:逆变器采用负载反电动势换相,结构简单,能适应恶劣环境运行,容易做成高电压和高转速的调速系统;能实现无级调速,调速范围一般为 10∶1,并能四象限运行。其缺点是:电动机定子电流为 120°电角度方波,损耗大,转矩有脉动;低速换相困难,采用断续换相,转矩脉动大,运行性能不好;逆变器的换相条件要求电动机工作在超前功率因数区,变频装置容量大,过载能力低。

2. 标量控制的周波变流器调速系统

图 9-20 所示为基于转子位置传感器自控方式的一种简单标量控制方案。

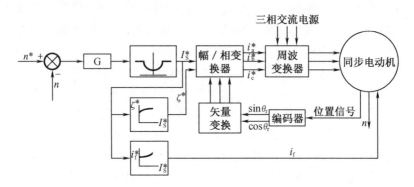

图 9-20　电励磁同步电动机标量控制的周波变流器控制系统简图

当采用相控晶闸管周波变流器激励时,大功率绕组励磁使同步电机能够以单位功率因数运行。在这种情况下,晶闸管由电网进行换相。速度控制环节的误差产生定子电流指令值,它是这个系统的主要控制变量,与此同相的实际定子电流与输出电磁转矩成正比关系。同时利用函数发生器根据定子电流指令产生转子磁链矢量与电枢反应磁链矢量夹角给定。标量控制算法建立在电机的稳态数学模型基础上,电机动态响应较差。该系统广泛应用于水泥磨机、矿用升降机和轧钢机等领域。

3. 磁场定向矢量控制调速系统

1972 年德国西门子公司学者 Bayer 继 F. Blaschke 等发表的"异步电机磁场定向控制原理"之后,提出了同步电机磁场定向控制原理。同步电机磁场定向控制仍然沿袭了标量控制采用激磁电流调节来补偿电枢反应,保持功率因数等于 1 的控制思路。该控制原理及构成的同步电机磁场定向控制系统已广泛应用于工程实际,但是这种同步电机磁场定向控制系统存在着动态过程磁链与转矩控制不解耦的缺陷。同步电机磁场定向主要有气隙磁链矢量定向、定子磁链矢量定向及转子磁链矢量定向三种,其中基于电流模型的气隙磁链矢量定向矢量控制系统如图 9-21 所示。

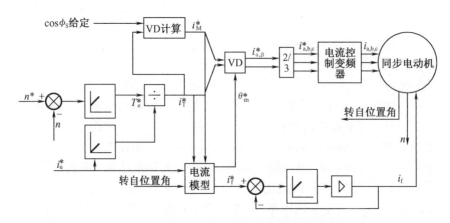

图 9-21　电励磁同步电动机矢量控制系统简图

4. 直接转矩控制(DTC)传动系统

直接转矩控制首先是针对于异步电机提出的,它是基于电机的瞬时转差控制实现对电机转矩的快速控制。把逆变器与电机作为一个整体,利用电压矢量实现定子磁链及电磁转矩的快速控制。对于有阻尼绕组电励磁同步电动机基本 DTC 是基于定子磁链和气隙磁链矢量夹角的快速控制实现电机转矩的快速响应。图 9 - 22 是同步电机直接转矩控制系统框图。

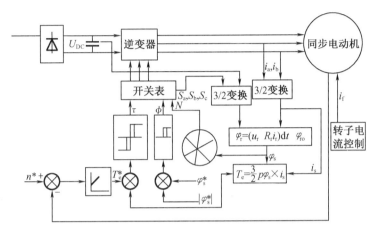

图 9 - 22 电励磁同步电机直接转矩控制系统简图

9.3 电 源

9.3.1 直流开关电源

在各种电子设备中,需要多路不同电压供电,如数字电路需要 5 V,3.3 V,2.5 V 等,模拟电路需要±12 V,±15 V 等,这就需要专门设计电源装置来提供这些电压,通常要求电源装置能达到一定的稳压精度,还要能够提供足够大的电流。

这个电源装置实际上起到电能变换的作用,它将电网提供的交流电(220 V)变换为各路直流输出电压。有两种不同的方法可以实现这一变换,分别如图 9 - 23 和图 9 - 24 所示。

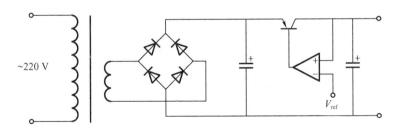

图 9 - 23 线性电源的基本电路结构图

图 9 - 23 采用先用工频变压器降压,然后经过整流滤波后,由线性调压得到稳定的输出电压的方法。这种电源称为线性电源。

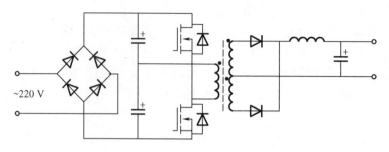

图 9 – 24 半桥型开关电源电路结构图

图 9 – 24 采用先整流滤波,后经高频逆变得到高频交流电压,然后由高频变压器降压,再整流滤波的方法。这种采用高频开关方式进行电能变换的电源称为开关电源。

开关电源在效率、体积和质量等方面都远远优于线性电源,因此已经基本取代了线性电源,成为电子设备供电的主要电源形式。只有在一些功率非常小或者要求供电电压纹波非常小的场合,还在使用线性电源。

1. 开关电源的结构

交流输入、直流输出的开关电源将交流电转换为直流电,其典型的能量变换过程如图 9 – 25 所示。

图 9 – 25 开关电源的能量变换过程

整流电路普遍采用二极管构成的桥式电路,直流侧采用大电容滤波,该电路结构简单、工作可靠、成本低,效率也比较高,但存在输入电流谐波含量大、功率因数低的问题,因此较为先进的开关电源采用有源的功率因数校正(Power Factor Correction,PFC)电路。关于 PFC 电路的情况在 9.5 节专门介绍。

随着微电子技术的不断发展,电子设备的体积不断减小,与之相适应,要求开关电源的体积和质量也不断减小,提高开关频率并保持较高的效率是主要的途径。为了达到这一目标,高性能开关电源中普遍采用了软开关技术,具体的电路在第 8 章中已经详细介绍过了,其中的移相全桥电路就是开关电源中常用的一种软开关拓扑。

一个开关电源经常需要同时提供多组供电,这可以采用给高频变压器设计多个二次绕组的方法来实现。每个绕组分别连接到各自的整流和滤波电路,就可以得到不同电压的多组输出,而且这些不同的输出之间是相互隔离的,如图 9 – 26 所示。值得注意的是,仅能从这些输出中选择一路作为输出电压反馈,因此也就只有这一路电压的稳压精度较高,其他路的稳压精度都较低,而且其中一路的负载变化时,其他路的电压也会跟着变化。

除了交流输入之外,很多开关电源的输入为直流,来自电池或者另一个开关电源的输出,这样的开关电源称为直流 – 直流变换器(DC – DC Converter)。

直流 – 直流变换器分为隔离型和非隔离型两类,隔离型多采用反激、正激、半桥等隔离型电路,而非隔离型采用 Buck,Boost,Buck – Boost 等电路。

有的直流－直流变换器为一整块电
路板上很多电路元件供电,而有的仅仅为
一个专门的元件供电,这个元件通常是一
个大规模集成电路芯片,这样的直流－直
流变换器称为负载点稳压器(Point of the
Load Regulator, POL)。计算机主板上给
CPU 和存储器供电的电源都是典型
的 POL。

非隔离的直流－直流变换器,尤其是
POL 的输出电压往往较低,如给计算机
CPU 供电的 POL,电压仅仅为 1 V 左右,
但电流却很大,为了提高效率,经常采用

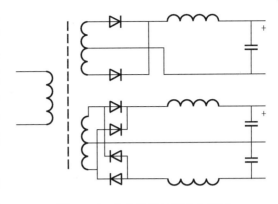

图 9－26　多路输出的整流电路图

图 9－27(a)所示的电路,该电路的结构为 Buck 结构,但二极管采用 MOSFET,利用其低导
通电阻的特点来降低电路中的通态损耗,其原理类似同步整流电路,因此该电路称为同步
Buck(Sync Buck)电路,与此相似的还有同步 Boost(Sync Boost)电路,如图 9－27(b)所示。

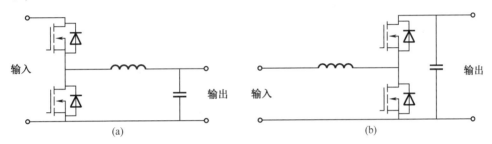

图 9－27　同步降压电路和同步升压电路图

(a)同步降压电路图;(b)同步升压电路图

在通信交换机、巨型计算机等复杂的电子装置中,供电的路数太多,总功率太大,难以
用一个开关电源完成,因此出现了分布式的电源系统。通信交换机中的分布式供电系统如
图 9－28 所示。其中一次电源完成交流－直流的隔离变换,其输出连接到直流母线上,母线
的电压为 48 V,直流母线连接到交换机中每块电路板上,电路板上都有自己的 DC－DC 变
换器,将 48 V 转换为电路所需的各种电压。

为了保证停电的时候交换机还能正常工作,在
48 V 直流母线上还连接了大容量的蓄电池组,在通
信电源系统中,蓄电池组的负极接 48 V 母线,正极
接地,因此母线对地的电压实际为 －48 V。

在分布式电源系统中,一次电源的总功率要
略大于二次电源的总功率。由于二次电源的数量
大,因此总功率也较大,这样,一次电源也必须具
有较大的功率。考虑到可靠性、可维护性和成本
等问题,通常一次电源采用多个开关电源并联的
方案,每个开关电源仅仅承担一部分功率。并联

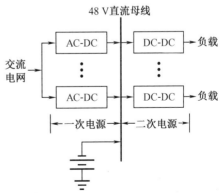

图 9－28　通信电源系统简图

运行的每个开关电源有时也被称为"模块",当其中个别模块发生故障时,系统还能够继续运行,这称为"冗余"。

例如,系统需要的总功率为 P,而模块的功率为 P/N,由 $N+M$ 个模块并联运行,则其中不多于 M 个模块发生故障时,系统仍然能够正常工作,这叫作"$N+M$ 冗余"。

2. 开关电源的控制方式

典型的开关电源控制系统如图 9 – 29 所示。

在该控制系统中,开关电源的输出电压 u_f 与参考电压 u^* 相比较,得到的误差信号 e 表明输出电压偏离参考电压的程度和方向,控制器根据误差 e 来调整控制量 u_c。误差 e 为" + ",表明输出电压低于参考电压,控制器使 u_c 增加从而提高输出电压,使其回到参考值;误差 e 为" – ",表明输出电压高于参考电压,控制器使 u_c 减小从而降低输出,也使其回到参考值。这样的控制方式称为反馈控制,可以使开关电源的输出电压与参考电压间的相对误差小于 $1\% \sim 0.5\%$,甚至达到更高的精度。

(1)电压模式控制

图 9 – 29 所示的反馈控制系统中仅有一个输出电压反馈控制环,因此这种控制方式称为电压模式控制。

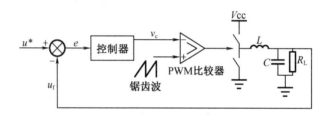

图 9 – 29　开关电源的控制系统简图

电压模式控制是较早出现的控制方式,其优点是结构简单,但有一个显著的缺点是不能有效地控制电路中的电流,在电路短路和过载时,通常需要利用过电流保护电路来停止开关工作,以达到保护电路的目的。

(2)电流模式控制

针对电压模式控制的缺点,出现了电流模式控制方式。图 9 – 30 给出了电流模式控制系统的框图,表明在电压反馈环内增加了电流反馈控制环。电压控制器的输出信号作为电流环的参考信号,给这一信号设置限幅,就可以限制电路中的最大电流,达到短路和过载保护的目的,还可以实现恒流控制。

电流模式控制方式有多种不同的类型,其中最为常用的是峰值电流模式控制和平均电流模式控制。

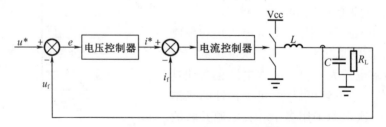

图 9 – 30　电流模式控制系统的结构图

①峰值电流模式控制

峰值电流模式控制系统中电流控制环的结构如图 9-31(a)所示,主要波形如图 9-31(b)所示。

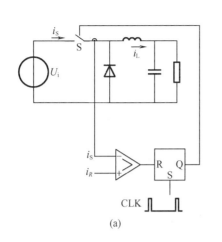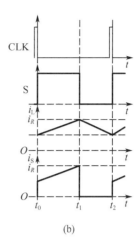

(a)　　　　　　　　　　　(b)

图 9-31　峰值电流模式控制的原理图

(a)电流控制环结构图;(b)主要波形图

其基本原理是:开关的开通由时钟 CLK 信号控制,CLK 信号每隔一定的时间就使 RS 触发器置位,使开关开通;开关开通后电感电流 i_L 上升,当 i_L 达到电流给定值 i_R 后,比较器输出信号翻转,并复位 RS 触发器,使开关关断。

②平均电流模式控制

峰值电流模式控制较好地解决了系统稳定性和快速性的问题,因此得到广泛应用,但该控制方法也存在一些不足之处:

a. 该方法控制电感电流的峰值,而不是电感电流的平均值,且二者之间的差值随着开关周期中电感电流上升或下降速率的不同而改变,这对很多需要精确控制电感电流平均值的开关电源来说是不能允许的;

b. 峰值电流模式控制电路中将电感电流直接与电流给定信号相比较,但电感电流中通常含有一些开关过程产生的噪声信号,容易造成比较器的误动作,使电感电流发生不规则的波动。

针对这些问题提出了平均电流模式控制,其原理如图 9-32 所示。

从图 9-32(a)可以看出,平均电流模式控制采用 PI 调节器作为电流调节器,并将调节器输出的控制量 u_c 与锯齿波信号 u_s 相比较,得到周期固定、占空比变化的 PWM 信号,用以控制开关的通与断。

3. 开关电源的应用

开关电源广泛用于各种电子设备、仪器以及家电等,如台式电脑和笔记本电脑的电源,电视机、DVD 播放机的电源,以及家用空调器、电冰箱的电脑控制电路的电源等,这些电源功率通常仅有几十瓦至几百瓦。手机等移动电子设备的充电器也是开关电源,但功率仅有几瓦。通信交换机、巨型计算机等大型设备的电源也是开关电源,但功率较大,可达数千瓦至数百千瓦。工业中也大量应用开关电源,如数控机床、自动化流水线中,采用各种规格的开关电源为其控制电路供电。

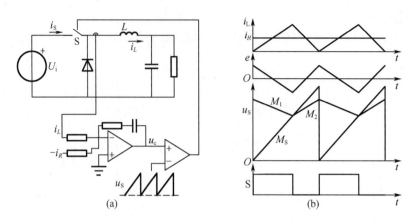

图 9-32　平均电流模式控制的原理图

(a)电流控制环结构图；(b)主要波形图

上述开关电源最终的供电对象基本都是电子电路,电压多为 3.3 V,5 V,12 V 等。除了这些应用之外,开关电源还可以用于蓄电池充电,电火花加工,电镀、电解等电化学过程等,功率可达几十瓦至几百千瓦。在 X 光机、微波发射机、雷达等设备中,大量使用的是高压、小电流输出的开关电源。

直流 - 直流变换器广泛用于通信交换机、计算机、手机等电子设备中。以图 9-28 中的通信交换机为例,直流 - 直流变换器将直流母线传递的 48 V 直流电压变换为电子电路中所需要的 3.3 V,5 V,12 V 等电压。

9.3.2　不间断电源

不间断电源(Uninterruptible Power Supply,UPS)是当交流输入电源(习惯称为市电)发生异常或断电时,还能继续向负载供电,并能保证供电质量,使负载供电不受影响的装置。广义地说,UPS 包括输出为直流和输出为交流两种情况,目前通常是指输出为交流的情况。UPS 是恒压恒频(CVCF)电源中的主要产品之一。UPS 广泛应用于各种对交流供电可靠性和供电质量要求高的场合,例如用于银行、证券交易所的计算机系统,Internet 网络中的服务器、路由器等关键设备,各种医疗设备,办公自动化(Office Automation,OA)设备,工厂自动化(Factory Automation,FA)机器等。

UPS 最基本的结构原理如图 9-33 所示。

其基本工作原理是:当市电正常时,市电经整流器整流为直流给蓄电池充电,可保证蓄电池的电量充足。一旦市电异常乃至停电,即由蓄电池向逆变器供电,蓄电池的直流电经逆变器变换为恒频恒压交流电继续向负载供电,因此从负载侧看,供电不受市电停电的影响。在市电正常时,负载也可以由逆变

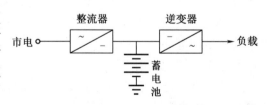

图 9-33　UPS 基本结构原理图

器供电,此时负载得到的交流电压比市电电压质量高,即使市电发生质量问题(如电压波动、频率波动、波形畸变和瞬时停电等)时,也能获得正常的恒压恒频的正弦波交流输出,并

且具有稳压、稳频的性能,因此也称为稳压稳频电源。

　　为保证市电异常或逆变器故障时负载供电的切换,实际的 UPS 产品中多数都设置了旁路开关,如图 9 - 34 所示。市电与逆变器提供的 CVCF 电源由转换开关 S 切换,若逆变器发生故障,可由开关自动切换为市电旁路电源供电。只有市电和逆变器同时发生故障时,负载供电才会中断。还需注意的是,在市电旁路电源与 CVCF 电源之间切换时,必须保证两个电压的相位一致,通常采用锁相同步的方法。

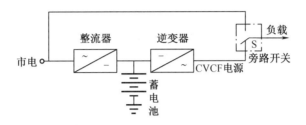

图 9 - 34　具有旁路开关的 UPS 系统

　　在市电断电时,由于由蓄电池提供电能,供电时间取决于蓄电池容量的大小,有很大的局限性,为了保证长时间不间断供电,可采用柴油发电机(简称油机)作为后备电源,如图 9 - 35 所示。图中,一旦市电停电,则在蓄电池投入工作之后,即启动油机,由油机代替市电向整流器供电;市电恢复正常后,再重新由市电供电。蓄电池只需作为市电与油机之间的过渡,容量可以小一些。

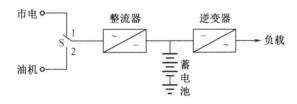

图 9 - 35　用柴油发电机作为后备电源的 UPS

　　以上介绍的是几种常用的 UPS 构成方式,为了尽可能地提高供电质量和可靠性,还可有很多其他的构成方式,本书不再一一介绍。下面针对两个具体的例子,介绍 UPS 的主电路结构。

　　图 9 - 36 给出了容量较小的 UPS 主电路。整流部分使用二极管整流器和直流斩波器(用作 PFC),可获得较高的交流输入功率因数。与此同时,由于逆变器部分使用 IGBT 并采用 PWM 控制,可获得良好的控制性能。

　　图 9 - 37 所示为使用 GTO 的大容量 UPS 主电路。逆变器部分采用 PWM 控制,具有调节电压的功能,同时具有改善波形的功能。为减小 GTO 的开关损耗,采用较低的开关频率。为了减少输出电压中所含的低次谐波,逆变器的 PWM 控制采取消除 3 次谐波的方式。而且将电角度相差 30°的两台逆变器用多绕组输出变压器合成,消除了 5 次、7 次谐波。此时输出电压中所含的最低次谐波为 11 次,从而使交流滤波器小型化。

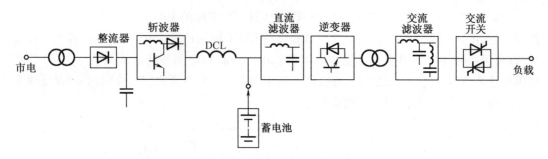

图 9 – 36　小容量 UPS 主电路

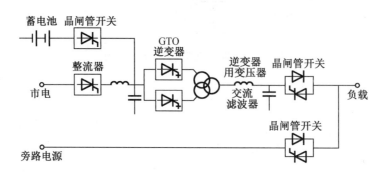

图 9 – 37　大功率 UPS 主电路

9.4　功率因数校正技术

以开关电源为代表的各种电力电子装置给工业生产和社会生活带来了极大的进步,然而也带来了一些负面的问题。通常,开关电源的输入级采用二极管构成的不可控容性整流电路,如图 3 – 28 所示。这种电路的优点是结构简单、成本低、可靠性高,但缺点是输入电流不是正弦波。第 3 章中对其工作原理、谐波和功率因数等问题已进行了分析和讨论。

产生这一问题的原因,在于二极管整流电路不具有对输入电流的可控性,当电源电压高于电容电压时二极管导通,电源电压低于电容电压时二极管不导通,输入电流为零,这样就形成了电源电压峰值附近的电流脉冲。

解决这一问题的办法就是对电流脉冲的幅度进行抑制,使电流波形尽量接近正弦波,这一技术称为功率因数校正(Power Factor Correction,PFC)技术。根据采用的具体方法不同,可以分成无源功率因数校正和有源功率因数校正两种。

无源功率因数校正技术通过在二极管整流电路中增加电感、电容等无源元件和二极管元件,对电路中的电流脉冲进行抑制,以降低电流谐波含量,提高功率因数。图 9 – 38(a)所示为一种典型的无源功率因数校正电路。这种方法的优点是简单、可靠,无须进行控制,而缺点是增加的无源元件一般体积都很大,成本也较高,并且功率因数通常仅能校正至 0.8 左右,而谐波含量仅能降至 50% 左右,难以满足现行谐波标准的限制。

有源功率因数校正技术采用全控开关器件构成的开关电路对输入电流的波形进行控

制,使之成为与电源电压同相的正弦波,总谐波含量可以降低至 5% 以下,而功率因数能高达 0.995,彻底解决整流电路的谐波污染和功率因数低的问题,从而满足现行最严格的谐波标准,因此其应用越来越广泛。

9.4.1　功率因数校正电路的基本原理

1. 单相功率因数校正电路的基本原理

开关电源中常用的单相有源 PFC 电路及其主要波形如图 9 – 38 所示。这一电路实际上是由二极管整流电路加上升压型斩波电路构成的。斩波电路的原理已在第 4 章中介绍过,此处不再叙述。下面简单介绍该电路实现功率因数校正的原理。

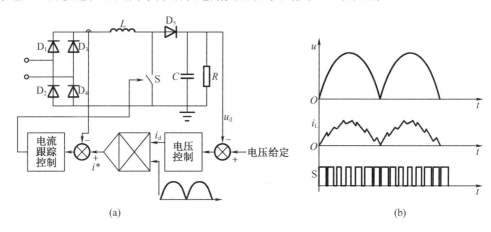

图 9 – 38　典型的单相有源 PFC 电路及主要原理波形图
(a)电路图;(b)主要波形图

直流电压给定信号 u_d^* 和实际的直流电压 u_d 比较后送入电压调节器,调节器的输出为一直流电流指令信号 i_d,i_d 和整流后的正弦电压相乘得到直流输入电流的波形指令信号 i^*,该指令信号和实际直流电感电流信号比较后,通过滞环对开关器件进行控制,便可使输入直流电流跟踪指令值,这样交流侧电流波形将近似成为与交流电压同相的正弦波,跟踪误差在由滞环环宽所决定的范围内。

由于采用升压斩波电路,只要输入电压不高于输出电压,电感 L 的电流就完全受开关 S 的通断控制。S 开通时,电感 L 的电流增长,S 关断时,电感 L 的电流下降。因此,控制 S 的占空比按正弦绝对值规律变化,且与输入电压同相,就可以控制电感 L 的电流波形为正弦绝对值,从而使输入电流的波形为正弦波,且与输入电压同相,输入功率因数为 1。

2. 三相功率因数校正电路的基本原理

三相 PFC 电路的形式较多,下面简单介绍单开关三相功率因数校正电路,如图 9 – 39 所示。

该电路是工作在电流不连续模式的升压斩波电路,连接三相输入的三个电感 $L_A \sim L_C$ 的电流在每个开关周期内都是不连续的,电路的输出电压应高于输入线间电压峰值方能正常工作。该电路的工作波形如图 9 – 40 所示。

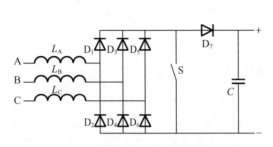 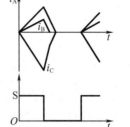 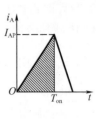

图 9-39　三相单开关 PFC 电路图　　　　图 9-40　三相单开关 PFC 电路的工作波形图

当 S 开通后,连接三相的电感电流值均从零开始线性上升(正向或负向),直到开关 S 关断;S 关断后,三相电感电流通过 D₇ 向负载侧流动,并迅速下降到零。

现以 A 相为例分析输入电流波形,在一个开关周期内,每相输入电压 u_A 变化很小,变化量可以忽略,则在每一个开关周期中,电感电流是三角形或接近三角形的电流脉冲,其峰值与输入电压成正比。假设 S 关断后电流 i_A 下降很快,这样,在这一开关周期内电流 i_A 的平均值将主要取决于阴影部分的面积,其数值与输入电压成正比。因此,输入电流经滤波后将近似为正弦波。

在分析中略去了电流波形中非阴影部分,因此实际的电流波形同正弦波相比有些畸变。可以想象,如果输出直流电压很高,则开关 S 关断后电流下降就很快,被略去的电流面积就很小,则电流波形同正弦波的近似程度高,其波形畸变小。因此,对于三相 380 V 输入的单开关 PFC 电路,其输出电压通常选择为 800 V 以上,此时输入功率因数可达 0.98 以上,输入电流谐波含量小于 20%,可以满足现行谐波标准的要求。

由于该电路工作于电流断续模式,电路中电流峰值高,开关器件的通态损耗和开关损耗都很大,因此适用于 3~6 kW 的中小功率电源中。

在开关电源中采用有源 PFC 电路带来以下好处:

(1)输入功率因数提高,输入谐波电流减小,降低了电源对电网的干扰,满足了现行谐波限制标准;

(2)由于输入功率因数的提高,在输入相同有功功率的条件下,输入电流有效值明显减小,降低了对线路、开关、连接件等电流容量的要求;

(3)由于有升压斩波电路,电源允许的输入电压范围扩大,能适应世界各国不同的电网电压,极大地提高了电源装置的可靠性和灵活性;

(4)由于升压斩波电路的稳压作用,整流电路输出电压波动显著减小,使后级 DC-DC 变换电路的工作点保持稳定,有利于提高控制精度和效率。

值得一提的是,单相有源功率因数校正电路较为简单,仅有一个全控开关器件。该电路容易实现,可靠性也较高,因此应用非常广泛,基本上已经成为功率在 0.5~3 kW 范围内的单相输入开关电源的标准电路形式。然而三相有源功率因数校正电路结构和控制较复杂,成本也很高,因此三相功率因数校正技术仍是研究的热点。

9.4.2　单级功率因数校正技术

前面所述的基于 Boost 电路的有源功率因数校正技术具有输入电流畸变率低的特点,

若电路工作于电流连续模式,则开关器件的峰值电流较低。与常规的开关电源相比,采用上述结构的含有功率因数校正功能的电源由于增加了一级变换电路,主电路及控制电路结构较为复杂,使电源的成本和体积增加,由此产生了单级 PFC 技术。单级 PFC 变换器拓扑是将功率因数校正电路中的开关元件与后级 DC – DC 变换器中的开关元件合并和复用,将两部分电路合二为一。因此单级变换器具有以下优点:

(1)开关器件数减少,主电路体积及成本可以降低;

(2)控制电路通常只有一个输出电压控制闭环,简化了控制电路;

(3)有些单级变换器拓扑中部分输入能量可以直接传递到输出侧,不经过两级变换,所以效率可能高于两级变换器。

由于上述特点,单级 PFC 变换器在小功率电源中的优势较为明显,因此成为研究的热点之一,产生了多种电路拓扑。

与两级变换器方案类似,单级 PFC 变换器拓扑根据输入电源的情况也分为单相变换器及三相变换器。由于单级 PFC 变换器适合于小功率电源,因此以单相变换器为主。对于单级 PFC 校正装置,主要性能指标包括效率、元件数量、输入电流畸变率等,这些指标在很大程度上取决于电路的拓扑形式。

由于升压电路的峰值电流较小,目前应用的主要方案为单开关升压型 PFC 电路,DC – DC 部分为单管正激或反激电路。一种基本的单开关升压型单级 PFC 变换电路如图 9 – 41 所示。其基本工作原理为:开关在一个开关周期中按照一定的占空比导通,开关导通时,输入电源通过开关给升压电路中的电感 L_1 储能,同时中间直流电容 C_1 通过开关给反激变压器储能,在开关

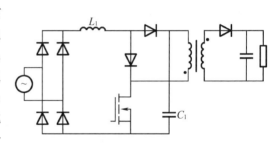

图 9 – 41 典型的 Boost 型单级
PFC AC/DC 变换器

关断期间,输入电源与 L_1 一起给 C_1 充电,反激变压器同时向二次侧电路释放能量。开关的占空比由输出电压调节器决定。在输入电压及负载一定的情况下,中间直流侧电容电压在工作过程中基本保持不变,开关的占空比也基本保持不变。输入功率中的 100 Hz 波动由中间直流电容进行平滑滤波。

由以上分析,可以得到单级 PFC 电路的特点如下:

(1)单级 PFC 电路减少了主电路的开关器件数量,使主电路体积及成本降低。同时控制电路通常只有一个输出电压闭环控制,简化了控制电路。

(2)单级 PFC 变换器减少了元件的数量,但是元件的额定值都比较高,所以单级 PFC 变换器仅在小功率时整个装置的成本和体积才具有优势,对于大功率场合,两级 PFC 变换器比较适合。

(3)单级 PFC 变换器的输入电流畸变率明显高于两级 PFC 变换器,特别是仅采用输出电压控制闭环的 Boost 型变换器。

9.5 电力系统中的应用

9.5.1 高压直流输电

高压直流(High Voltage DC,HVDC)输电是电力电子技术在电力系统中最早开始应用的领域。在人类社会电力事业发展的初期,曾经有过是用直流输电还是用交流输电之争。由于三相交流制的建立,以及交流可以方便地由变压器升到很高电压从而大幅提高输电距离和输电容量,交流输电很快就赢得了这场竞争,在以后很长一段时间里直流输电一直被人们所遗忘。但是,随着电力系统的发展,对输电距离和输电容量的要求一再提高,电网结构日趋复杂,采用交流输电所需的设备和线路成本也急剧增加,其系统稳定、限制短路电流和调压中所存在的固有问题也日益突出,因此20世纪50年代以来,当电力电子技术的发展带来了可靠的高压大功率交-直流转换技术之后,高压直流输电越来越受到人们的关注。

高压直流输电系统的原理和典型结构如图9-42所示。电能由发电厂中的交流发电机提供,由变压器(这里称为换流变压器)将电压升高后送到晶闸管整流器。由晶闸管整流器将高压交流变为高压直流,经直流输电线路输送到电能的接收端。接收端电能又经过晶闸管逆变器由直流变回交流,再经变压器降压后配送到各个用户。这里的整流器和逆变器一般都称为换流器。为了能承受高电压,换流器中每个晶闸管符号实际上往往都代表多个晶闸管器件串联,我们称之为晶闸管阀。

图9-42所示的是高压直流输电中较典型的采用十二脉波换流器的双极高压直流输电线路。双极是指其输电线路两端的每端都由两个额定电压相等的换流器串联连接,具有两根传输导线,分别为正极和负极,每端两个换流器的串联连接点接地。这样线路的两极相当于各自独立运行,正常时以相同的电流工作,接地点之间电流为两极电流之差,正常时接地回路中仅有很小的不平衡电流流过。当一极停止运行时,另一极以大地作回路还可以带一半的负载,这样就提高了运行的可靠性,也有利于分期建设和运行维护。单极高压直流输电系统只用一根传输导线(一般为负极),以大地或海水作为回路。

与高压交流输电相比,高压直流输电具有以下优势:

(1)更有利于进行远距离和大容量的电能传输或者海底或地下电缆传输。这是因为直流输电的输电容量和最大输电距离不像交流输电那样受输电线路的感性和容性参数的限制。交流输电受输电线路感性和容性参数限制的问题在进行地下或海底传输因而必须使用电缆时表现更为突出。此外,直流输电线导体没有集肤效应问题,相同输电容量下直流输电线路的占地面积也小。因此,尽管高压直流输电换流器的成本高昂,但综合考虑各种因素后,长距离和大容量电能输送中直流输电的总体成本和性能都优于交流输电。在短距离进行地下或海底电能输送中,直流输电的优势也很明显。此外,短距离送电往往对容量和电压的要求不是很高,这使得采用基于全控型电力电子器件的电压型变流器(包括电压型整流器和电压型逆变器)成为可能,其性能全面优于晶闸管换流器,许多人称之为轻型高压直流输电。

(2)更有利于电网联络。这是因为交流的联网需要解决同步、稳定性等复杂问题,而通过直流进行两个交流系统之间的连接则比较简单,还可以实现不同频率交流系统的联络。甚至有些高压直流输电工程的目的主要不是传输电能,而是实现两个交流系统的联网,这

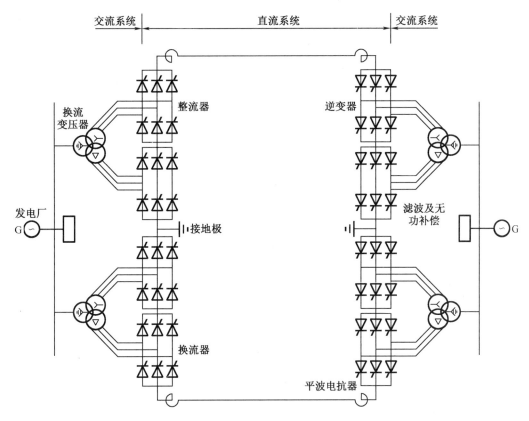

图 9 - 42　高压直流输电系统的基本原理和典型结构图

就是所谓的"背靠背"直流工程,即整流器和逆变器直接相连,中间没有直流输电线路。

(3)更有利于系统控制。这主要是由电力电子器件和换流器的快速可控性带来的好处。通过对换流器的有效控制可以实现对传输的有功功率的快速而准确的控制,还能抑制功率振荡、改善系统的稳定性、限制短路电流。

9.5.2　无功功率控制

在电力系统中,对无功功率的控制是非常重要的。通过对无功功率的控制,可以提高功率因数,稳定电网电压,改善供电质量。

无功补偿电容器是传统的无功补偿装置,其阻抗是固定的,不能跟踪负荷无功需求的变化,也就是不能实现对无功功率的动态补偿。而随着电力系统的发展,对无功功率进行快速动态补偿的需求越来越大。传统的无功功率动态补偿装置是同步调相机。由于它是旋转电机,因此损耗和噪声都较大,运行维护复杂,而且响应速度慢,在很多情况下已无法适应快速无功功率控制的要求。所以 20 世纪 70 年代以来,同步调相机开始逐渐被静止无功补偿装置(Static Var Compensator,SVC)所取代。

由于使用晶闸管器件的静止无功补偿装置具有优良的性能,所以近十多年来,在世界范围内其市场一直在迅速而稳定地增长,已占据了静止无功补偿装置的主导地位。因此静止无功补偿装置(SVC)这个词往往是专指使用晶闸管器件的静补装置,包括晶闸管控制电抗器(Thyristor Controlled Reactor,TCR)和晶闸管投切电容器(Thyristor Switched Capacitor,

TSC），以及这两者的混合装置（TCR + TSC），或者晶闸管控制电抗器与固定电容器（Fixed Capacitor，FC）或机械投切电容器（Mechanically Switched Capacitor，MSC）混合使用的装置（如 TCR + FC，TCR + MSC 等）。

随着电力电子技术的进一步发展，20 世纪 80 年代以来，一种更为先进的静止型无功补偿装置出现了，这就是采用自换相变流电路的静止无功补偿装置，本书称之为静止无功发生器（Static Var Generator，SVG），也有人简称为静止补偿器（Static Compensator，STATCOM）。

1. 晶闸管投切电容器

图 9 - 43 是 TSC 的基本原理图。图中给出的是单相电路图，实际上常用的是三相电路，这时可以是三角形连接，也可以是星形连接。图 9 - 43(a) 是基本电路单元，两个反并联的晶闸管起着把电容 C 并入电网或从电网断开的作用，串联的电感很小，只是用来抑制电容器投入电网时可能出现的冲击电流，在简化电路图中常不画出。在实际工程中，为避免容量较大的电容器组同时投入或切断会对电网造成较大的冲击，一般把电容器分成几组，如图 9 - 43(b) 所示。这样，可以根据电网对无功的需求而改变投入电容器的容量，TSC 实际上就成为断续可调的动态无功功率补偿器。电容器的分组可以有各种方法。从动态特性考虑，能组合产生的电容值级数越多越好，可采用二进制方案。从设计制造简化和经济性考虑，电容器组容量规格不宜过多，不宜分得过细。二者可折中考虑。

TSC 运行时选择晶闸管投入时刻的原则是，该时刻交流电源电压应和电容器预先充电的电压相等。这样，电容器电压不会产生跃变，也就不会产生冲击电流。一般来说，理想情况下，希望电容器预先充电电压为电源电压峰值，这时电源电压的变化率为零，因此在投入时刻 i_c 为零，之后才按正弦规律上升。这样，电容投入过程不但没有冲击电流，电流也没有阶跃变化。图 9 - 44 给出了 TSC 理想投切时刻的原理说明。

图 9 - 44 中，在本次导通开始前，电容器的端电压 u_C 已由上次导通时段最后导通的晶闸管 VT_1 充电至电源电压 u_S 的正峰值。本次导通开始时刻取为 u_S 和 u_C 相等的时刻 t_1，给 VT_2 触发脉冲使之开通，电容电流 i_C 开始流通。以后每半个周波轮流触发 VT_1 和 VT_2，电路继续导通。需要切除这条电容支路时，如在 t_2 时刻 i_C 已降为零，VT_2 关断，这时撤除触发脉冲，VT_1 就不会导通，u_C 保持在 VT_2 导通结束时的电源电压负峰值，为下一次投入电容器做了准备。

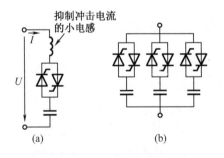

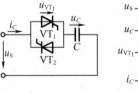

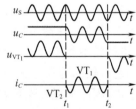

图 9 - 43　TSC 基本原理图　　　　图 9 - 44　TSC 理想投切时刻原理说明

(a) 基本单元单相简图；

(b) 分组投切单相简图

TSC 电路也可以采用如图 9 - 45 所示的晶闸管和二极管反并联的方式。这是由于二极管的作用,在电路不导通时 u_C 总会维持在电源电压峰值。这种电路成本稍低,但因为二极管不可控,响应速度要慢一些,投切电容器的最大时间滞后为一个周波。

2. 晶闸管控制电抗器

晶闸管控制电抗器(TCR)是晶闸管交流调压电路带电感性负载的一个典型应用。图 9 - 46 所示为 TCR 的典型电路。显然,这是支路控制三角形连接方式的一个典型示例。

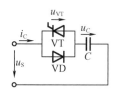
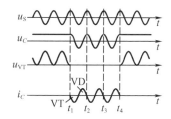

图9 - 45　晶闸管和二极管反并联方式的 TSC

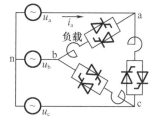

图9 - 46　晶闸管控制
电抗器(TCR)电路图

图中的电抗器中所含电阻很小,可以近似看成纯电感负载,因此 α 的移相范围为 $90°\sim 180°$。通过对 α 角的控制,可以连续调节流过电抗器的电流,从而调节电路从电网中吸收的无功功率。如配以固定电容器,就可以在从容性到感性的范围内连续调节无功功率,称为静止无功补偿装置(Static Var Campensator,SVC)。这种装置在电力系统中广泛用来对无功功率进行动态补偿,以补偿电压波动或闪变。

图 9 - 47 给出了 α 分别为 $120°$,$135°$ 和 $160°$ 时 TCR 电路的负载相电流和输入线电流的波形。

3. 静止无功发生器

静止无功发生器 SVG 在本书中专指由自换相的电力电子桥式变流器来进行动态无功补偿的装置。采用自换相桥式变流器实现无功补偿的思想早在 20 世纪 70 年代就已有人提出,限于当时的器件水平,采用强迫换相的晶闸管器件是实现自

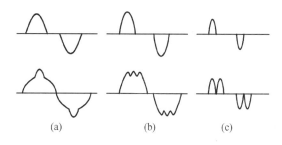

图9 - 47　TCR 电路负载相电流和
输入线电流波形图
$(a)\alpha = 120°$;$(b)\alpha = 135°$;$(c)\alpha = 160°$

换相桥式电路的唯一手段。1980 年日本研制出了 20 MVA 的采用强迫换相晶闸管桥式电路的 SVG,并成功地投入了电网运行。随着电力电子器件的发展,GTO 等自关断器件开始达到可用于 SVG 中的电压和电流等级,并逐渐成为 SVG 的自换相桥式电路中的主力。1991 年和 1994 年日本和美国分别研制成功一套 80 MVA 和一套 100 MVA 采用 GTO 器件的 SVG 装置,并且最终成功地投入了高压电力系统的商业运行。用于低压场合的中、小容量 SVG 更是已开始形成系列产品。我国国内也已展开了有关 SVG 的研究,并且已研制出投入工程实际的装置。

严格地讲,SVG 应该分为采用电压型桥式电路和电流型桥式电路两种类型。其电路基本结构分别如图 9 - 48(a)和(b)所示,直流侧分别采用的是电容和电感这两种不同的储能元件。对电压型桥式电路,还需再串联上电抗器才能并入电网;对电流型桥式电路,还需在

交流侧并联上吸收换相产生的过电压的电容器。

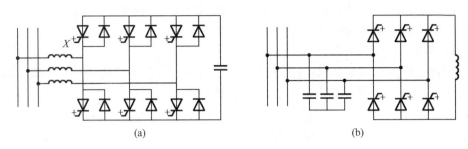

图 9 – 48　SVG 的电路基本结构图

(a)采用电压型桥式电路;(b)采用电流型桥式电路

　　实际上,由于运行效率的原因,迄今投入使用的 SVG 大都采用电压型桥式电路,因此 SVG 往往专指采用自换相的电压型桥式电路作动态无功补偿的装置。其工作原理可以用如图 9 – 49(a)所示的单相等效电路来说明。由于 SVG 正常工作时,就是通过电力半导体开关的通断将直流侧电压转换

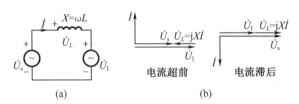

图 9 – 49　SVG 等效电路及工作原理

(a)单相等效电路;(b)工作相量图

成交流侧与电网同频率的输出电压,就像一个电压型逆变器,只不过其交流侧输出接的不是无源负载,而是电网。因此,当仅考虑基波频率时,SVG 可以等效地被视为幅值和相位均可以控制的一个与电网同频率的交流电压源。它通过交流电抗器连接到电网上。设电网电压和 SVG 输出的交流电压分别用相量 $\dot{U}_s$ 和 $\dot{U}_I$ 表示,则连接电抗 X 上的电压 $\dot{U}_L$ 即为 $\dot{U}_s$ 和 $\dot{U}_I$ 的相量差,而连接电抗的电流是可以由其电压来控制的。这个电流就是 SVG 从电网吸收的电流 $\dot{I}$。因此,改变 SVG 交流侧输出电压 $\dot{U}_I$ 的幅值及其相对于 $\dot{U}_s$ 的相位,就可以改变连接电抗上的电压,从而控制 SVG 从电网吸收电流的相位和幅值,也就控制了 SVG 所吸收的无功功率的性质和大小。

　　可以看出,当电网电压下降时,SVG 可以调整其变流器交流侧电压的幅值和相位,使其所能提供的最大无功电流维持不变,仅受电力半导体器件的电流容量限制。而对传统的以 TCR 为代表的 SVG,由于其所能提供的最大电流分别受并联电抗器和并联电容器的阻抗特性限制,因而随着电压的降低而减小。因此 SVG 的运行范围比传统 SVC 大。其次,SVG 的调节速度更快,而且在采取多重化或 PWM 技术等措施后可大大减少补偿电流中谐波的含量。更重要的是,SVG 使用的电抗器和电容元件要远比 SVC 中使用的电抗器和电容小,这将大大缩小装置的体积和成本。此外,对于那些以输电系统补偿为目的的 SVG 来讲,如果直流侧采用较大的储能电容,或者其他直流电源(如蓄电池组,采用电流型变流器时直流侧永超导储能装置等),则 SVG 还可以在必要时短时间内向电网提供一定量的有功功率。这对于电力系统来说是非常有益的,而且是传统的 SVC 装置所望尘莫及的。SVG 具有如此优越的性能,显示了动态无功补偿装置的发展方向。

　　当然,SVG 的控制方法和控制系统显然要比传统 SVC 复杂。另外,SVG 要使用数量较多的较大容量自关断器件,其价格目前仍比 SVC 使用的普通晶闸管高得多,因此,从总体成

本考虑,SVG 依靠小的储能元件而具有的成本优势还需要器件成本的降低才能发挥。

20 世纪 90 年代末以来,世界范围内有关 SVG 的研究和应用有了长足的进步和发展,在几家具有重要国际影响力的电气制造公司的推动下,具体的建设项目和投运装置也迅速增多。综观近年来建设的这些项目和投运装置,具有以下共同特点:

(1)SVG 的主电路由早期的以多重化的方波变流器为主要形式,已发展为以 PWM 变流器为主要形式;

(2)SVG 的变流器中所采用的电力半导体器件已由早期的以 GTO 为主,逐步发展为采用 IGBT 和 IGCT,其中采用 IGBT 的趋势更为明显;

(3)SVG 的补偿目标已由早期的对输电系统的补偿为主,扩展到了对配电系统补偿,甚至负荷补偿等各个层次。

9.5.3　电能质量控制、柔性交流输电与定制电力技术

从前面已介绍的电力电子技术在电力系统中的具体应用中可以看出,飞速发展的电力电子技术为在电力系统中实现快速响应的控制元件,或者在电力系统中实现快速响应、功率适宜,以及能产生任意波形的受控电源提供了可能性。而这种能力是电力系统的传统技术所达不到的,又是电力系统提高其性能和供电水平所迫切需要的。因此,自 20 世纪 90 年代以来,在全球范围内掀起了一股将电力电子技术全方位应用于电力系统的研究和开发热潮,相关产品和工程的实际应用也在迅速推进。

应用电力电子技术不仅可以有效地控制无功功率从而保障系统电压的幅度,可以补偿谐波从而保障供电电压的波形,而且可以解决不对称、电压幅度暂低(Voltage Sag)和电压闪变(Flicker)等各种稳态和暂态的电能质量问题,这被称为采用电力电子装置的电能质量控制技术。用于电能质量控制的典型电力电子装置包括用来控制无功功率的静止无功补偿器(SVC)和静止无功发生器(SVG),用来补偿谐波的有源电力滤波器(APF),用来补偿电压暂低的动态电压恢复器(Dynamic Voltage Restorer,DVR),以及用来综合补偿多种电能质量问题的串联型电能质量控制器、并联型电能质量控制器和通用电能质量控制器(Universal Power Quality Controller,UPQC)等。

将电力电子技术应用于输电系统中,可以显著增强对系统的控制能力、大幅提高系统的输电能力,这就是所谓的柔性交流输电系统(Flexible AC Transmission System,FACTS)。除了前面已提到的静止无功补偿器和静止无功发生器外,柔性交流输电系统采用的典型电力电子装置还包括晶闸管投切串联电容器(Thyristor Switched Series Capacitor,TSSC)、晶闸管控制串联电容器(Thyristor Controlled Series Capacitor,TCSC)和静止同步串联补偿器(Static Synchronous Series Compensator,SSSC)等可控串联补偿器,以及统一潮流控制器(Unified Power Flow Controller,UPFC)等。

将电力电子技术应用于配电系统中,可以有效提高配电系统的电能质量和供电可靠性,从而保障按照用户所需供电,这就是所谓的“定制电力”或者“用户电力”(Custom Power)。除了前面已提到的静止无功补偿器、静止无功发生器、有源电力滤波器和动态电压恢复器等电能质量控制装置以外,定制电力技术采用的典型电力电子装置还包括由反并联的晶闸管构成的固态切换开关(Solid State Transfer Switch,SSTS)等。

此外,最近兴起的新能源发电所产生的电能大都需要经过各种电力电子装置的变换和控制才能够给用户使用或者联网。如果将新能源发电设备也看作电力系统的一部分的话,

那么可以认为电力电子技术的应用全面覆盖了电力系统的发电、输电和配电三大环节。很多人认为,电力电子技术正在给电力系统带来一场全面的、影响深远的革命。

9.5.4　电力系统的谐波抑制

我们已经知道以非线性负载为主产生的谐波会对电力系统形成很大的危害,而传统的电力电子装置本身就是产生谐波的主要污染源。如何抑制电力电子装置和其他谐波源造成的电力系统谐波,基本思路有两条:一是装设补偿装置,设法补偿其产生的谐波;二是对电力电子装置本身进行改进,使其不产生谐波,同时也不消耗无功功率,或者根据需要能对其功率因数进行控制,即采用高功率因数变流器。

装设 *LC* 调谐滤波器是传统的补偿谐波的主要手段。*LC* 调谐滤波器虽然存在许多缺陷,但其结构简单,既可补偿谐波,又可补偿无功,一直被广泛应用于电力系统中谐波和无功功率的补偿。目前的趋势是采用先进的电力电子装置进行谐波补偿,这就是有源电力滤波器(Active Power Filter, APF)。

有源电力滤波器的思想早在 20 世纪 60 年代末就有人提出。但由于当时采用线性放大器产生补偿电流,损耗大,成本高,因而并没有实用化的前景。1976 年有人提出了采用电力电子变流器构成的有源电力滤波器,这才确立了有源电力滤波器的完整概念和主电路拓扑结构。直到 20 世纪 80 年代,由于新型电力半导体器件的出现,PWM 逆变技术的发展,以及基于瞬时无功功率理论的谐波电流瞬时检测方法的提出,有源电力滤波器才得以迅速发展。

有源电力滤波器的基本原理和典型电流波形如图 9 – 50 所示。有源电力滤波器检测出负载电流 i_L 中的谐波电流 i_{Lh},根据检测结果产生与 i_{Lh} 大小相等而方向相反的补偿电流 i_C,从而使流入电网的电流 i_S 只含有基波分量 i_{Lf}。

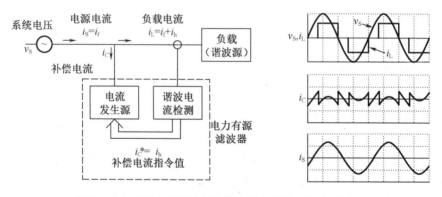

图 9 – 50　有源电力滤波器的基本原理和典型电流波形图

与 *LC* 无源滤波器相比,有源滤波器具有明显的优越性能,能对变化的谐波进行迅速的动态跟踪补偿,而且补偿特性不受电网频率和阻抗的影响,因而受到相当的重视。同 SVG 类似,有源电力滤波器的变流电路亦可分为电压型和电流型。目前实用的装置大都是电压型,如图 9 – 51 所示。从与补偿对象的连接方式来看,有源电力滤波器又分为并联型和串联型。

与图 9 – 50 和图 9 – 51 所示的并联型相对比,串联型有源电力滤波器一般是通过变压器串联在电源和负载之间的,相当于一个受控的电压源。这种方式可以将负载产生的电流补偿成正弦波,也可以用来消除电源电压可能存在的畸变,维持负载端电压为正弦波。

国外有源电力滤波器的研究以日本为代表,自 20 世纪 90 年代已步入实用化的阶段。

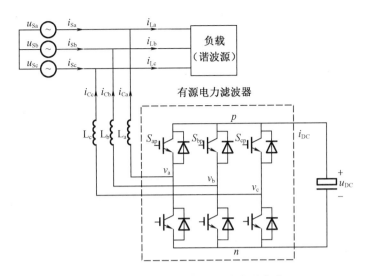

图 9 – 51 有源电力滤波器的变流电路

我国研制的有源电力滤波器自 21 世纪初也已开始批量应用于工程实际,并取得了很好的经济效益和社会效益。

9.6 船舶电力推进系统

船舶电力推进系统的核心问题是采用何种类型的调速系统,目前以采用交流变频器的交流调速系统发展最快,日趋成熟,显示出了其不可比拟的许多优点,在众多的船舶电力推进系统中得到了成功应用。船舶电力推进系统应用的变频器分类及其性能比较如表 9 – 1 所示。

表 9 – 1 变频器的类型及其主要性能比较

项目	交 – 直 – 交变频器		交 – 交变频器
形式	电压型(PWM 控制)	电流型(同步)	循环型
电动机	异步	异步(或同步)	同步(或异步)
电力电子器件	二极管整流 IGBT 逆变	晶闸管整流逆变	晶闸管两组反并联
环流方式	强迫	负载	电源电压
直流环节	电容器	电抗器	—
调频范围	0 ~ 额定(弱磁超过额定)	0 ~ 额定(弱磁超过额定)	0 ~ 1/3 额定
动态响应	< 50 ms	稍慢	< 100 ms
转矩脉动	平滑	波动	平滑
零速过渡	平滑	波动	平滑
低速电流	小(近似空载)	取决于转矩	取决于转矩
功率因数	> 0.95	0 ~ 0.9(正比于转速)	0 ~ 0.76(正比于转速)
满载效率	高	高	高
谐波	低速 = 0,高速取决于转矩	大,取决于转矩	大,取决于转矩

表 9 - 1（续）

项目	交 - 直 - 交变频器		交 - 交变频器
电动机匹配要求	无	有	部分
适用范围	通用大中小功率	专用特大功率	专用特大功率

船舶电力推进系统应用的电流源型变频器可分为两种：负载换相式（晶闸管）电流源变频器和采用自关断器件电流源变频器。电压源型高压变频器可分为以下几种：

（1）功率器件串联二电平直接高压变频器，采用成熟的低压变频器加变压器的高 - 低 - 高方案；

（2）采用 LV - IGBT 的单元串联多电平变频器；

（3）采用 IGCT 或 HV - IGBT 的三电平变频器。

交 - 直 - 交变频器是目前变频器的主流，其中以电压型为主，其分类及其性能比较如表 9 - 2 所示。

表 9 - 2 电压型变频器分类及其主要性能比较

整流环节	晶闸管	二极管	IGBT**
逆变环节	IGBT/IGCT	IGBT/IGCT	IGBT/IGCT
谐波	有		基本无
脉冲数	6 或 12		6 或 12
能量反馈	不可*		可
制动电阻	需要		不需要
电压等级	低压	低压或中压	低压或中压
冷却方式	空冷或水冷		空冷或水冷

注：* 在 6 脉冲整流二组反并联时可能量反馈；** 西门子公司称之为 AFE。

目前，变频器的发展已达到了典型产品成熟、应用广泛、制造普及中低压兼顾、大小功率齐全的地步，产品以 SIEMENS，ABB，ALSTOM 及 SAM 为主，其中电压型交 - 直 - 交逆变器产品低压约至 4 000 kW，中压约至 30 000 kW。而超大功率变频器产品则采用电流型交 - 直 - 交和交 - 交变频器，由于采用晶闸管为电力电子器件，所以功率几乎可以达到无限，在大型电力推进船上占垄断地位。多电平逆变器克服了两电平逆变器的弱点，功率器件串联均压，对器件的耐压要求降低，能直接匹配中高压，器件开关频率低，系统效率高，输出电压的谐波含量低，电压电流上升率引起的电磁干扰小。电平数越多，上述优点越突出，因而多电平逆变器在高输入电压或高输出电压、大功率场合具有广泛的应用前景。多电平结构在供电电压为中高压的场合得到了广泛应用，为实现大功率船舶电力推进系统变频调速提供了解决方案。

下面，仅针对船舶电力推进系统变频器的典型应用加以介绍。

9.6.1 交 - 交变频器电力推进系统

交 - 交变频器的本质是采用三套输出电压彼此差 120°的单相输出交 - 交变频器组成，

可以有多种连接方式。每套单相输出的交 – 交变频器是一种采用交流控制信号出发的三相桥式无环流反并联的晶闸管可逆整流装置,在每一个输出周期中,有两次电流过零。若采用无环流控制线路时,死区时间小于 2 ms 才能得到较小的电流谐波和转矩脉动,必须采用快速无环流控制线路。若采用有环流可逆控制线路,死区时间降至零,但需要增加主电路设备。上述 2 ms 的要求,在 6 脉冲线路中,输出频率大于 16.6 Hz,其谐波电流要超过 20%,转矩脉动需要大于 30%;而在 12 脉冲线路中,输出频率不能大于 33.3 Hz。此外,输出最大峰值电流在超过 20 Hz 的输出频率后也将急剧下降,所以交 – 交变频器最大输出频率一般在 16~20 Hz。鉴于以上特点,限制了交 – 交变频器的广泛应用,交 – 交变频器只适合于低速大功率的传动场合。图 9 – 52 给出了上海爱德华船厂制造的"Propero"化学品船的主电路图。

图 9 – 52 所示化学品船采用了西门子 500 kW 吊舱式推进器,使用了低压交 – 交变频推进系统,通过两套输出 Y 连接方式的三相输出交 – 交变频器为推进电动机供电。推进电动机为 3 800 V 双绕组六相电动机。交 – 交变频器的中点不与推进电动机的中点连在一起,并且每相整流装置的电源相互隔离。

交 – 交变频器通过自然换相实现晶闸管关断,按照输出电压和电流之间的相位差大于还是小于 90°,能量可在负载和电源之间进行转换,所以交 – 交变频器能够实现四象限运行。由于晶闸管元件功率参数远大于 IGBT 器件,所以可组成超大功率装置。但是晶闸管数量多、触发电路复杂、系统中谐波畸变率较大和功率因数较低等都是它的缺点。例如图 9 – 52 所示的化学品船在运行时,发电机功率因数甚至低至 0.57。

"Star Leo"旅游船采用 ABB 的高压交 – 交变频器推进器。高压交 – 交变频器系统有以下四种已有应用而各具特色的特殊交 – 交变频器:

(1)两套 6 脉冲三相输出交 – 交变频器输出电流相位差 30°,而电动机第二套绕组相位差也为 30°,这样六相电动机两套绕组的电流空间矢量幅值相等且方向重合,总电流为两者之和。系统输出电流中无 5,7 次谐波,所以为 12 脉冲,而电动机中有 12 脉冲的转矩波动。

(2)在高压交 – 交变频器系统中增加了抑制环流的电抗器,且变压器为三绕组式,但减少了输出电流谐波及转矩脉动,提高了输出频率达 80%,并具有无功自动控制功能。

(3)高压交 – 交变频器系统由三套不可逆整流桥构成,每相串联一个电抗器后连接成三角形,这是一种电流型控制的交 – 交变频器,好处是减少了一半晶闸管。

(4)采用一种交 – 交与交 – 直 – 交电流型混合的变频器,在低频时按交 – 交变频器工作,在高频时按交 – 直 – 交电流型变频器工作,主电路为两套变频器并联输出给六相电动机两套绕组。

9.6.2 交 – 直 – 交变频器电力推进系统

这是目前中低压功率普遍采用的系统,最大功率在 4 000 kW 左右。按脉冲数的不同,可分为 6 脉冲、12 脉冲、24 脉冲、虚拟 24 脉冲及 AFE 等不同类型,以满足电网的总谐波小于 5% 的要求。除了 6 脉冲及 AFE 外,均增加了有不同接线方式的三绕组或五绕组变压器进行移相供电形式。在按照具体的电网条件及功率比值进行谐波电压计算后,可选择其中适当的形式来满足总谐波的电压 THD 的要求。除了 6 脉冲及 AFE 外的供电电压需与电网电压一致外,采用移相变压器时,可使其供电电压与电网电压不一致,符合电力系统的设计参数要求。这里所指的低压一般是 400 V,500 V,690 V 三挡,功率大应选用较高的电压以减少电流、减少电缆。主要系统主电路接线图如图 9 – 53 所示。

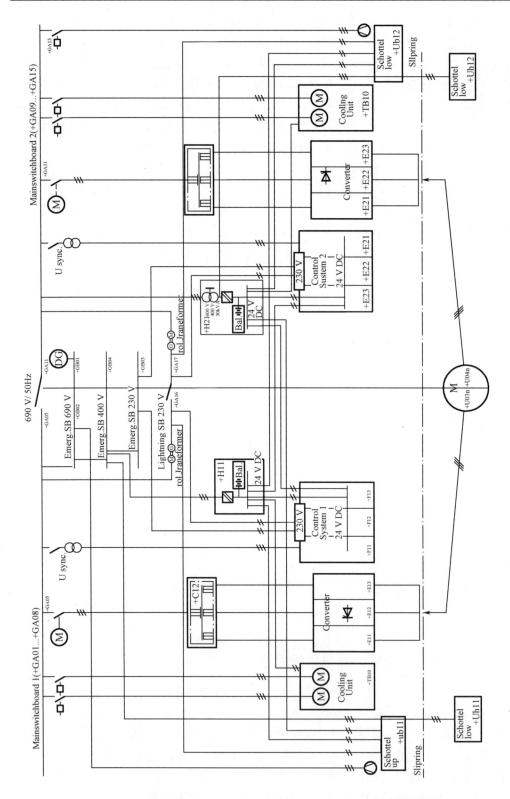

图 9 – 52 使用低压交 – 交变频器的"Propero"化学品船推进系统

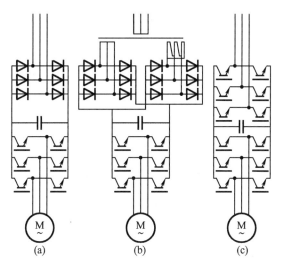

图 9 – 53 低压交 – 直 – 交变频器系统主电路接线图

(a)6 脉冲;(b)12 脉冲;(c)AFE

高压交 – 直 – 交变频器电力推进系统最大功率约为 30 000 kW。按脉冲数的不同,一般在 12 ~ 30 脉冲之间,包括三电平、多重叠加及电流型等不同类型以及双三相输出叠加的形式。输出电压为 2 300 V,3 300 V,4 160 V,6 600 V 等,个别达到 13 800 V,中挡功率常用 IGBT 或 IGCT 器件,高挡功率特别在电流型中常用晶闸管,如图 9 – 54 所示。虽然其供电电压肯定是高压,但由于不可避免地用移相变压器,所以系统配置中的优点并不显著。

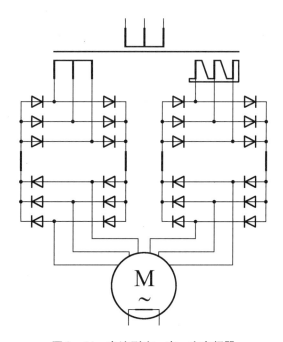

图 9 – 54 电流型交 – 直 – 交变频器

采用高压交 – 直 – 交变频器的"Solitaire"铺管船电力推进系统主电路如图 9 – 55 所示。

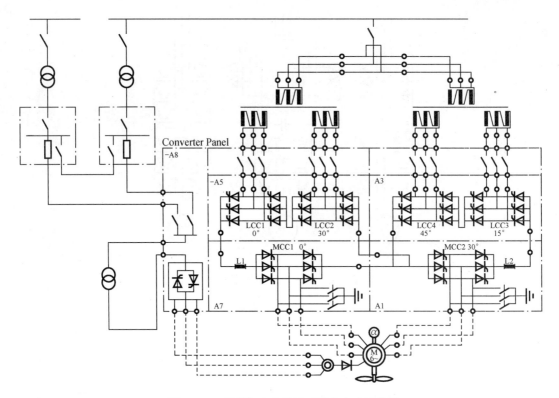

图 9 - 55　铺管船电力推进系统主电路接线图

9.7　电力电子技术的其他应用

9.7.1　电子镇流器

人工照明所消耗的电能在总发电量中占有相当大的比例,美国及其他发达国家约占25%,我国约占12%。据初步估计,照明节能率至少可以达到20%,照明节能蕴藏着巨大的潜力。照明节能的途径主要包括三个方面:采用和推广高效节能光源;重视照明设计;采取节能措施。目前在各种气体放电灯中采用电子镇流器已成为广泛采用的节能措施。

1. 电子镇流器原理

由于气体放电灯的放电原理是负阻特性,因此必须与镇流器配套使用才能使灯管正常工作,并处于最佳工作状态。传统的镇流器是电感式的,电感镇流器的构造本身就会产生涡流,发生功耗,加之使用的硅钢片的材料质量、制作工艺都会加剧这一功耗使镇流器发热,一般电感镇流器耗电大约是灯功率的20%。而电子镇流器的核心是高频变换电路。电子镇流器的基本结构如图 9 - 56 所示。

工频市电电压在整流之前,首先经过射频干扰(RFI)滤波器滤波。RFI 滤波器一般由电感和电容元件组成,用来阻止镇流器产生的高次谐波反馈到输入交流电网,以抑制对电网的污染和对电子设备的干扰,同时也可以防止来自电网的干扰侵入到电子镇流器。对于高品质的电子镇流器,在其整流器与大容量的滤波电解电容器之间,往往要设

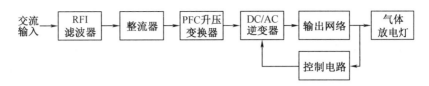

图 9 – 56　电子镇流器结构框图

置一级功率因数校正(PFC)升压型变换电路。其作用就是获得低电流谐波畸变,实现高功率因数。DC – AC 逆变器的功能是将直流电压变换成高频电压。逆变电路采用双极型功率管、场效应晶体管(MOSFET)等全控型开关器件,开关频率一般为 20 ~ 70 kHz,主要有半桥式逆变电路和推挽式逆变电路两种形式。高频电子镇流器的输出级电路通常采用 LC 串联谐振网络。灯的启动通过 LC 电路发生串联谐振,利用启动电容两端产生的高压脉冲将灯引燃。在灯启动之后,电感元件对灯起限流作用。由于电子镇流器开关频率较高,故电感器只需要很小体积即可胜任。

为使电子镇流器安全可靠地工作,还要设计辅助电路。有的从镇流器输出到 DC – AC 逆变电路引入反馈网络,通过控制电路以保证与高频发生器频率同步化。目前比较流行的异常状态保护电路,是将电子镇流器的输出信号采样,一旦出现灯开路或灯不能启动等异常状态,则通过控制电路使振荡器停振,关断高频变换器输出,从而实现保护功能。

2. 电子镇流器的主要优点

(1)能耗低、效率高

电感镇流器的功耗较大,例如,一支 40 W 的荧光灯所用的电感镇流器大约要消耗 8 W 的功率,而用电子镇流器只要消耗 4 W 的功率。如果用一只电子镇流器驱动 2 支或 3 支灯管,它所增加的功耗也并不多,此时电子镇流器的效率会更高,节能的效果会更加明显。

(2)发光效率高

荧光灯的发光效率(简称光效)和供电的频率有关,即随工作频率的增加而增加。当频率由 50 Hz 增加到 20 kHz 以上时,光效可以提高 10% 左右。美国能源之星要求节能灯工作频率在 40 kHz 以上,其目的之一就是为了提高光效。

(3)具有高功率因数

电感镇流器的功率因数一般只有 0.6 ~ 0.8,而在电子镇流器中,只要采用功率因数校正电路,镇流器的功率因数很容易做到 0.95 以上,甚至达到 0.99,这是电感镇流器难以达到的。功率因数的提高,可以有效地提高供电系统和电网的利用率,改善供电质量,节约能源。除此之外,它还能在电网电压波动的情况下,保持灯功率和光输出的恒定,这也是电感镇流器所不能做到的。

高频电子镇流器不仅用于荧光灯,在进入 20 世纪 90 年代以后,开始用于霓虹灯、高压钠灯(HPS)和金属卤化物灯等高强度放电(HID)灯。电子镇流器已经逐步取代了电感镇流器。

9.7.2　电焊电源

电焊机是用电能产生热量加热金属而实现焊接的电气设备。按照焊接加热原理的不同,分为电弧焊机和电阻焊机两大类型。电弧焊机是通过产生电弧使金属熔化而实现焊接;电阻焊机是使焊接金属通过大电流,利用工件表面接触电阻产生发热而熔化实现焊接。目前,采用间接直流变换结构的各种直流焊接电源由于其优良的特性而得到了广泛的应用,这种焊接电源中由于存在高频逆变环节,又常被称为逆变焊接电源。下面以弧焊电源为例介绍其结构及工作原理。图 9 - 57 为弧焊电源的基本结构图。

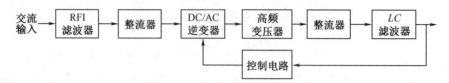

图 9 - 57　弧焊电源的基本结构图

　　弧焊电源的结构和基本工作原理与开关电源基本相同,工频市电电压首先经过射频干扰(RFI)滤波器滤波后被整流为直流,再经 DC - AC 逆变器变换为高频交流电,经变压器降压隔离后再经过整流和滤波得到平滑的直流电。逆变电路使用的开关器件通常为全控型电力半导体器件,开关频率一般为几千赫至几十千赫,电路结构为半桥、全桥等形式。弧焊电源的输出电压一般只有几十伏,因此输出整流电路通常采用全波电路以降低电路的损耗。

　　弧焊电源的输出电压、电流特性依据不同的焊接工艺有不同的要求,图 9 - 58 为一种弧焊电源的外特性曲线。弧焊电源的控制电路将检测电源的输出电压及电流,调整逆变电路开关器件的工作状态实现所需的控制特性。

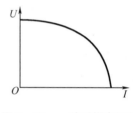

图 9 - 58　一种弧焊电源的外特性曲线图

　　这种采用间接直流变换结构的焊接电源与传统的基于电磁元件的电源相比,由于采用了高频的中间交流环节,大大降低了电源的体积、质量,同时提高了电源效率、输入功率因数,输出控制性能也得到改善。

本 章 小 结

　　电力电子技术的应用十分广泛,现在已经渗透到工业乃至民生的每一个角落。在电力电子技术发展的早期,的确需要不断寻找新的用途,而如今要找到一个完全不用电力电子技术的领域已不太容易。本章讲述了电力电子技术在电力传动、各种交直流电源、电力系统、焊接和照明等各方面的应用。因为电力电子技术的应用范围如此之广,本章的内容无法面面俱到,只能涉及电力电子技术的部分应用,但这是用得最多的部分。

思考题与练习题

　　1. 晶闸管直流电动机系统如果需要运行于可逆状态,为什么主电路需要两组晶闸管整流器反并联构成?

　　2. 简述晶闸管直流调速系统工作于整流状态时的机械特性基本特点。

　　3. 哪些晶闸管整流电路可以适用于直流电动机可逆调速系统?

　　4. 交 - 直 - 交变频调速电路为什么要实现 U/F 协调控制? 具体是如何实现的?

5. 电压型交－直－交变频器在负载电动机可逆运行时,有哪些方式处理再生回馈能量?

6. 双 PWM 变频调速系统与一般变频调速系统有何区别? 有何实用价值?

7. 有源电力滤波器与无源滤波器有何区别? 比较各自的优缺点。

8. 开关电源与线性电源相比有哪些优缺点?

9. 开关电源的结构及涉的电力电子电路有哪些? 为什么要采用这样的结构?

10. 提高开关电源的工作频率,会使哪些元器件体积减小? 会使电路中什么损耗增加?

11. 什么是有源和无源功率因数校正? 有源功率因数校正有什么优点?

12. 与高压交流电相比,高压直流输电有哪些优势? 高压直流输电的系统结构是怎样的?

13. 简述静止无功发生器(SVG)的基本原理。与基于晶闸管技术的 SVC 相比,SVC 有哪些更优越的性能?

参 考 文 献

［1］王兆安,刘进军.电力电子技术［M］.5 版.北京:机械工业出版社,2009.

［2］电气学会半导体电力变换系统调查专门委员会.电力电子电路［M］.陈国呈,译.北京:科学出版社,2003.

［3］颜世刚,张承慧.电力电子技术问答［M］.北京:机械工业出版社,2007.

［4］刘志刚,叶斌,梁晖.电力电子学［M］.北京:北京交通大学出版社,2004.

［5］贺益康,潘再平.电力电子技术［M］.2 版.北京:科学出版社,2010.

［6］周渊深.电力电子技术与 MATLAB 仿真［M］.2 版.北京:中国电力出版社,2005.

［7］李永东.现代电力电子学 – 原理及应用［M］.北京:电子工业出版社,2011.

［8］徐德鸿,马皓,汪槱生.电力电子技术［M］.北京:机械工业出版社,2006.

［9］李宏,王崇武.现代电力电子技术基础［M］.北京:机械工业出版社,2006.

［10］林渭勋.现代电力电子技术［M］.北京:机械工业出版社,2006.

［11］陈伯时.电力拖动自动控制系统［M］.2 版.北京:机械工业出版社,2005.

［12］马晓亮.大功率交 – 交变频调速及矢量控制［M］.北京:机械工业出版社,1992.

［13］张兴.高等电力电子技术［M］.北京:机械工业出版社,2011.

［14］裴云庆,卓放,王兆安.电力电子技术学习指导习题集及仿真［M］.北京:机械工业出版社,2012.

［15］林忠岳.现代电力电子应用技术［M］.北京:科学出版社,2007.

［16］刘凤君.多电平逆变技术及其应用［M］.北京:机械工业出版社,2007.

［17］陈坚.电力电子学 – 电力电子变换和控制技术［M］.2 版.北京:高等教育出版社,2004.

［18］曲学基,曲敬凯,于明扬.逆变技术基础与应用［M］.北京:电子工业出版社,2008.

［19］陈国呈.PWM 逆变技术及应用［M］.北京:中国电力出版社,2007.

［20］Bimal K B. Modern Power Electronics and AC Drives［M］.北京:机械工业出版社,2006.

［21］顾绳谷.电机及拖动基础［M］.4 版.北京:机械工业出版社,2008.

［22］孙凯,周大宁,梅杨.矩阵式变换器技术及其应用［M］.北京:机械工业出版社,2007.

［23］Muhammad H R. Power Electronice Circuits Devices,and Applications［M］.3rd ed.北京:人民邮电出版社,2007.

［24］朱桂萍,陈建业.电力电子电路的计算机仿真［M］.2 版.北京:清华大学出版社,2008.

［25］洪乃刚.电力电子技术基础［M］.2 版.北京:清华大学出版社,2008.

［26］石玉,栗书贤,王文郁.电力电子技术题例与电路设计指导［M］.北京:机械工业出版社,2000.